高等学校"十一五"精品规划教材

大学物理实验教程

主　编　梅山孩
副主编　倪小静　来娴静

内 容 提 要

本书按照教育部高等学校非物理类专业物理基础课程教学指导分委员会新近制定的"非物理类理工学科大学物理实验课程教学基本要求",采用多层次模块化课程体系。

本书包括绪论、实验误差理论与数据处理、基础实验、综合性实验、设计性实验、课题性实验和计算机仿真实验,共41个实验项目,可以按不同需要和培养计划组织教学。本书依据普通本科院校理工科的特点,意在培养重基础、宽口径、高素质、强能力的复合型人才。

本书可作为普通高等工科院校、综合大学及师范类院校非物理专业的大学物理实验基础教材,也可供相关人员参考。

图书在版编目(CIP)数据

大学物理实验教程/梅山孩主编. —北京:中国水利水电出版社,2008

高等学校"十一五"精品规划教材
ISBN 978-7-5084-5196-1

Ⅰ.大… Ⅱ.梅… Ⅲ.物理学-实验-高等学校-教材 Ⅳ.O4-33

中国版本图书馆 CIP 数据核字(2007)第 196283 号

书　　名	高等学校"十一五"精品规划教材 **大学物理实验教程**
作　　者	主编 梅山孩　　副主编 倪小静 来娴静
出版发行	中国水利水电出版社 (北京市海淀区玉渊潭南路1号D座　100038) 网址:www.waterpub.com.cn E-mail:sales@waterpub.com.cn 电话:(010)68367658(营销中心)
经　　售	北京科水图书销售中心(零售) 电话:(010)88383994、63202643 全国各地新华书店和相关出版物销售网点
排　　版	中国水利水电出版社微机排版中心
印　　刷	北京市兴怀印刷厂
规　　格	184mm×260mm　16开本　16.75印张　397千字
版　　次	2008年1月第1版　2011年6月第2次印刷
印　　数	5001—9000册
定　　价	**29.50元**

凡购买我社图书,如有缺页、倒页、脱页的,本社营销中心负责调换
版权所有·侵权必究

序

纵观物理学发展历史，我们不难发现，物理学研究中的许多重大成果都是由实验得到的。例如，德国科学家伦琴（W. K. Röntgen）在研究真空管放电实验时发现 X 射线，由于这一发现他在世界上第一个获得诺贝尔物理学奖。同样，英籍匈牙利物理学家伽柏（D. Gabor）在 1948 年为提高显微镜的分辨能力，在实验中发明了全息照相技术，因此获得了诺贝尔物理学奖，当今全息照相技术在许多商品的防伪技术上得到广泛的应用。诸如此类的例子不胜枚举。古人云："天下物理，岂可以意求。"就是说，天下事物的客观规律，不能以自己的主观意志来求真相。通过物理实验不但可以检验理论的正确性，而且还可以发现客观规律，因此，我们可以说，物理学本质上是一门实验的科学。

为了适应我国高等教育大众化教育发展的需要，教育部高等学校非物理类专业物理基础课程教学指导分委员会新近制定了"非物理类理工学科大学物理实验教学基本要求"。在基本要求中，对大学物理实验课程的地位、作用和任务作了明确的阐述，指出物理实验课是高等理工科院校对学生进行科学实验基本训练的必修课程，是本科生接受系统实验方法和实验技能训练的开端。物理实验课程在培养学生严谨治学、活跃创新意识和适应科技发展的综合应用能力等方面具有其他实践类课程不可替代的作用。

梅山孩等教师结合自己教学中的经验和体会，根据新制定的"非物理类理工学科大学物理实验教学基本要求"，组织编写了《大学物理实验教程》一书。书中通过设置一定数量的基础实验、综合性实验、设计性实验、课题性实验和计算机辅助类实验来实现分层次教学的要求。书中编写了一定数量的综合性实验，在这类实验中，同一个实验涉及多个学科的知识领域，会用到多种实验方法和技术，从而打破了课程单学科编写的体系，体现了当代前沿科学研究中知识面广、学科交叉和相互渗透的特点。通过做这类实验可提高学生对实验方法和实验技术的综合运用能力。

我相信，这本《大学物理实验教程》对于学生了解大学物理实验教学内容、实验技能和方法以及提高学生科学实验能力和科学素养一定会有很大帮助。

浙江大学　诸葛向彬
2007 年 11 月 6 日

前　言

物理学本质上是一门实验科学。物理实验课程包含丰富的实验思想、方法、手段，提供综合性很强的基本实验技能训练，是培养学生科学实验能力、提高科学素质的重要基础。同时，物理实验课程在培养学生严谨的治学态度、活跃的创新意识、理论联系实际和适应科技发展的综合应用能力等方面，具有其他实践类课程不可替代的作用。

随着高等教育的大众化，对普通本科院校的教育教学尤其是课程建设提出了更高的要求，编写符合教育部课程体系要求，同时符合学校实际的课程教材显得十分必要。作者在参加历年全国高等学校物理基础课程教育学术研讨会时，看到各高校正如火如荼地开展物理实验课程改革，改革的核心是打破严格的学科体系，建立以培养学生能力为核心的多层次模块化的课程体系，同时吸纳物理学及实验科学的前沿知识。

本书为浙江省高等学校中青年教师资助计划项目。按照教育部高等学校非物理类专业物理基础课程教学指导分委员会新近制定的"非物理类理工学科大学物理实验课程教学基本要求"，采用多层次、模块化课程体系，并根据普通本科院校理工科教学的特点，编写本书，意在培养重基础、宽口径、高素质、强能力的复合型人才。

本书模块主要包括基础实验、综合性实验、设计性实验、课题性实验和计算机辅助类实验。基础实验，主要学习基本物理量的测量、基本实验仪器的使用、基本实验技能和基本测量方法、误差和不确定度以及数据处理的理论与方法等，此类实验为适应各专业的普及性实验。综合性实验，指在同一个实验中涉及力学、热学、电磁学、光学、近代物理等多个知识领域，综合应用多种方法和技术的实验，此类实验的目的是巩固学生在基础性实验阶段的学习成果，开阔学生的眼界和思路，提高学生对实验方法和实验技术的综合运用能力。设计性实验，是指根据给定的实验题目、要求和实验条件，由学生自己设计方案并基本独立完成全过程的实验。课题性实验，是指组织若干个围绕基础物理实验的课题，由学生以个体或团队的形式，以科研方式进行的实验，通过设计性或课题性实验使学生了解科学实验的全过程，逐步掌握科学思想和科学方法，培养学生独立实验的能力和运用所学知识解决给定问题的能力。计算机辅助类实验，是指利用计算机技术采集实验数据，实现复杂数据的处理和分析，模拟物理实验场景和过程，从而掌握数字化实验基本技术和技能。

本书可作为各类普通本科院校非物理（理工科）专业的大学物理实验用书。

本书由梅山孩任主编。第二章的实验一至实验五由倪小静编写；第三章的实验二至实验五由来娴静编写；其余部分由梅山孩编写。杨超云、蔡晓鸥、梁方秋、夏姣真等在实验教材与实验仪器整合方面提出了许多宝贵意见。

本书在编写过程中得到了浙江树人大学、李立敏教授和许跃宇副教授的支持，浙江大学诸葛向彬教授、陈守川教授、顾智企副教授、斯公寿高级实验师和钱水明高级实验师等的指导，浙江大学等兄弟院校和仪器厂家的支持，在此表示衷心的感谢。

实验教学的探索是无止境的长期任务，书中的新方法、新观点难免有不妥之处，恳请同行及广大读者提出宝贵意见。

梅山孩
2007 年 12 月

目 录

序
前言
绪论 …………………………………………………………………………… 1
第一章　实验误差理论与数据处理 ……………………………………… 4
　第一节　测量和误差 …………………………………………………… 4
　第二节　测量结果的评定和不确定度 ………………………………… 8
　第三节　有效数字及其运算 …………………………………………… 14
　第四节　实验数据处理 ………………………………………………… 16
　练习题 …………………………………………………………………… 26
第二章　基础实验 ………………………………………………………… 28
　实验一　牛顿第二定律的研究 ………………………………………… 29
　实验二　动量和机械能守恒定律研究 ………………………………… 34
　实验三　金属材料杨氏模量的测定 …………………………………… 38
　实验四　用扭摆法测定物体转动惯量 ………………………………… 44
　实验五　均匀弦振动的研究 …………………………………………… 49
　实验六　非良导体热导率的测量 ……………………………………… 53
　实验七　空气比热容比的测定 ………………………………………… 57
　实验八　电源电动势、内阻和输出功率的研究 ……………………… 61
　实验九　惠斯通电桥测电阻 …………………………………………… 64
　实验十　用直流双臂电桥测低值电阻 ………………………………… 70
　实验十一　示波器的调整和应用 ……………………………………… 75
　实验十二　电表改装与校准 …………………………………………… 81
　实验十三　RLC电路的稳态过程研究 ………………………………… 89
　实验十四　霍尔效应法测定通电螺线管轴向磁感应强度分布 ……… 97
　实验十五　薄透镜焦距的测定 ………………………………………… 104
　实验十六　分光计的调整和使用 ……………………………………… 110
　实验十七　光的干涉——牛顿环 ……………………………………… 117
　实验十八　迈克尔逊干涉仪 …………………………………………… 125
　实验十九　光栅衍射测量 ……………………………………………… 130
　实验二十　偏振现象的观察和分析 …………………………………… 135

第三章　综合性实验 ... 139
实验一　密立根油滴实验 ... 140
实验二　弗兰克—赫兹实验 ... 144
实验三　光电效应法测定普朗克常数 ... 149
实验四　声速的测定 ... 156
实验五　核磁共振 ... 165
实验六　音频信号光纤传输技术实验 ... 174
实验七　全息照相 ... 180

第四章　设计性实验 ... 186
实验一　固体密度的测定 ... 187
实验二　折射率的测量 ... 188
实验三　金属电阻的温度系数测量 ... 189
实验四　金属箔式应变片性能研究：单臂、半桥、全桥比较 ... 190
实验五　测定伏安特性曲线 ... 192
实验六　非线性电阻特性研究 ... 193
实验七　半导体温度计的设计 ... 194

第五章　课题性实验 ... 195
实验一　真空获得与真空镀膜 ... 196
实验二　微波等离子体化学气相沉积制备金刚石薄膜 ... 206
实验三　微波等离子体刻蚀加工实验 ... 212
实验四　金刚石的形核 ... 216
实验五　超导体转变温度的测量 ... 219

第六章　计算机仿真实验 ... 227
仿真实验的基本操作方法 ... 228
实验一　力热学基本物理量及常用仪器介绍 ... 238
实验二　卡文迪许扭秤法测量万有引力常数 ... 241

附录 ... 249
附录一　中华人民共和国法定计量单位 ... 249
附录二　常用物理数据 ... 251
附录三　常用电气测量指示仪表和附件的符号 ... 256

参考文献 ... 259

绪　论

物理学是研究物质的基本结构、基本运动形式、相互作用及其转化规律的学科。它的基本理论渗透在自然科学的各个领域，应用于生产技术的许多部门，是自然科学和工程技术的基础。

在人类追求真理、探索未知世界的过程中，物理学展现了一系列科学的世界观和方法论，深刻影响着人类对物质世界的基本认识、人类的思维方式和社会生活，是人类文明的基石。

物理学本质上是一门实验科学。物理实验是科学实验的先驱，体现了大多数科学实验的共性，在实验思想、实验方法以及实验手段等方面是各学科科学实验的基础。

物理实验在创新能力、思维能力的培养方面有着重要的、不可替代的作用。物理实验通过基本实验的设计思想方法、技能以及基本的科学思维方法的教学来实现对人才科学素质的培养。

一、课程的地位、作用和任务

"大学物理实验"课程是对高等学校学生进行科学实验基本训练的一门独立的必修基础课程，是学生进入大学后受到系统实验方法和实验技能训练的开端，是理工科类专业对学生进行科学实验训练的重要基础。

物理实验课覆盖面广，具有丰富的实验思想、方法、手段，同时能提供综合性很强的基本实验技能训练，是培养学生科学实验能力、提高科学素质的重要基础。它在培养学生严谨的治学态度、活跃的创新意识、理论联系实际和适应科技发展的综合应用能力等方面具有其他实践类课程不可替代的作用。

"大学物理实验"课程的具体任务是：

（1）培养基本科学实验技能，提高科学实验基本素质，初步掌握实验科学的思想和方法；培养科学思维和创新意识，掌握实验研究的基本方法，提高分析能力和创新能力。

（2）通过对实验现象的观察、分析及对物理量的测量，加深对物理原理的理解。

（3）通过物理实验培养和提高科学实验能力：①通过阅读实验教材，查找资料，做好实验前期的准备；②借助教材或说明书，正确使用常用仪器、仪表的能力；③借助理论对物理现象进行初步分析判断的能力；④会处理实验数据，绘制曲线，撰写实验报告；⑤能够完成简单的具有设计性内容的实验。

（4）通过物理实验提高科学素养，培养理论联系实际和实事求是的科学作风、认真严谨的科学态度、积极主动的探索精神。

（5）培养遵守纪律，团结协作，爱护公共财产的优良品德。

二、教学内容的基本要求

大学物理实验包括普通物理实验（力学、热学、电学、光学实验）和近代物理实验，具体的教学内容基本要求如下：

（1）了解一些物理实验史料和在工程技术中的应用知识，深入体会科学实验的重要性，明确物理实验课程的地位、作用和任务。

（2）自行完成预习实验及按要求撰写实验报告等程序。

（3）掌握测量误差的基本知识，具有正确处理实验数据的基本能力。

1）测量误差与不确定度的基本概念，能逐步学会用不确定度对直接测量和间接测量的结果进行评估。

2）处理实验数据的一些常用方法，包括列表法、作图法和最小二乘法等。随着计算机及其应用技术的普及，还应包括使用计算机通用软件处理实验数据的基本方法。

（4）掌握基本物理量的测量方法。

（5）了解常用的物理实验方法，并逐步学会使用。例如：比较法、转换法、放大法、模拟法、补偿法、平衡法和干涉、衍射法，以及在近代科学研究和工程技术中的广泛应用的其他方法。

（6）掌握实验室常用仪器的性能，并能够正确使用。

（7）掌握常用的实验操作技术。例如：零位调整、水平/铅直调整、光路的共轴调整、消视差调整、逐次逼近调整、根据给定的电路图正确接线、简单的电路故障检查与排除，以及在近代科学研究与工程技术中广泛应用的仪器的正确调节。

（8）通过一定数量的近代物理实验、综合性实验及设计性实验，理解近代物理概念、物理实验技术的应用，提高综合实验能力。

三、大学物理实验课的基本环节

1. 实验前要做好预习

预习时，主要阅读实验教材，了解实验目的，搞清楚实验内容，要测量什么量，使用什么方法，实验的理论依据（原理）是什么，使用什么仪器，其仪器性能是什么，如何使用，操作要点及注意事项等，在此基础上，回答好思考题，草拟出操作步骤，设计好数据记录表格，准备好自备的物品。

2. 课堂认真进行实验

实验课一般先由指导教师作重点讲解，交待有关注意事项，扼要、简单地讲授内容，具有指导性和启发性，学生要结合自己的预习逐一领会，特别要注意那些在操作中容易引起失误的地方。

在实验进程中，首先是布置、安装和调试仪器。要思考桌面上若干个仪器是否布置合理、读数是否方便，做到操作有序，使仪器设备尽量能为我所用。为了使仪器装置达到最佳工作状态，必须细致、耐心地进行调试。这样很可能要花较多时间，切忌急躁。要合理选择仪器的量程，如果在调试中遇到了困难而自己不能解决时，可以请教指导老师。

调试准备就绪后，开始进行测量。实验时一定要先观察实验现象，通过观察对被验证的定律或被测的物理量有个定性的了解，然后再进行精确的测量。测量的原始数据要整齐地记录在自己设计的表格中，读数一定要认真仔细，实验原始数据的优劣，决定着实验的成败。记录的数据一定要标明单位。不要忘记记录有关的环境条件,如温度、压强等。如果两个学生同时做一个实验,既要分工又要协作,各自记录实验数据,共同完成实验任务。

在测量过程中要尽量保持实验条件不变,要注意操作姿势,身体不要靠着桌子,不要使仪器发生移动或受到振动。如果遇到仪器装置出现故障,学生应力求自己动手解决,或留意观看教师是怎样分析判断仪器的毛病,怎样修复仪器的(可能当场修复的仪器)。测量完数据后,记录的数据要经指导教师审阅签字,然后再进行数据处理。如果发现错误数据时,要重新进行测量。

3. 写实验报告

实验报告是对实验工作的总结,是交流实验经验、推广实验成果的媒介。学会编写实验报告是培养实验能力的一个方面。写实验报告要用简明的形式将实验结果完整、准确地表达出来,要求文字通顺、字迹端正、图表规范、结果正确、讨论认真。实验报告用学校统一印制的"实验报告纸"来书写。

实验报告通常包括以下内容:

(1) 实验名称。表示做什么实验。

(2) 实验目的。说明为什么做这个实验,做该实验要达到什么目的。

(3) 实验仪器。列出主要仪器的名称、型号、规格、精度等。

(4) 实验原理。阐明实验的理论依据,写出待测量计算公式的简要推导过程,画出有关的图(原理图或装置图),如电路图、光路图等。

(5) 数据记录。实验中所测得的原始数据要尽可能用表格的形式列出,正确表示有效数字和单位。

(6) 数据处理。根据实验目的对实验结果进行计算或作图表示,并对测量结果进行评定,计算不确定度,计算要写出主要的计算内容。

(7) 实验结果。扼要写出实验结论,要体现出测量数据、误差和单位。

(8) 问题讨论。讨论实验中观察到的异常现象及其可能的解释,分析实验误差的主要来源,对实验仪器的选择和实验方法的改进提出建议,简述自己做实验的心得体会,回答实验思考问题。

为了保证实验课程的正常进行,现在对实验报告提出以下三点要求:

(1) 课前要求预习实验内容,明确实验目的,了解实验原理,弄清实验步骤,初步了解仪器的使用方法,画好实验数据记录表格。未做好预习者不得动手做实验。

(2) 在测量时,应如实、即时做好实验数据记录(数据记录要整洁,字迹清楚,避免错记),不可事后凭回忆"追记"数据,更不可为拼凑数据而涂改实验数据记录。

(3) 实验报告要认真按时完成。在做物理实验时,我们不是要一个塞满东西的脑袋,而是要一个善于分析问题的头脑。实验的目的和任务不仅是学习知识,更重要的是要将知识转化为能力!

第一章 实验误差理论与数据处理

物理实验的任务不仅是定性地观察各种自然现象，更重要的是定量地测量相关物理量。而对事物定量地描述又离不开数学方法和进行实验数据的处理，因此，误差分析和数据处理是物理实验课的基础。本章将从测量及误差的定义开始，逐步介绍有关误差和实验数据处理的方法和基本知识。

第一节 测量和误差

对物理量进行测量，是物理实验中极其重要的一个组成部分。对某些物理量的大小进行测定，将被测量与被定为标准的同一物理量的单位量进行比较并确定其比值的过程，称为测量。

一、直接测量与间接测量

按照测量结果获得的方法不同，可将测量分为直接测量和间接测量两类。按照测量条件不同，又可分为等精度测量和不等精度测量。直接测量就是把待测量与标准量直接比较得出结果，如用米尺测长度，用天平测物体的质量，用安培表测电流强度等；间接测量是指被测量不能用直接测量的方法得到，而是利用若干个直接测量值通过一定的函数关系计算出被测量的数值的过程，如用单摆测重力加速度 g 时先测出摆长和周期 T 的量值，然后由 $g=\dfrac{4\pi^2 L}{T^2}$ 求出 g 的量值。

二、测量误差

无论哪种测量，其测量值与被测量真值之间总是存在着一定的差异。我们将测量值与被测量真值之差称为测量误差，即：

$$误差 = 测量值 - 真值 \qquad (1-1-1)$$

它不但反映了测量值偏离真值的大小，而且还反映了测量值是比真值大还是比真值小。由于是与真值相比较，故又称绝对误差，简称误差。

被测量的真值是指在一定时间、一定状态下，被测量客观存在的真实大小。它是个理想的概念，包含理论真值、公认真值、计量学约定真值和标准器相对真值。但在多数情况下，特别是在研究性的实验中，被测量的真值往往都是未知的，实验的目的就是采用科学的方法测得其"真值"，探索其规律。

误差按其性质可分为系统误差和随机误差。

第一节 测量和误差

1. 系统误差

系统误差是指在一定条件下多次测量的结果总是向一个方向偏离，按一定规律变化。系统误差包括已定系统误差和未定系统误差。已定系统误差是指符号和绝对值已经确定的系统误差；未定系统误差是指符号或绝对值未经确定的系统误差。产生系统误差的原因如下：

（1）器具误差与调整误差：由于测量器具本身具有的误差所引起的，以及由于测量前未能将测量器具或被测对象调整到正确位置或状态所引起的误差。

（2）理论误差与方法误差：由于测量理论的近似或由于测量方法的不完善所引起的误差。例如，伏安法测电阻没考虑电表的内阻，如图1-1-1所示，外接时：

$$R_测 = \frac{U_测}{I_测} = \frac{U_x}{I_V + I_x} < \frac{U_x}{I_x} = R_x \tag{1-1-2}$$

即测量值从理论上推导就肯定比真实值小。同理，内接时同学可自行推导得出：测量值理论上比真实值要大。

（3）环境误差：由于实际环境条件与规定条件不一致所引起的误差。

（4）人员误差：由于测量人员主观因素和操作技术所引起的误差。

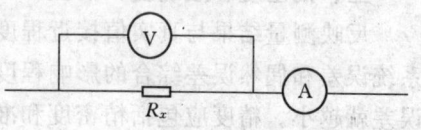

图1-1-1 电表内阻

产生系统误差的原因可能不止一个，一般应找出影响的主要因素，有针对性地消除或减小系统误差。以下介绍几种常用的方法：

（1）检定修正法：将仪器、量具送计量部门检验取得修正值，以便对某一物理量测量后进行修正的一种方法。

（2）替代法：测量装置测定待测量后，在测量条件不变的情况下，用一个已知标准量替换被测量来减小系统误差的一种方法。如消除天平的两臂不等对待测量的影响可用此办法。

（3）异号法：对实验时在两次测量中出现符号相反的误差，采取平均值后消除的一种方法。例如在外界磁场作用下，仪表读数会产生一个附加误差，若将仪表转动180°再进行一次测量，外磁场将对读数产生相反的影响，引起负的附加误差。两次测量结果平均，正负误差可以抵消，从中可以减小系统误差。

2. 随机误差

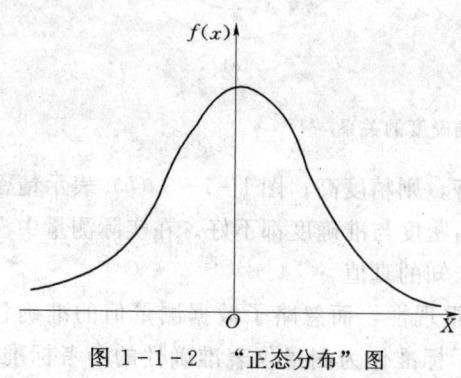

图1-1-2 "正态分布"图

在实际测量条件下，多次测量同一量时，误差的绝对值符号的变化，时大时小、时正时负，以不可预定方式变化着的误差称为随机误差，也叫偶然误差。当测量次数很多时，随机误差就显示出明显的规律性。理论和实验都表明，大量的随机误差均服从"正态分布"规律（图1-1-2），有如下特点：

（1）绝对值相等的正负误差出现的几率相等。

(2) 绝对值小的误差出现的几率比绝对值大的误差出现的几率大。

(3) 随机误差的算术平均值随测量次数的增加而减小,当测量次数趋于无穷时,随机误差趋于零。随机误差存在一"最大误差",即误差的绝对值不超过某一限度。由于随机误差存在上述性质,可以用增加测量次数的方法来减小随机误差。当测量次数足够多时,测量值的随机误差趋近于零,测量值的算术平均值就趋近于真值。

引起随机误差的原因很多:①与仪器精密度和观察者感官灵敏度有关,如仪器显示数值的估计读数位偏大和偏小;②仪器调节平衡时,平衡点确定不准;③测量环境扰动变化;④其他不能预测不能控制的因素,如空间电磁场的干扰,电源电压波动引起测量的变化等。

此外,由于测量者过失,如实验方法不合理、用错仪器、操作不当、读错数值或记错数据等引起的误差,是一种人为的过失误差,不属于测量误差,只要测量者采用严肃认真的态度,过失误差是可以避免的。

三、精密度、准确度和精度

反映测量结果与真实值接近程度的量,称为精度(亦称精确度),它反映测量中所有系统误差和偶然误差综合的影响程度。精度与误差大小相对应,测量的精度越高,其测量误差就越小。精度应包括精密度和准确度两层含义。

(1) 精密度。测量中所测得数值重现性的程度,称为精密度。它反映偶然误差的影响程度,精密度高就表示偶然误差小。

(2) 准确度。测量值与真值的偏移程度,称为准确度。它反映系统误差的影响程度,准确度高就表示系统误差小。

在一组测量中,精密度高的准确度不一定高,准确度高的精密度也不一定高,但精度高,则精密度和准确度都高。

为了说明精密度与准确度的区别,可用下述打靶子例子来说明。如图1-1-3所示。

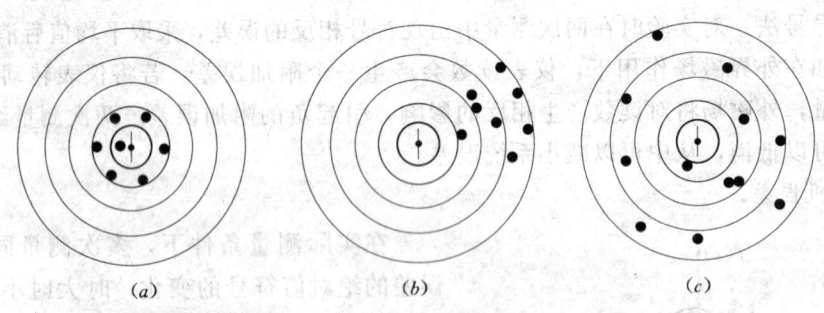

图1-1-3 精密度和准确度的关系

图1-1-3(a)中表示精密度和准确度都很好,则精度高;图1-1-3(b)表示精密度很好,但准确度却不高;图1-1-3(c)表示精密度与准确度都不好。在实际测量中没有像靶心那样明确的真值,而是设法去测定这个未知的真值。

学生在实验过程中,往往满足于实验数据的重现性,而忽略了数据测量值的准确程度。绝对真值是不可知的,人们只能订出一些国际标准作为测量仪表准确性的参考标准。

随着人类认识运动的推移和发展，可以逐步逼近绝对真值。

四、直接测量误差估算和测量结果的表达

假设在实验中已将系统误差消减到可以忽略的程度，通过等精度测量（即同一测量者，在同一条件下，用相同的仪器，对被测量进行多次重复测量），由于各种因素的微小变动所引起的测量值微小的不可预测的差异，得到一系列测量值，我们所关心的是最接近真值的值（称真值的最佳估计值，在计量学上称为测量值的测量结果期望估计值）。

1. 真值的最佳估计值（近真值）——算术平均值、残差（偏差）

随机误差有一个极其重要的特性——抵偿性，即在一列等精度测量中，由于每次测量值的误差时大时小、时正时负，所以误差的算术平均值随着测量次数的无限增加而趋于0。根据这一特性，我们可以求得真值的最佳估计值——近真值。

设一列等精度测量值：x_1，x_2，$\cdots$，x_n，则该列测量值的算术平均值为：

$$\bar{x} = \frac{1}{n}\sum_{i=1}^{n} x_i \quad (i=1,2,\cdots,n) \tag{1-1-3}$$

而各次测量的（绝对）误差为：

$$\Delta X_i = x_i - X_0 \tag{1-1-4}$$

式中：X_0 为被测量的真值；x_i 为第 i 次测量值。

对 n 次测量的（绝对）误差求和得：

$$\sum_{i=1}^{n}\Delta X_i = \sum_{i=1}^{n} x_i - nX_0 \tag{1-1-5}$$

等式两边各除以 n，得：

$$\overline{\Delta x} = \frac{1}{n}\sum_{i=1}^{n}\Delta X_i = \frac{1}{n}\sum_{i=1}^{n} x_i - X_0 = \overline{X} - X_0 \tag{1-1-6}$$

当测量次数 $n \to \infty$ 时，由于随机误差具有抵偿性，所以有 $\lim_{n \to \infty} \frac{1}{n}\sum_{i=1}^{n}\Delta X_i \to 0$，由式 (1-1-6) 得：

$$\overline{X} \to X_0$$

因此在已消除系统误差的前提下，可认为多次测量的平均值 $\overline{X}$ 是真值的最佳估计值。则各次测量值与 $\overline{X}$ 的差称为残余误差，简称残差，又称偏差，近似为各测量值与真值的误差。在一般的讨论中，我们不去严格区分"偏差"和"误差"。

在物理实验中，多次测量的误差常用算术平均绝对偏差和标准偏差来表示。

2. 算术平均绝对偏差

在多次测量中，每次测量值 x_i 与算术平均值 $\bar{x}$ 的偏差的绝对值为：

$$\Delta x_1 = |x_1 - \bar{x}|, \Delta x_2 = |x_2 - \bar{x}|, \cdots, \Delta x_n = |x_n - \bar{x}|$$

则算术平均绝对偏差定义为：

$$\overline{\Delta x} = \frac{1}{n}(|\Delta x_1| + |\Delta x_2| + \cdots + |\Delta x_n|) = \frac{1}{n}\sum_{i=1}^{n}|\Delta x_i| \tag{1-1-7}$$

测量结果可表示为：

$$x = \bar{x} \pm \overline{\Delta x} \tag{1-1-8}$$

式（1-1-8）称为测量结果的算术平均绝对偏差表示方式。它表明被测量 x 的最佳估值是 $\bar{x}$，$(\bar{x}-\overline{\Delta x}) \sim (\bar{x}+\overline{\Delta x})$ 区间包含真值的可能性最大。这是一种粗略的估算。

3. 标准偏差（又称方均根偏差）

偶然误差最通常的表示方式为标准偏差。当测量次数足够多时，标准偏差定义为：

$$S_x = \sigma_x = \sqrt{\frac{\sum_{i=1}^{n}(x_i-\bar{x})^2}{n-1}} \quad \text{（贝塞尔公式）} \quad (1-1-9)$$

其意义表示某次测量值的随机误差在 $-\sigma_x \sim +\sigma_x$ 之间的概率为 68.3%。

4. 算术平均值的标准偏差

当测量次数 n 有限，其算术平均值的标准偏差为：

$$\sigma_{\bar{x}} = \frac{\sigma_x}{\sqrt{n}} = \sqrt{\frac{\sum_{i=1}^{n}(x_i-\bar{x})^2}{n(n-1)}} \quad (1-1-10)$$

其意义是测量平均值的随机误差在 $-\sigma_{\bar{x}} \sim +\sigma_{\bar{x}}$ 之间的概率为 68.3%。或者说，待测量的真值在 $(\bar{x}-\sigma_{\bar{x}}) \sim (\bar{x}+\sigma_{\bar{x}})$ 范围内的概率为 68.3%。因此 $\sigma_{\bar{x}}$ 反映了平均值接近真值的程度。

标准偏差 σ_x 小表示测量值密集，即测量的精密度高；标准偏差 σ_x 大表示测量值分散，即测量的精密度低。估计随机误差还有用算术平均误差、$2\sigma_x$、$3\sigma_x$ 等其他方法来表示的。标准误差不是一个具体的误差，σ 的大小只说明在一定条件下等精度测量集合所属的每一个观测值对其算术平均值的分散程度，σ 的值越小则说明每一次测量值对其算术平均值分散度就小，测量的精度就高，反之精度就低。

5. 相对误差

衡量某一测量值的准确程度，一般用相对误差来表示。绝对误差 Δx 与被测量的实际值 x_0 的百分比值称为实际相对误差。记为：

$$E_x = \frac{\Delta x}{x_0} \times 100\% \quad (1-1-11)$$

第二节 测量结果的评定和不确定度

测量的目的是不但要测量待测物理量的近似值，而且要对近似真实值的可靠性做出评定（即指出误差范围），这就要求必须掌握不确定度的有关概念。下面将结合对测量结果的评定对不确定度的概念、分类、合成等问题进行讨论。

一、不确定度的含义

1. 不确定度

理想的测量是获得被测量在测量条件下的真值，但是实际在测量时，由于实验方法和计量器具的不完善，测量环境不理想、不稳定，实验者在操作上和读取数值时不十分准确等原因，都将使测量值偏离真值，因而测得值不能准确表达真值。在表达被测量的测量结果时，因为表达的是被测量的近似值，所以应同时说明对它的可靠性评价，即给出此测量质量的指标，测量不确定度就是测量质量的指标。

不确定度是指由于测量误差的存在而对被测量值不能肯定的程度，是表征对被测量值的真值所处的量值范围的评定。它是测量结果所携带的一个必要的参数，以表征待测量值的分散性、准确性和可靠程度。

测量值不等于真值，可以设想真值就在测量值附近的一个量值范围内，测量不确定度就是评定作为测量质量指标的此量值范围。设测量值为 x，其测量不确定度为 u，则真值可能在量值范围 $(x-u, x+u)$ 之中，显然此量值范围越窄，即测量不确定度越小，用测量值表示真值的可靠性就越高。

2. 标准不确定度

对测量不确定度的评定，常以估计标准偏差去表示大小，这时称其为标准不确定度。

二、测量结果的表示和合成不确定度

在做物理实验时，要求表示出测量的最终结果。在这个结果中既要包含待测量的近似真实值 $\bar{x}$，又要包含测量结果的不确定度 σ，还要反映出物理量的单位。因此，要写成物理含义深刻的标准表达形式，即：

$$x = \bar{x} \pm \sigma \quad (\text{单位}) \tag{1-2-1}$$

式中：x 为待测量；$\bar{x}$ 为测量的近似真实值；σ 为合成不确定度，一般保留一位有效数字。

这种表达形式反映了三个基本要素：测量值、合成不确定度和单位。

在测量结果的标准表达式中，给出了一个范围 $(\bar{x}-\sigma) \sim (\bar{x}+\sigma)$，它表示待测量的真值在 $(\bar{x}-\sigma) \sim (\bar{x}+\sigma)$ 范围之间的概率为 68.3%，但真值不一定就会落在 $(\bar{x}-\sigma) \sim (\bar{x}+\sigma)$ 之间。

在上述的标准式中，近似真实值、合成不确定度、单位三个要素缺一不可，否则就不能全面表达测量结果。同时，近似真实值 $\bar{x}$ 的末尾数应该与不确定度的所在位数对齐，近似真实值 $\bar{x}$ 与不确定度 σ 的数量级、单位要相同。

在不确定度的合成问题中，主要是从系统误差和随机误差等方面进行综合考虑，提出统计不确定度和非统计不确定度的概念。合成不确定度 σ 是由不确定度的两类分量（A 类和 B 类）求"方和根"计算而得。为使问题简化，本书只讨论简单情况下（即 A 类、B 类分量保持各自独立变化，互不相关）的合成不确定度。

A 类不确定度（统计不确定度）用 S_i 表示，B 类不确定度（非统计不确定度）用 σ_B 表示，合成不确定度为：

$$\sigma = \sqrt{S_i^2 + \sigma_B^2} \tag{1-2-2}$$

三、合成不确定度的两类分量

计算不确定度是将可修正的系统误差修正后，将各种来源的误差按计算方法分为两类，即用统计方法计算的不确定度（A 类）和非统计方法计算的不确定度（B 类）。

1. A 类不确定度

A 类不确定度即统计不确定度，是指可以采用统计方法（即具有随机误差性质）计算的不确定度，如测量读数具有分散性、测量时温度波动影响等。这类统计不确定度通常认为它是服从正态分布规律的，因此可以像计算标准偏差那样，用贝塞尔公式计算被测量的 A 类不确定度。A 类不确定度 S_i 为：

$$S_i = \sqrt{\frac{\sum_{i=1}^{n}(x_i - \overline{x})^2}{n-1}} = \sqrt{\frac{\sum_{i=1}^{n}\Delta x_i^2}{n-1}} \quad (1-2-3)$$

式中：i 表示测量次数，$i=1,2,3,\cdots,n$。

2. B 类不确定度

B 类不确定度即非统计不确定度，是指用非统计方法求出或评定的不确定度，如实验室中的测量仪器不准确、量具磨损老化等。本书对 B 类不确定度的估计只作简化处理。仪器不准确的程度主要用仪器误差来表示，所以因仪器不准确对应的 B 类不确定度为：

$$\sigma_B = \Delta_{仪} \quad (1-2-4)$$

式中：$\Delta_{仪}$ 为仪器误差或仪器的基本误差，或允许误差，或显示数值误差。

一般的仪器说明书中都以某种方式注明仪器误差，由制造厂或计量检定部门给定。物理实验教学中，由实验室提供。对于单次测量的随机误差一般是以最大误差进行估计，以下分两种情况处理。

（1）已知仪器准确度时，这时以其准确度作为误差大小。如一个量程 150mA、准确度 0.2 级的电流表，测某一次电流，读数为 131.2mA。为估计其误差，则按准确度 0.2 级可算出最大绝对误差为 0.3mA，因而该次测量的结果可写成 $I=(131.2\pm0.3)$ mA。又如用物理天平称量某个物体的质量，当天平平衡时砝码为 $P=145.02$g，让游码在天平横梁上偏离平衡位置一个刻度（相当于 0.05g），天平指针偏过 1.8 分度，则该天平这时的灵敏度为 $(1.8\div0.05)$ 分度/g，其感量为 0.03g/分度，就是该天平称衡物体质量时的准确度，测量结果可写成 $P=(145.02\pm0.03)$g。

（2）未知仪器准确度时，这时单次测量误差的估计，应根据所用仪器的精密度、仪器灵敏度、测试者感觉器官的分辨能力以及观测时的环境条件等因素具体考虑，以使估计误差的大小尽可能符合实际情况。一般说，最大读数误差对连续读数的仪器可取仪器最小刻度值的一半；而无法进行估计的非连续读数的仪器，如数字式仪表，则取其最末位数的一个最小单位。

四、直接测量的不确定度

在对直接测量的不确定度的合成问题中，对 A 类不确定度主要讨论在多次等精度测量条件下，读数分散对应的不确定度，并且用贝塞尔公式计算 A 类不确定度。对 B 类不确定度，主要讨论仪器不准确对应的不确定度，将测量结果写成标准形式。因此，实验结果的获得，应包括待测量近似真实值的确定，A、B 两类不确定度以及合成不确定度的计算。增加重复测量次数对于减小平均值的标准误差，提高测量的精密度有利。但是要注意，当次数增大时，平均值的标准误差减小渐为缓慢，当次数大于 10 时平均值的减小便不明显了。通常取测量次数为 5~10 为宜。下面通过两个例子加以说明。

【例 1-2-1】 采用感量为 0.1g 的物理天平称量某物体的质量，其读数值为 35.41g，求物体质量的测量结果。

解： 采用物理天平称物体的质量，重复测量读数值往往相同，故一般只需进行单次测量即可。单次测量的读数即为近似真实值，$m = 35.41\text{g}$。

物理天平的示值误差通常取感量的一半，并且作为仪器误差，即：

$$\sigma_B = \Delta_{仪} = 0.05\text{g} = \sigma$$

测量结果为：

$$m = 35.41 \pm 0.05 (\text{g})$$

在例 1-2-1 中，因为是单次测量（$n=1$），合成不确定度 $\sigma = \sqrt{S_i^2 + \sigma_B^2}$ 中的 $S_i = 0$，所以 $\sigma = \sigma_B$，即单次测量的合成不确定度等于非统计不确定度。但是这个结论并不表明单次测量的 σ 就小，因为 $n=1$ 时，S_i 发散。其随机分布特征是客观存在的，测量次数 n 越大，置信概率就越高，因而测量的平均值就越接近真值。

【例 1-2-2】 用螺旋测微器测量小钢球的直径，5 次的测量值分别为：$d = 11.922\text{mm}$，11.923mm，11.922mm，11.922mm，11.922mm。螺旋测微器的最小分度数值为 0.01mm，试写出测量结果的标准式。

解：(1) 求直径 d 的算术平均值：

$$\bar{d} = \frac{1}{n}\sum_1^5 d_i = \frac{1}{5} \times (11.922 + 11.923 + 11.922 + 11.922 + 11.922)$$
$$= 11.922 (\text{mm})$$

(2) 计算 B 类不确定度。螺旋测微器的仪器误差为：

$$\Delta_{仪} = 0.005 (\text{mm})$$
$$\sigma_B = \Delta_{仪} = 0.005 (\text{mm})$$

(3) 计算 A 类不确定度：

$$S_d = \sqrt{\frac{\sum_1^5 (d_i - \bar{d})^2}{n-1}}$$
$$= \sqrt{\frac{(11.922-11.922)^2 + (11.923-11.922)^2 + \cdots}{5-1}}$$
$$= 0.0005 (\text{mm})$$

(4) 合成不确定度为：

$$\sigma = \sqrt{S_d^2 + \sigma_B^2} = \sqrt{0.0005^2 + 0.005^2}$$

式中，由于 $0.0005 < \frac{1}{3} \times 0.005$，故可略去 S_d，于是：

$$\sigma = 0.005 (\text{mm})$$

(5) 测量结果为：

$$d = \bar{d} \pm \sigma = 11.922 \pm 0.005 (\text{mm})$$

从例 1-2-2 中可以看出，当有些不确定度分量的数值很小时，相对而言可以略去不计。在计算合成不确定度中求"方和根"时，若某一平方值小于另一平方值的 $\frac{1}{9}$，则这一项就可以略去不计。这一结论称为微小误差准则。在进行数据处理时，利用微小误差准则可减少不必要的计算。不确定度的计算结果，一般应保留一位有效数字，多余的位数按有效数字的修约原则进行取舍。评价测量结果，有时候需要引入相对不确定度的概念。相对不确定度定义为：

$$E_\sigma = \frac{\sigma}{\bar{x}} \times 100\% \qquad (1-2-5)$$

E_σ 的结果一般应取 2 位有效数字。此外，有时候还需要将测量结果的近似真实值 $\bar{x}$ 与公认值 $x_公$ 进行比较，得到测量结果的百分偏差 B。百分偏差定义为：

$$B = \frac{|\bar{x} - x_公|}{x_公} \times 100\% \qquad (1-2-6)$$

百分偏差其结果一般应取 2 位有效数字。

五、间接测量结果的合成不确定度

间接测量的近似真实值和合成不确定度是由直接测量结果通过函数式计算出来的，既然直接测量有误差，那么间接测量也必然有误差，这就是误差的传递。由直接测量值及其误差来计算间接测量值的误差之间的关系式称为误差的传递公式。设间接测量的函数式为：

$$N = F(x, y, z, \cdots) \qquad (1-2-7)$$

N 为间接测量的量，它有 K 个直接测量的物理量 $x, y, z, \cdots$，各直接观测量的测量结果分别为：

$$x = \bar{x} \pm \sigma_x$$
$$y = \bar{y} \pm \sigma_y$$
$$z = \bar{z} \pm \sigma_z$$
$$\cdots$$

（1）若将各个直接测量量的近似真实值 $\bar{x}$ 代入函数表达式中，即可得到间接测量的近似真实值：

$$\bar{N} = F(\bar{x}, \bar{y}, \bar{z}, \cdots)$$

（2）求间接测量的合成不确定度，由于不确定度均为微小量，相似于数学中的微小增量，对函数式 $N = F(x, y, z, \cdots)$ 求全微分，即得：

$$dN = \frac{\partial F}{\partial x}dx + \frac{\partial F}{\partial y}dy + \frac{\partial F}{\partial z}dz + \cdots \qquad (1-2-8)$$

式中：$dN, dx, dy, dz, \cdots$ 均为微小量，代表各变量的微小变化，dN 的变化由各自变量的变化决定；$\frac{\partial F}{\partial x}, \frac{\partial F}{\partial y}, \frac{\partial F}{\partial z}, \cdots$ 为函数对自变量的偏导数，记为 $\frac{\partial F}{\partial A_K}$。

将上面全微分式中的微分符号 d 改写为不确定度符号 σ，并将微分式中的各项求"方和根"，即为间接测量的合成不确定度：

$$\sigma_N = \sqrt{\left(\frac{\partial F}{\partial x}\sigma_x\right)^2 + \left(\frac{\partial F}{\partial y}\sigma_y\right)^2 + \left(\frac{\partial F}{\partial z}\sigma_z\right)^2} = \sqrt{\sum_{i=1}^{K}\left(\frac{\partial F}{\partial A_K}\sigma_{A_K}\right)^2} \qquad (1-2-9)$$

式中：K 为直接测量量的个数；A 代表 $x, y, z, \cdots$ 各个自变量（直接观测量）。

式（1-2-8）表明，间接测量的函数式确定后，测出它所包含的直接观测量的结果，将各个直接观测量的不确定度 σ_{A_K} 乘以函数对各变量（直测量）的偏导数 $\frac{\partial F}{\partial A_K}\sigma_{A_K}$，求"方和根"，即 $\sqrt{\sum_{i=1}^{K}\left(\frac{\partial F}{\partial A_K}\sigma_{A_K}\right)^2}$ 就是间接测量结果的不确定度。

当间接测量的函数表达式为积和商（或含和差的积商）的形式时，为了使运算简便起见，可以先将函数式两边同时取自然对数，然后再求全微分。即：

$$\frac{\mathrm{d}N}{N}=\frac{\partial \ln F}{\partial x}\mathrm{d}x+\frac{\partial \ln F}{\partial y}\mathrm{d}y+\frac{\partial \ln F}{\partial z}\mathrm{d}z+\cdots \quad (1-2-10)$$

同样改写微分符号为不确定度符号，再求其"方和根"，即为间接测量的相对不确定度 E_N：

$$E_N=\frac{\sigma_N}{\overline{N}}=\sqrt{\left(\frac{\partial \ln F}{\partial x}\sigma_x\right)^2+\left(\frac{\partial \ln F}{\partial y}\sigma_y\right)^2+\left(\frac{\partial \ln F}{\partial z}\sigma_z\right)^2}$$

$$=\sqrt{\sum_{i=1}^{K}\left(\frac{\partial \ln F}{\partial A_K}\sigma_{A_K}\right)^2} \quad (1-2-11)$$

已知 E_N、$\overline{N}$，由式（1-2-11）可以求出合成不确定度：

$$\sigma_N=\overline{N}E_N \quad (1-2-12)$$

这样计算间接测量的统计不确定度，特别对函数表达式很复杂的情况，尤其显示出它的优越性。今后在计算间接测量的不确定度时，对函数表达式仅为"和差"形式，可以直接利用式（1-2-9），求出间接测量的合成不确定度 σ_N，若函数表达式为积和商（或积商和差混合）等较为复杂的形式时，可直接采用式（1-2-11），先求出相对不确定度，再求出合成不确定度 σ_N。

【例 1-2-3】 已知电阻 $R_1=(50.2\pm0.5)\,\Omega$，$R_2=(149.8\pm0.5)\,\Omega$，求它们串联的电阻 R 和合成不确定度 σ_R。

解： 串联电阻的阻值为：

$$R=R_1+R_2=50.2+149.8=200.0(\Omega)$$

合成不确定度为：

$$\sigma_R=\sqrt{\sum_{1}^{2}\left(\frac{\partial R}{\partial R_i}\sigma_{Ri}\right)^2}=\sqrt{\left(\frac{\partial R}{\partial R_1}\sigma_1\right)^2+\left(\frac{\partial R}{\partial R_2}\sigma_2\right)^2}$$

$$=\sqrt{\sigma_1^2+\sigma_2^2}=\sqrt{0.5^2+0.5^2}=0.7(\Omega)$$

相对不确定度为：

$$E_R=\frac{\sigma_R}{R}=\frac{0.7}{200.0}\times100\%=0.35\%$$

测量结果为：

$$R=200.0\pm0.7(\Omega)$$

在例 1-2-3 中，由于 $\frac{\partial R}{\partial R_1}=1$，$\frac{\partial R}{\partial R_2}=1$，$R$ 的总合成不确定度为各个直接观测量的不确定度平方求和后再开方。

间接测量的不确定度计算结果一般应保留 1 位有效数字，相对不确定度一般应保留 2 位有效数字。

【例 1-2-4】 测量金属环的内径 $D_1=(2.880\pm0.004)$ cm，外径 $D_2=(3.600$

± 0.004) cm，厚度 $h = (2.575 \pm 0.004)$ cm。试求环的体积 V 和测量结果。

解：环体积公式为：
$$V = \frac{\pi}{4}h(D_2^2 - D_1^2)$$

(1) 环体积的近似真实值为：
$$V = \frac{\pi}{4}h(D_2^2 - D_1^2) = \frac{3.1416}{4} \times 2.575 \times (3.600^2 - 2.880^2) = 9.436(\text{cm}^3)$$

(2) 首先将环体积公式两边同时取自然对数后，再求全微分：
$$\ln V = \ln\left(\frac{\pi}{4}\right) + \ln h + \ln(D_2^2 - D_1^2)$$

$$\frac{dV}{V} = 0 + \frac{dh}{h} + \frac{2D_2 dD_2 - 2D_1 dD_1}{D_2^2 - D_1^2}$$

(3) 相对不确定度为：
$$E_V = \frac{\sigma_V}{V} = \sqrt{\left(\frac{\sigma_h}{h}\right)^2 + \left(\frac{2D_2\sigma_{D_2}}{D_2^2 - D_1^2}\right)^2 + \left(\frac{-2D_1\sigma_{D_1}}{D_2^2 - D_1^2}\right)^2}$$

$$= \left[\left(\frac{0.004}{2.575}\right)^2 + \left(\frac{2 \times 3.600 \times 0.004}{3.600^2 - 2.880^2}\right)^2 + \left(\frac{-2 \times 2.880 \times 0.004}{3.600^2 - 2.880^2}\right)^2\right]^{\frac{1}{2}}$$

$$= 0.0081 = 0.81\%$$

(4) 总合成不确定度为：
$$\sigma_V = VE_V = 9.436 \times 0.0081 = 0.08(\text{cm}^3)$$

(5) 环体积的测量结果为：
$$V = 9.44 \pm 0.08(\text{cm}^3)$$

V 的标准式中，$V=9.436\text{cm}^3$ 应与不确定度的位数取齐，因此将小数点后的第三位数 6，按照数字修约原则进到百分位，故为 9.44cm^3。

间接测量结果的误差，常用两种方法来估计：算术合成（最大误差法）和几何合成（标准误差）。误差的算术合成将各误差取绝对值相加，是从最不利的情况考虑，误差合成的结果是间接测量的最大误差，因此是比较粗略的，但计算较为简单，它常用于误差分析、实验设计或粗略的误差计算中。上面例子采用几何合成的方法，计算较麻烦，但误差的几何合成较为合理。

第三节 有效数字及其运算

用实验仪器直接测量的数值都会有一定误差，因此，测量的数据都只是近似数，由这些数据通过计算所得的间接测量也是近似数。显然，几个近似数的运算不可能使结果更为准确，而只会增大其误差，因此，近似数的表示和计算都有一定规则，以便确切地表示记录和运算结果的近似性。

一、有效数字的概念

任何一个物理量，其测量结果必然存在误差。因此，表示一个物理量测量结果的数字取值是有限的。测量结果中可靠的几位数字，加上欠准确数字，统称为测量结果的有效数字。例如，2.78 的有效数字是 3 位，2.7 是可靠数字，尾位"8"是欠准确数字。最后一位数字虽然是欠准确的，但它在一定程度上反映了客观实际，因此它也是有效的。

二、有效数字的表示

在记录直接测量的有效数字时，常用一种称为标准式的写法，就是任何数值都只写出有效数字，而数量级则用 10 的 n 次幂的形式去表示。在有效数字表示中，要注意以下几个方面：

（1）通常测量值的最末一位是欠准确数字，这一位应与仪器误差的位数对齐，仪器误差在哪一位发生，测量数据的欠准确位就记录到哪一位，即使估计数字是 0，也必须写上，否则与有效数字的规定不相符。例如，用米尺测量物体长为 52.4mm 与 52.40mm 是不同的两个测量值，也是属于不同仪器测量的两个值，误差也不相同，从这两个值可以看出测量前者的仪器精度低，测量后者的仪器精度高出一个数量级。

（2）凡是仪器上读出的数值，有效数字中间与末尾的 0，均应算作有效位数。例如，6.003cm、4.100cm 均是 4 位有效数字；在记录数据中，有时因定位需要，而在小数点前添加 0，这不应算作有效位数，如 0.0486m 是三位有效数字而不是 4 位有效数字，有效数字中的 0 有时算作有效数字，有时不能算作有效数字，要正确理解有效数字的规定。

（3）在十进制单位换算中，其测量数据的有效位数不变，如 4.51cm 若以米或毫米为单位，可以表示成 0.0451m 或 45.1mm，这两个数仍然是 3 位有效数字。为了避免单位换算中位数很多时写一长串，或计数时出现错位，常采用科学表达式，通常是在小数点前保留一位整数，用 10^n 表示，如 4.51×10^2m、4.51×10^4cm 等，这样既简单明了，又便于计算和确定有效数字的位数。

三、有效数字的运算

在进行有效数字计算时，参加运算的分量可能很多。各分量数值的大小及有效数字的位数也不相同，而且在运算过程中，有效数字的位数会越乘越多，除不尽时有效数字的位数也无止境。即便是使用计算器，也会遇到中间数的取位问题以及如何更简洁的问题。测量结果的有效数字，只能允许保留 1 位欠准确数字，直接测量是如此，间接测量的计算结果也是如此。

1. 有效数字位数的截取

总的原则是：由误差决定测量结果应截取有效数字的位数，运算过程的中间数据，可以保留 1 位或 2 位可疑数字；最后结果只能按"尾数舍入法"保留 1 位欠准确数字；"尾数的舍入法则"，即"尾数小于五则舍，大于五则入，等于五则把尾数凑成偶数"的法则，这种舍入法则使尾数入与舍的概率相等。

例：37.26→37.3；37.24→37.2；
37.25→37.2；37.35→37.4；
37.351→37.4；37.251→37.2；

2. 加法或减法运算

若干个数进行加法或减法运算，其和或者差的结果的欠准确数字的位置与参与运算各个量中的欠准确数字的位置最高者相同。由此得出结论，几个数进行加法或减法运算时，可先将多余数修约，将应保留的欠准确数字的位数多保留 1 位进行运算，最后结果按保留一位欠准确数字进行取舍。

例：478.2+3.462=481.662=481.7
　　49.27－3.4=45.87=45.9

3. 乘法和除法运算

用有效数字进行乘法或除法运算时，乘积或商的结果的有效数字的位数与参与运算的各个量中有效数字的位数最少者相同。

例：834.5×23.9=19944.55=1.99×10^4
　　2569.4÷19.5=131.7641…=132

4. 乘方和开方运算

乘方和开方运算的有效数字的位数与其底数的有效数字的位数相同。

例：$(7.325)^2=53.66$
　　$\sqrt{32.8}=5.73$

5. 自然数

自然数 1，2，3，4，…不是测量而得，不存在欠准确数字，因此，可以视为无穷多位有效数字的位数，书写也不必写出后面的 0。如 $D=2R$，D 的位数仅由直测量 R 的位数决定。

6. 无理常数

无理常数 π、$\sqrt{2}$、$\sqrt{3}$、…的位数也可以看成很多位有效数字。例如 $L=2\pi R$，若测量值 $R=2.35\times10^{-1}$ m 时，π 应取为 3.142。则：

$$L = 2\times 3.142 \times 2.35 \times 10^{-2} = 1.48\times 10^{-1}(\text{m})$$

第四节　实验数据处理

物理实验中测量得到的许多数据需要处理后才能表示测量的最终结果。用简明而严格的方法把实验数据所代表的事物内在规律性提炼出来就是数据处理。数据处理是指从获得数据起到得出结果为止的加工过程。数据处理包括记录、整理、计算、分析、拟合等多种处理方法，本节主要介绍列表法、作图法、图解法、最小二乘法和微机法。

一、列表法

列表法是记录数据的基本方法，将数据中的自变量、因变量的各个数值一一对应排列出来，简明地表示出有关物理量之间的关系。设计记录表格有以下几方面要求：

(1) 列表要简单明了，利于记录、运算处理数据和检查处理结果，便于一目了然地看出有关量之间的关系。

(2) 列表要标明符号所代表的物理量的意义。表中各栏中的物理量都要用符号标明，并写出数据所代表物理量的单位及量值的数量级。单位写在符号标题栏，不要重复记在各个数值上。

（3）列表的形式不限，根据具体情况，决定列出哪些项目。有个别与其他项目联系不大的数可以不列入表内。列入表中的除原始数据外，计算过程中的一些中间结果和最后结果也可以列入表中。

（4）表格记录的测量值和测量偏差，应正确反映所用仪器的精度，即正确反映测量结果的有效数字。一般记录表格还有序号和名称。例如：要求测量圆柱体的体积，圆柱体高 H 和直径 D 的记录见表 1-4-1。

表 1-4-1　　　　　　测柱体高 H 和直径 D 记录表　　　　　　单位：mm

测量次数 i	H_i	ΔH_i	D_i	ΔD_i
1	35.32	−0.006	8.135	0.0003
2	35.30	−0.026	8.137	0.0023
3	35.32	−0.006	8.136	0.0013
4	35.34	0.014	8.133	−0.0017
5	35.30	−0.026	8.132	−0.0027
6	35.34	0.014	8.135	0.0003
7	35.38	0.054	8.134	−0.0007
8	35.30	−0.026	8.136	0.0013
9	35.34	0.014	8.135	0.0003
10	35.32	−0.006	8.134	−0.0007
平均	35.326		8.1347	

注　1. ΔH_i 是测量值 H_i 的偏差；ΔD_i 是测量值 D_i 的偏差。
　　2. 测 H_i 是用精度为 0.02mm 的游标卡尺，仪器误差为 $\Delta_仪=0.02$mm；测 D_i 是用精度为 0.01mm 的螺旋测微器，其仪器误差 $\Delta_仪=0.005$mm。

由表 1-4-1 中所列数据，可计算出高、直径和圆柱体体积测量结果（近真值和合成不确定度）：

$$H = 35.33 \pm 0.02 (\text{mm})$$
$$D = 8.135 \pm 0.005 (\text{mm})$$
$$V = (1.836 \pm 0.003) \times 10^3 (\text{mm}^3)$$

二、作图法

用作图法处理实验数据是数据处理的常用方法之一，它能直观地显示物理量之间的对应关系，揭示物理量之间的联系。作图法是在现有的坐标纸上用图形描述各物理量之间的关系，将实验数据用几何图形表示出来。作图法的优点是直观、形象，便于比较研究实验结果、求出某些物理量、建立关系式等，能够清楚地反映出物理现象的变化规律，并能比较准确地确定有关物理量的量值或求出有关常数。作图法要注意以下几点：

（1）作图一定要用坐标纸。当决定了作图的参量以后，根据函数关系选用直角坐标纸、单对数坐标纸、双对数坐标纸、极坐标纸等。本书主要采用直角坐标纸。

（2）坐标纸的大小及坐标轴的比例应当根据所测得的有效数字和结果的需要来确定，

原则上数据中的可靠数字在图中应当标出。数据中的欠准数在图中应当是估计的,要适当选择 X 轴和 Y 轴的比例和坐标比例,使所绘制的图形充分占用图纸空间,不要缩在一边或一角,以便于读数或计算。除特殊需要外,数值的起点一般不必从零开始,X 轴和 Y 轴的比例可以采用不同的比例,使做出的图形大体上能充满整个坐标纸,图形布局美观、合理。

(3) 标明坐标轴。对直角坐标系,一般是自变量为横轴,因变量为纵轴,采用粗实线描出坐标轴,并用箭头表示出方向,注明所示物理量的名称、单位。坐标轴上表明所用测量仪器的最小分度值,并要注意有效位数。

(4) 描点。根据测量数据,用直尺和笔尖使其函数对应的实验点准确地落在相应的位置。一张图纸上画上几条实验曲线时,每条图线应用不同的标记如"×"、"○"、"△"等符号标出,以免混淆。

(5) 连线。根据不同函数关系对应的实验数据点分布,把点连成直线或光滑的曲线或折线,连线必须用直尺或曲线板,如校准曲线中的数据点必须连成折线。由于每个实验数据都有一定的误差,所以将实验数据点连成直线或光滑曲线时,绘制的图线不一定通过所有的点,而是使数据点均匀分布在图线的两侧,尽可能使直线两侧所有点到直线的距离之和最小并且接近相等,有个别偏离很大的点应当用剔除异常数据的方法进行分析后决定是否舍去,原始数据点应保留在图中。在确信两物理量之间的关系是线性的,或所绘的实验点都在某一直线附近时,将实验点连成一直线。

(6) 写图名。作完图后,在图纸下方或空白的明显位置处,写上图的名称、作者和作图日期,有时还要附上简单的说明,如实验条件等,使读者一目了然。作图时,一般将纵轴代表的物理量写在前面,横轴代表的物理量写在后面,中间用"~"连接。

(7) 最后将图纸贴在实验报告的适当位置,便于教师批阅实验报告。

三、图解法

在物理实验中,实验图线做出以后,可以由图线求出经验公式。图解法就是根据实验数据作的图线,用解析法找出相应的函数形式。实验中经常遇到的图线是直线、抛物线、双曲线、指数曲线、对数曲线。特别是当图线是直线时,采用此方法更为方便。

(一) 由实验图线建立经验公式的一般步骤

(1) 根据解析几何知识判断图线的类型。

(2) 由图线的类型判断公式的可能特点。

(3) 利用半对数、对数或倒数坐标纸,把原曲线改为直线。

(4) 确定常数,建立起经验公式的形式,并用实验数据来检验所得公式的准确程度。

(二) 用直线图解法求直线的方程

如果做出的实验图线是一条直线,则经验公式应为直线方程:

$$y = kx + b \tag{1-4-1}$$

要建立此方程,必须由实验直接求出 k 和 b,一般有两种方法。

1. 斜率截距法

在图线上选取两点 $P_1(x_1, y_1)$ 和 $P_2(x_2, y_2)$,其坐标值最好是整数值。用特定的符号表示所取的点，与实验点相区别。一般不要取原实验点。所取的两点在实验范围内应尽量彼此分开一些，以减小误差。由解析几何知，上述直线方程中，k 为直线的斜率，b 为直线的截距。k 可以根据两点的坐标求出，则斜率为：

$$k = \frac{y_2 - y_1}{x_2 - x_1} \tag{1-4-2}$$

其截距 b 为 $x=0$ 时的 y 值；若原实验中所绘制的图形并未给出 $x=0$ 时的直线，可将直线用虚线延长交 y 轴，则可量出截距。如果起点不为零，也可以由式（1-4-3）求出截距：

$$b = \frac{x_2 y_1 - x_1 y_2}{x_2 - x_1} \tag{1-4-3}$$

求出斜率和截距的数值代入方程中就可以得到经验公式。

2. 端值求解法

在实验图线的直线两端取两点（但不能取原始数据点），分别得出它的坐标为 (x_1, y_1) 和 (x_2, y_2)，将坐标数值代入式（1-4-1）得：

$$\begin{cases} y_1 = kx_1 + b \\ y_2 = kx_2 + b \end{cases} \tag{1-4-4}$$

联立两个方程求解得 k 和 b。

得出经验公式之后还要进行校验。校验的方法是：对于一个测量值 x_i，由经验公式可写出一个 y_i 值，由实验测出一个 y'_i 值，其偏差 $\delta = y'_i - y_i$，若各个偏差之和 $\sum(y'_i - y_i)$ 趋于零，则经验公式就是正确的。

在实验问题中，有的实验并不需要建立经验公式，而仅需要求出 k 和 b 即可。

【例 1-4-1】 金属导体的电阻随着温度变化的测量值见表 1-4-2，试求经验公式 $R = f(T)$ 和电阻温度系数。

表 1-4-2　　　　　　　金属导体的电阻随温度变化的测量值

温度（℃）	19.1	25.0	30.1	36.0	40.0	45.1	50.0
电阻（μΩ）	76.30	77.80	79.75	80.80	82.35	83.90	85.10

根据所测数据绘出 $R \sim T$ 图，如图 1-4-1 所示。

求出直线的斜率和截距：

$$k = \frac{8.00}{27.00} = 0.296 (\mu\Omega/℃)$$

$$b = 72.00 (\mu\Omega)$$

于是得经验公式：

$$R = 72.00 + 0.296T$$

该金属的电阻温度系数为：

$$\alpha = \frac{k}{b} = \frac{0.296}{72.00} = 4.11 \times 10^{-3} (1/℃)$$

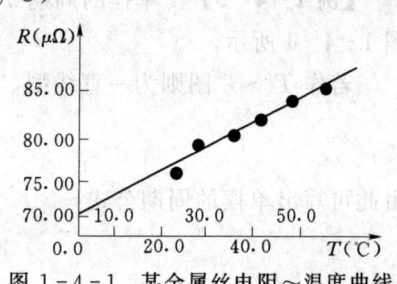

图 1-4-1　某金属丝电阻～温度曲线

3. 曲线改直，曲线方程的建立

在实验工作中，许多物理量之间的关系并不都是线性的，由曲线图直接建立经验公式一般是比较困难的，但仍可通过适当的变换而成为线性关系，即把曲线变换成直线，再利用建立直线方程的办法来解决问题。这种方法称为曲线改直。做这样的变换不仅是由于直线容易描绘，更重要的是直线的斜率和截距所包含的物理内涵是我们所需要的。例如：

(1) $y=ax^b$，式中 a、b 为常量，可变换成 $\lg y=b\lg x+\lg a$，$\lg y$ 为 $\lg x$ 的线性函数，斜率为 b，截距为 $\lg a$。

(2) $y=ab^x$，式中 a、b 为常量，可变换成 $\lg y=(\lg b)x+\lg a$，$\lg y$ 为 x 的线性函数，斜率为 $\lg b$，截距为 $\lg a$。

(3) $PV=C$，式中 C 为常量，可变换成 $P=C(1/V)$，P 是 $1/V$ 的线性函数，斜率为 C。

(4) $y^2=2px$，式中 p 为常量，$y=\pm\sqrt{2p}\,x^{1/2}$，y 是 $x^{1/2}$ 的线性函数，斜率为 $\pm\sqrt{2p}$。

(5) $y=x/(a+bx)$，式中 a、b 为常量，可变换成 $1/y=a(1/x)+b$，$1/y$ 为 $1/x$ 的线性函数，斜率为 a，截距为 b。

(6) $s=v_0 t+at^2/2$，式中 v_0、a 为常量，可变换成 $s/t=(a/2)t+v_0$，s/t 为 t 的线性函数，斜率为 $a/2$，截距为 v_0。

【例 1-4-2】 在恒定温度下，一定质量的气体的压强 P 随容积 V 而变，画 $P\sim V$ 图，为一双曲线型，如图 1-4-2 所示。

用坐标轴 $1/V$ 置换坐标轴 V，则 $P\sim 1/V$ 图为一直线，如图 1-4-3 所示。直线的斜率为 $PV=C$，即玻—马定律。

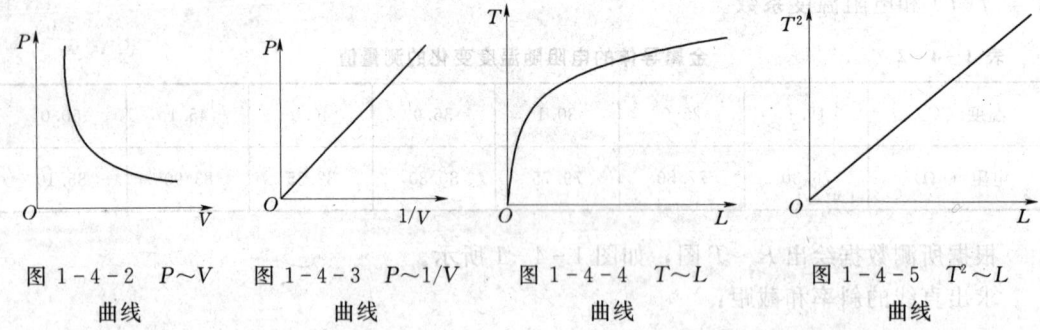

图 1-4-2 $P\sim V$ 曲线　　图 1-4-3 $P\sim 1/V$ 曲线　　图 1-4-4 $T\sim L$ 曲线　　图 1-4-5 $T^2\sim L$ 曲线

【例 1-4-3】 单摆的周期 T 随摆长 L 而变，绘出 $T\sim L$ 实验曲线为抛物线型，如图 1-4-4 所示。

若作 $T^2\sim L$ 图则为一直线型，如图 1-4-5 所示。斜率为：

$$k=\frac{T^2}{L}=\frac{4\pi^2}{g} \tag{1-4-5}$$

由此可写出单摆的周期公式：

$$T=2\pi\sqrt{\frac{L}{g}} \tag{1-4-6}$$

【例 1-4-4】 阻尼振动实验中,测得每隔 1/2 周期 ($T=3.11s$) 振幅 A 的数据见表 1-4-3。

表 1-4-3　　　　阻尼振动实验中 1/2 周期振幅的数据

$t\left(=\dfrac{T}{2}\right)$	0	1	2	3	4	5
A（格）	60.0	31.0	15.2	8.0	4.2	2.2

用单对数坐标纸作图,单对数坐标纸的一个坐标是刻度不均匀的对数坐标,另一个坐标是刻度均匀的直角坐标。作图 1-4-6,得一直线。对应的方程为:

$$\ln A = -\beta t + \ln A_0 \qquad (1-4-7)$$

从直线上两点可求出其斜率式（式中的 $-\beta$），注意 A 要取对数值,t 取图上标的数值,即:

$$\beta = \frac{\ln 1 - \ln 60}{(6.2-0)\times \dfrac{3.11}{2}} = -0.43 \ (s^{-1})$$

式 (1-4-7) 可改写为:

$$A = A_0 e^{-\beta t} \qquad (1-4-8)$$

这说明阻尼振动的振幅是按指数规律衰减的。单对数坐标纸作图常用来检验函数是否服从指数关系。

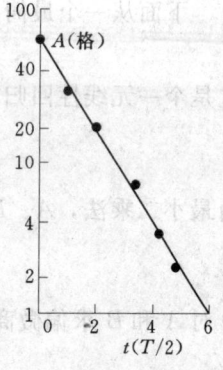

图 1-4-6　单对坐标 $A \sim T$ 曲线

四、最小二乘法

作图法虽然在数据处理中是一个很便利的方法,但在图线的绘制上往往带有较大的任意性,所得的结果也常常因人而异,而且很难对它作进一步的误差分析。为了克服这些缺点,在数理统计中研究了直线的拟合问题,常用一种以最小二乘法为基础的实验数据处理方法。由于某些曲线型的函数可以通过适当的数学变换而改写成直线方程,这一方法也适用于某些曲线型的规律。下面就数据处理中的最小二乘法原理作一简单介绍。

求经验公式可以从实验的数据求经验方程,称为方程的回归问题。方程的回归首先要确定函数的形式,一般要根据理论的推断或从实验数据变化的趋势而推测出来,如果推断出物理量 y 和 x 之间的关系是线性关系,则函数的形式可写为:

$$y = B_0 + B_1 x \qquad (1-4-9)$$

如果推断出是指数关系,则写为:

$$y = C_1 e^{C_2 x} + C_3 \qquad (1-4-10)$$

如果不能清楚地判断出函数的形式,则可用多项式来表示:

$$y = B_0 + B_1 x + B_2 x_2 + \cdots + B_n x_n \qquad (1-4-11)$$

式中：$B_0, B_1, \cdots, B_n, C_1, C_2, C_3$ 为参数。

可以认为,方程的回归问题就是用实验的数据来求出方程的待定参数。

用最小二乘法处理实验数据,可以求出上述待定参数。设 y 是变量 $x_1, x_2, \cdots$ 的函数,有 m 个待定参数 $C_1, C_2, \cdots, C_m$,即:

$$y = f(C_1, C_2, \cdots, C_m; x_1, x_2, \cdots) \qquad (1-4-12)$$

对各个自变量 x_1, x_2, $\cdots$ 和对应的因变量 y 作 n 次观测得 $(x_{1i}, x_{2i}, \cdots, y_i)$ ($i=1, 2, \cdots, n$)，于是 y 的观测值 y_i 与由方程所得计算值 y_0 的偏差为 $(y_i - y_{0i})$ ($i=1, 2, \cdots, n$)。

所谓最小二乘法，就是要求上面的 n 个偏差在平方和最小的意义下，使得函数 $y = f(C_1, C_2, \cdots, C_m, x_1, x_2, \cdots)$ 与观测值 $y_1, y_2, \cdots, y_n$ 最佳拟合，也就是应使：

$$Q = \sum_{i=1}^{n} [y_i - f(C_1, C_2, \cdots, C_m, x_1, x_2, \cdots)]^2 = 最小值$$

由微分学的求极值方法可知，C_1, C_2, $\cdots$, C_m 应满足下列方程组：

$$\frac{\partial Q}{\partial C_i} = 0 \quad (i=1, 2, \cdots, n) \qquad (1-4-13)$$

下面从一个最简单的情况来看怎样用最小二乘法确定参数。设已知函数形式是：

$$y = A + Bx \qquad (1-4-14)$$

这是个一元线性回归方程，由实验测得自变量 x 与因变量 y 的数据是：

$$x = x_1, x_2, \cdots, x_n$$
$$y = y_1, y_2, \cdots, y_n$$

由最小二乘法，A、B 应使：

$$Q = \sum_{i=1}^{n} [y_i - (a + bx_i)]^2 = 最小值$$

Q 对 A 和 B 求偏微商应等于零，即：

$$\begin{cases} \dfrac{\partial Q}{\partial a} = -2 \sum_{i=1}^{n} [y_i - (a + bx_i)] = 0 \\ \dfrac{\partial Q}{\partial b} = -2 \sum_{i=1}^{n} [y_i - (a + bx_i)] x_i = 0 \end{cases} \qquad (1-4-15)$$

由式 (1-4-15) 得：

$$\begin{cases} \overline{y} - a - b\overline{x} = 0 \\ \overline{xy} - a\overline{x} - b\overline{x^2} = 0 \end{cases} \qquad (1-4-16)$$

其中：
$$\begin{cases} \overline{x} = \dfrac{1}{n} \sum_{i=1}^{n} x_i \\ \overline{y} = \dfrac{1}{n} \sum_{i=1}^{n} y_i \\ \overline{x^2} = \dfrac{1}{n} \sum_{i=1}^{n} x_i^2 \\ \overline{xy} = \dfrac{1}{n} \sum_{i=1}^{n} x_i y_i \end{cases} \qquad (1-4-17)$$

式中：$\overline{x}$ 表示 x 的平均值；$\overline{y}$ 表示 y 的平均值；$\overline{x^2}$ 表示 x^2 的平均值；$\overline{xy}$ 表示 xy 的平均值。

解方程 (1-4-16) 得：

$$\begin{cases} b = \dfrac{\overline{x}\,\overline{y} - \overline{xy}}{\overline{x}^2 - \overline{x^2}} \\ a = \overline{y} - b\overline{x} \end{cases} \qquad (1-4-18)$$

必须指出,实验中只有当 x 和 y 之间存在线性关系时,拟合的直线才有意义。在待定参数确定以后,为了判断所得的结果是否有意义,在数学上引进一个叫相关系数的量。通过计算一下相关系数 r 的大小,才能确定所拟合的直线是否有意义。对于一元线性回归,r 定义为:

$$r = \frac{\overline{xy} - \overline{x}\,\overline{y}}{\sqrt{(\overline{x^2} - \overline{x}^2)(\overline{y^2} - \overline{y}^2)}} \qquad (1-4-19)$$

可以证明,$|r|$ 的值是在 0~1 之间。$|r|$ 越接近于 1,说明实验数据能密集在求得的直线的近旁,用线性函数进行回归比较合理。相反,如果 $|r|$ 值远小于 1 而接近于零,说明实验数据对求得的直线很分散,即用线性回归不妥当,必须用其他函数重新试探。至于 $|r|$ 的起码值(当 $|r|$ 大于起码值,回归的线性方程才有意义),与实验观测次数 n 和置信度有关,可查阅有关手册。

非线性回归是一个很复杂的问题。并无一定的解法。但是通常遇到的非线性问题多数能够化为线性问题。已知函数形式为:

$$y = C_1 e^{C_2 x} \qquad (1-4-20)$$

两边取对数得:

$$\ln y = \ln C_1 + C_2 x \qquad (1-4-21)$$

令 $\ln y = z$,$\ln C_1 = A$,$C_2 = B$ 则式(1-4-21)变为:

$$z = A + Bx \qquad (1-4-22)$$

这样就将非线性回归问题转化成为一个一元线性回归问题。

上面介绍了用最小二乘法求经验公式中的常数 k 和 b 的方法,用这种方法计算出来的 k 和 b 是"最佳的",但并不是没有误差。

五、微机法

(一)用函数计算器处理实验数据

在科学实验中使用函数计算器处理实验数据,目前已相当普遍。为方便计算,这里仅对算术平均值 $\overline{x}$、标准偏差 σ_{n-1}(即 S)的计算,最小二乘法一元线性拟合的 a、b、r、σ_y、σ_A、σ_B 的计算作简要介绍。

1. 算术平均值 $\overline{x}$ 与标准偏差 σ_{n-1}(S)的计算

直接采用测量值 x_i 来计算 σ_{n-1} 与 $\overline{x}$ 的根据是:在一般函数计算器说明书中,常用 σ_{n-1} 来表示标准误差,因为:

$$\sigma_{n-1}^2 = \frac{\sum \Delta x_i^2}{n-1} = \frac{\sum (x_i - \overline{x})^2}{n-1} \qquad (1-4-23)$$

而

$$\overline{x} = \frac{\sum x_i}{n}$$

将 $\overline{x}$ 的表达式代入式(1-4-23)后可得:

$$\sigma_{n-1}^2 = \frac{\sum x_i^2 - 2\frac{(\sum x_i)^2}{n} - n\frac{(\sum x_i)^2}{n^2}}{n-1} = \frac{\sum x_i^2 - \frac{(\sum x_i)^2}{n}}{n-1} \qquad (1-4-24)$$

$$\sigma_{n-1} = \sqrt{\frac{\sum x_i^2 - (\sum x_i)^2/n}{n-1}} \qquad (1-4-25)$$

式（1-4-25）是函数计算器说明书中所用的表示式，其优点是可以直接用测量值 x_i 来计算该组测量数据的算术平均值 $\bar{x}$ 及标准误差 σ_{n-1}。一般函数计算器均已编入 $\bar{x}$ 与 σ_{n-1} 的计算程序，可按以下具体计算步骤和方法进行操作：

（1）将函数模式选择开关置于"SD"（SD 是英文名词 standard deviation 的缩写）。

（2）依次按压"INV"和"AC"键，以清除"SD"中的所有内存，准备输入需要计算的测量数据。

（3）在键盘上每打入一个数据后，需按压一次"M+"键，将所有的数据 x_i 依次输入计算器内。

（4）在所有数据全部输入后，按压"$\bar{x}$"键，显示该组数据的算术平均值，按压"σ_{n-1}"键盘，则显示该数据的标准误差。

（5）有错误数据输入而要删去时，可在键盘打入该错误数据后，按压"INV"和"M+"两键，就可将该错误数据删去。

2. 最小二乘法一元线性拟合有关量的计算

在导出式（1-4-25）时，实际上也证明了：

$$S_{xx} = \sum(x_i - \bar{x})^2 = \sum x_i^2 - \frac{1}{n}(\sum x_i)^2 \tag{1-4-26}$$

$$S_{yy} = \sum(y_i - \bar{y})^2 = \sum y_i^2 - \frac{1}{n}(\sum y_i)^2 \tag{1-4-27}$$

$$S_{xy} = \sum(x_i - \bar{x})(y_i - \bar{y}) = \sum x_i y_i - \frac{1}{n}\sum x_i \sum y_i \tag{1-4-28}$$

这三个量中所涉及的 $\sum x_i^2$、$\sum x_i$、$\sum y_i$、$\sum y_i^2$ 及 $\sum x_i y_i$ 均可由 SD 模式算得，由此可算出 S_{xx}、S_{yy}、S_{xy}。而此时 a、b、r 可分别表示为：

$$a = \bar{y} - b\bar{x} \tag{1-4-29}$$

$$b = \frac{S_{xy}}{S_{xx}} \tag{1-4-30}$$

$$r = \frac{S_{xy}}{\sqrt{S_{xx} S_{yy}}} \tag{1-4-31}$$

由于在分别对 x 和 y 变量作 SD 计算时，$\bar{x}$、$\bar{y}$ 也已算得，故 a、b、r 三量能方便地算得。由此可以证明：

$$\sum(y_i - a - b x_i)^2 = (1 - r^2) S_{yy} \tag{1-4-32}$$

因此，σ_y 可表示为：

$$\sigma_y = \sqrt{\frac{(1-r^2)S_{yy}}{n-2}} \tag{1-4-33}$$

此时，σ_a 和 σ_b 变换为：

$$\sigma_a = \sqrt{\frac{1}{n} + \frac{\overline{x^2}}{S_{xx}}} \sqrt{\frac{(1-r^2)S_{yy}}{n-2}} \tag{1-4-34}$$

$$\sigma_b = \sqrt{\frac{1}{S_{xx}}} \sqrt{\frac{(1-r^2)S_{yy}}{n-2}} \tag{1-4-35}$$

由此可见，对 a、b、r、σ_a、σ_b 五个量的计算问题已归结为对 $\bar{x}$、$\bar{y}$、S_{xx}、S_{yy} 和 S_{xy} 的

计算问题。

3. 具体计算步骤和方法

(1) 将函数模式选择开关置于"SD"位置。

(2) 依次按压"INV"、"AC"键,接着在键盘上每打入一个 x_i 值,按压一次"M+"键,直到将 n 个 x 全部输入计算器为止。

(3) 按压"$\bar{x}$"键,读取和记录 $\bar{x}$ 数值(注意此时的 σ_{n-1} 值是无意义的);按压"Σx"键。读记 Σx_i 数值。

(4) 再依次按压"Σx^2"、"$-$"、"Σx"、"INV"、"x^2"、"$\div$"、"n"、"$=$"各键,完成 S_{xx} 的计算,读记 S_{xx} 数值。

(5) 依次按压"INV"、"AC"键,清除"SD"中原有 x 值的内存,接着在键盘上每打入一个 y_i 值,按压一次"M+"键,直到将 n 个 y_i 全部输入计算器为止。

(6) 按压"$\bar{x}$"键,此时应将所显示的 $\bar{y}$ 数值读记下;按压"Σx"键,读记 Σy_i 数值。

(7) 再依次按压"Σx^2"、"$-$"、"Σx"、"INV"、"x^2"、"$\div$"、"n"、"$=$"各键,便可完成 S_{yy} 的计算,读记下 S_{yy} 数值。

(8) 顺次按压"INV"、"AC"键,接着在键盘上将 x_i"$\times$"y_i"$=$"的值用"M+"键输入计算器中,直到 n 对 (x_i, y_i) 数据中每对数据的乘积 $x_i y_i$ 全部输入计算器为止。

(9) 按压"Σx"键便得 $\Sigma x_i y_i$ 的值,然后用已经读得的 Σx_i 和 Σy_i 值作 $\Sigma x_i y_i - \frac{1}{n}\Sigma x_i \Sigma y_i$ 的算术运算,即可得到 S_{xy} 值;具体方法是顺次按压"Σx"、"$-$"、Σx_i 值、"$\times$"、Σy_i 值、"$\div$"、"n"、"$=$",读取并记录 S_{xy} 值。

到此已经得到 $\bar{x}$、$\bar{y}$、S_{xx}、S_{yy}、S_{xy} 及 n 的数值,计算 a、b、r、σ_A、σ_B 的必要数据已全部齐备,只要在计算器上作些简单的算术运算,就可求得全部解答。

要指出的是:函数计算器只能显示计算结果,无法判断有效数字的取舍。因此,读记时应注意按照有效数字运算法则和误差运算的有关规定,读记有效数字。对中间过程和运算结果,可以多取一位有效数字。

从上述最小二乘法一元线性拟合计算来看,采用袖珍计算器来处理已显得较麻烦。若采用可编程序的计算器或者微机来处理就要方便一些,它们不仅可以完成计算工作。而且还可以打印出全部结果,绘制出拟合图线。

现以测量热敏电阻的阻值 R_T 随着温度变化的关系为例,其函数关系为:

$$R_T = a e^{\frac{b}{T}} \qquad (1-4-36)$$

式中:a、b 为待定常数;T 为热力学温度。

为了能变换成直线形式,将式 (1-4-36) 两边取对数得:

$$\ln R_T = \ln a + b/T \qquad (1-4-37)$$

作变换,令 $y = \ln R_T$,$A = \ln a$,$B = b$,$x = 1/T$,可以得出直线方程为 $y = A + Bx$。实验时测得热敏电阻在不同温度下的阻值,以变量 x、y 分别为横纵坐标作图,若 $y \sim x$ 图线为直线,就证明 $R_T \sim T$ 的理论关系正确。现将实验测量数据和变量变换数值列于表 1-4-4。

第一章 实验误差理论与数据处理

表 1-4-4　　　　　　　实验测量数据与变量变换数据列表

序 号	T_c (℃)	T (K)	R_T (Ω)	$x=\dfrac{1}{T_i}10^{-3}$ (K^{-1})	$y=\ln R_T$
1	27.0	300.0	3427	3.333	8.139
2	29.7	302.7	3127	3.304	8.048
3	32.2	305.2	2824	3.277	7.946
4	36.2	309.2	2498	3.234	7.823
5	38.2	311.2	2261	3.215	7.724
6	42.2	315.2	2000	3.173	7.601
7	44.5	317.5	1826	3.150	7.510
8	48.0	321.0	1634	3.115	7.399
9	53.5	326.5	1353	3.063	7.210
10	57.5	330.5	1193	3.026	7.084

对表中提供的 $1/T_i$ 和 $\ln R_T$ 的数据，用最小二乘法拟合处理，按上述袖珍计算器运算步骤操作，可得：

直线斜率：$B=3.448\times 10^3$ （K）

直线截距：$A=-3.473$ （Ω）

相关系数：$r=0.9996$

由上面相关系数值可知 $\ln R_T \sim 1/T$ 的关系中直线性很好，这说明热敏电阻阻值 R_T 和 $1/T$ 为严格的指数关系。

（二）用微机进行数据处理

在现代实验技术中，随着实验条件的不断改善，微机的应用也越来越多，不仅应用于仪器设备中提高精度、采集数据、模拟实验等，还可以在数据处理中发挥重要作用。应用微机进行数据处理的方法称为微机法。微机法的优点是速度快、精度高，将实验数据输入装有相应软件的微机中就能显示数据处理的结果，直观性强，减轻人们处理数据的工作量，同时也能提高人们应用微机处理数据的能力。例如在一些平均值、相对误差、绝对误差、标准误差、线性回归、数据统计等方面的数值计算，常用函数计算，定积分计算，拟合曲线，作图等方面都可以考虑使用微机来处理。在具体问题中可以应用现有的软件，如 Excel、Matlab、Origal、Spss 等软件，也可以结合具体实验练习编写一些简单实用的小程序或开发一些实用性强的小课件来满足实验中数据处理的需要。

练 习 题

1. 指出下列各量是几位有效数字，测量所选用的仪器与其精度是多少？

（1）63.74cm；　　（2）0.302cm；　　（3）0.0100cm；

（4）1.0000kg；　　（5）0.025cm；　　（6）1.35℃；

（7）12.6s；　　（8）0.2030s；　　（9）1.530×10^{-3}m。

2. 试用有效数字运算法则计算下列各式。

(1) $107.50-2.5$； (2) $273.5 \div 0.1$； (3) $1.50 \div 0.500-2.97$；

(4) $\dfrac{8.0421}{6.038-6.034}+30.9$； (5) $\dfrac{50.0 \times (18.30-16.3)}{(103-3.0) \times (1.00+0.001)}$；

(6) $V=\pi d^2 h/4$，已知 $h=0.005\text{m}$，$d=13.984 \times 10^{-3}\text{m}$，计算 V。

3. 改正下列错误，写出正确答案。

(1) $L=0.01040$ (km) 的有效数字是 5 位；

(2) $d=12.435 \pm 0.02$ (cm)；

(3) $h=27.3 \times 10^4 \pm 2000$ (km)；

(4) $R=6371\text{km}=6371000\text{m}=637100000$ (cm)；

(5) $\theta=60° \pm 2'$。

4. 单位变换。

(1) 将 $L=4.25 \pm 0.05$ (cm) 的单位变换成 μm、mm、m、km。

(2) 将 $m=1.750 \pm 0.001$ (kg) 的单位变换成 g、mg。

5. 已知周期 $T=1.2566 \pm 0.0001$ (s)，计算角频率 ω 的测量结果，写出标准式。

6. 计算 $\rho=\dfrac{4m}{\pi D^2 H}$ 的结果，其中 $m=236.124 \pm 0.002$ (g)，$D=2.345 \pm 0.005$ (cm)，$H=8.21 \pm 0.01$ (cm)。并且分析 m、D、H 对 σ_ρ 的合成不确定度的影响。

7. 利用单摆测重力加速度 g，当摆角 $\theta<5°$ 时，$T=2\pi\sqrt{\dfrac{L}{g}}$，式中摆长 $L=97.69 \pm 0.02$ (cm)，周期 $T=1.9842 \pm 0.0002$ (s)。求 g 和 σ_g，并写出标准式。

第二章 基 础 实 验

本章主要学习基本物理量的测量、基本实验仪器的使用、基本实验技能和基本测量方法、误差与不确定度以及数据处理的理论与方法等。内容涉及力、热、电、光、近代物理等各个领域的内容。基础实验为适应各专业的普及性实验。

本章安排的实验有：

实验一　牛顿第二定律的研究

实验二　动量和机械能守恒定律研究

实验三　金属材料杨氏模量的测定

实验四　用扭摆法测定物体转动惯量

实验五　均匀弦振动的研究

实验六　非良导体热导率的测量

实验七　空气比热容比的测定

实验八　电源电动势、内阻和输出功率的研究

实验九　惠斯通电桥测电阻

实验十　用直流双臂电桥测低值电阻

实验十一　示波器的调整和应用

实验十二　电表改装与校准

实验十三　RLC 电路的稳态过程研究

实验十四　霍尔效应法测定通电螺线管轴向磁感应强度分布

实验十五　薄透镜焦距的测定

实验十六　分光计的调整和使用

实验十七　光的干涉——牛顿环

实验十八　迈克尔逊干涉仪

实验十九　光栅衍射测量

实验二十　偏振现象的观察和分析

实验一 牛顿第二定律的研究

牛顿运动三定律是动力学核心。牛顿第二定律描述了加速度与力及质量的关系，是动力学基础性理论。

【实验目的】

(1) 学习气垫导轨和数字毫秒计的正确调节与使用。
(2) 掌握在气垫导轨上测量瞬时速度和加速度的方法。
(3) 通过研究加速度与力及质量的定量关系，验证牛顿第二定律。

【实验原理】

一、物体瞬时速度 v 的测量

研究物体运动速度时，可以将物体运动分割为无限小的位移，在无限小时间 Δt 内若通过的位移为 Δr，则某时刻的瞬时速度为：

$$v = \lim_{\Delta t \to 0} \frac{\Delta r}{\Delta t} = \frac{\mathrm{d}r}{\mathrm{d}t} \tag{2-1-1}$$

但实验中要做到 $\Delta t \to 0$ 时，同时有 $\Delta r \to 0$，测量上很困难。通常我们取很小的 Δt 及相应的 Δr，用其平均速度来代替瞬时速度 v：

$$v = \frac{\Delta r}{\Delta t} \tag{2-1-2}$$

实验中，我们利用气垫导轨、滑块、数字毫秒计和光电转换器来测定滑块的瞬时速度（图 2-1-1）。

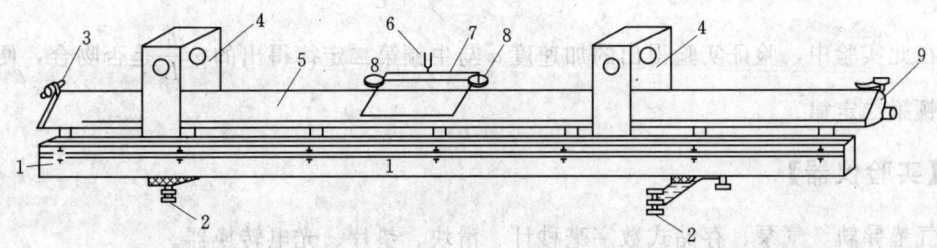

图 2-1-1 气垫导轨
1—工字钢底座；2—底脚螺丝；3—滑轮；4—光电门；5—导轨；
6—挡光板；7—滑块；8—缓冲弹簧；9—进气嘴

在导轨滑块上装一U形挡光板（图2-1-2）。挡光板随滑块自右向左运动时，挡光板的第一条边 11′，首先进入垂直于滑块运动方向安置的光电门，射向光敏管的光束被遮住，触发信号使数字毫秒计开始计时。当挡光板的第三条边 33′ 经过光电门时，光束又一次被遮住，触发信号使数字毫秒计停止计时。毫秒计显示的时间 Δt，即为挡光板经过距离 ΔL 的时间，若 ΔL 很小，则在 ΔL 范围内滑块的速度变化也很小，故可以把 $\frac{\Delta L}{\Delta t}$ 平均速

度看成是滑块经过光电门的瞬时速度。ΔL 越小，则平均速度越准确地反映该位置上滑块的瞬时速度，显然，如果滑块作匀速直线运动，则滑块通过设在气轨任何位置的光电门时瞬时速度都相等，毫秒计上显示的时间相同，在此情形下，滑块速度的测量值与 ΔL 的大小无关。

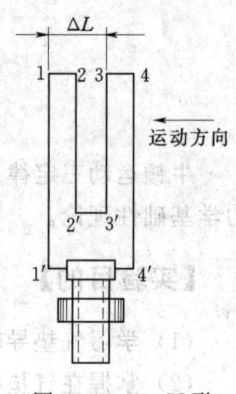

图 2-1-2 U 形挡光板

二、测量滑块运动的加速度 a

如图 2-1-3 所示，将已调水平的导轨的单脚螺钉支承端用斜度垫块垫高，从而使气轨倾斜，滑块将沿斜面作下滑运动。由于滑块所受的摩擦阻力可以忽略，滑块所受的合外力为重力沿斜面的分力，是一个恒量，因此滑块的运动可认为是匀加速直线运动。如果气轨上间距为 S 的 A、B 两处各置一光电门，测出 A、B 两位置的速度 v_A、v_B，则滑块的加速度满足下列关系：

$$a = \frac{v_B^2 - v_A^2}{2S} \qquad (2-1-3)$$

三、牛顿第二定律的验证

牛顿第二定律的数学表达式为 $F = ma$，下面验证牛顿第二定律。

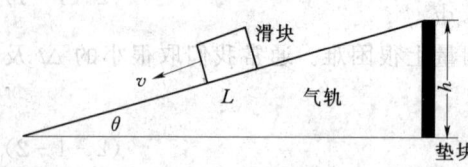

图 2-1-3 滑块下滑示意图

在加速度的测定中（图 2-1-3），滑块沿倾斜面受到的重力的分力为 $mg\sin\theta$，由牛顿第二定律得：

$$F = ma \quad 且 \quad F = mg\sin\theta \qquad (2-1-4)$$

得出：

$$a = g\sin\theta = g\frac{h}{L} \qquad (2-1-5)$$

在此实验中，验证实验得出的加速度 a 与牛顿第二定律得出的 $g\dfrac{h}{L}$ 是否吻合，便可验证牛顿第二定律。

【实验仪器】

气垫导轨、气泵、存储式数字毫秒计、滑块、垫片、光电转换器。

【实验内容】

一、检查光电门

使存储式数字毫秒计处于正常工作状态，打开气泵，给气垫导轨通气。

二、气垫导轨的水平调节

1. 静态调平

启动电源后，将滑块停放在导轨中间部位，轻轻放手，观察滑块运动方向，调节气轨进气端的水平调节旋钮，使滑块基本静止，这时可粗略认为气轨已调平。

2. 动态调平

将滑块装上遮光片，置于导轨上，推动滑块使之获得一定的初速度在导轨上来回运动。选择存储式数字毫秒计功能键 S_1，按先后顺序测出滑块往返一次经过两个光电门的时间 Δt_1、Δt_2、Δt_3、Δt_4。由于滑块在气轨上运动，存在一定的空气阻力和黏滞力的作用，从而使滑块在水平导轨上沿某一方向运动时，经过后一个光电门的速度要比前一个的略慢，故 $\Delta t_2 - \Delta t_1$、$\Delta t_4 - \Delta t_3$ 应大于零，且两个差值应大致相等。若不相等，则可判断哪端较高，通过调节导轨一端的水平调节旋钮，直至 $\Delta t_2 - \Delta t_1$ 与 $\Delta t_4 - \Delta t_3$ 相等，仔细调节导轨上的脚底螺丝，使 $\Delta t_2 - \Delta t_1$ 和 $\Delta t_4 - \Delta t_3$ 相差小于1%，便可认为滑块速度相等，导轨已经调平。

三、观察匀速直线运动——测量速度

气轨调平后，轻推滑块，使其获得一初速度后在气轨上自由往返运动。选择存储式数字毫秒计功能键 S_2，按先后次序记下滑块向左、向右经过两光电门（$x_1 = 30.0 \text{cm}$，$x_2 = 110.0 \text{cm}$）时毫秒计数器显示的速度 v_1、v_2、v_3、v_4，重复做5次，将数据填入数据记录表 2-1-1 中。

四、加速度的测量

（1）将气轨上的两光电门（间距 L）放置如上，并用 h 高的垫块垫在单脚底螺丝下，使导轨具有一定的倾斜度。

（2）选择存储式数字毫秒计功能键 a，使滑块从导轨最高处（或某一固定位置）静止自由下滑，由存储式数字毫秒计测出滑块在两个光电门之间经过时的加速度 a，至少重复5次，取平均值。

（3）改变垫块高度，再自由释放，然后重复步骤（2），将数据填入表 2-1-2。

五、牛顿第二定律的研究

把加速度理论值 $a_{理} = g \dfrac{h}{L}$ 与实验结果得出的 $a_{实}$ 相比较，验证牛顿第二定律。

【数据记录与处理】

表 2-1-1　　　　　　　　　速　度　的　测　量

滑块向左运动（cm/s）			滑块向右运动（cm/s）		
v_1	v_2	$\Delta v = \lvert v_1 - v_2 \rvert$	v_3	v_4	$\Delta v = \lvert v_3 - v_4 \rvert$

表 2-1-2　　　　　　　　　　　牛 顿 第 二 定 律 验 证

$L=$ _____ cm; $h_1=$ _____ cm; $h_2=$ _____ cm; $h_3=$ _____ cm

项目 \ 次数	1	2	3	4	5	加速度测量平均值	加速度理论值	相对误差
a_1 (cm/s²)								
a_2 (cm/s²)								
a_3 (cm/s²)								

【注意事项】

(1) 气垫导轨是较精密的实验设备，实验中必须避免导轨受碰撞、摩擦而变形、损伤。使用完毕，先将滑块取下再关气源；导轨和滑块表面有污物或灰尘时，可用棉纱沾酒精擦拭干净；导轨表面气孔很小，易被堵塞，影响滑块运动，通入压缩空气后要仔细检查，发现气孔堵塞，可用小于气孔直径的细钢丝轻轻捅通；实验完毕，应将轨面擦净，用防尘罩盖好。

(2) 实验时，滑块的运动速度不宜太大，以免在与导轨两端缓冲弹簧碰撞后跌落而使滑块受损。

(3) 本实验使用气泵作气源，实验中不需通气时应随时关闭气源，以免使用时间过长导致电机烧坏。若送气时，听见气源电机有异常声响，应立即关闭气源开关。

(4) 注意用电安全。

【思考题】

(1) 用平均速度代替瞬时速度的依据是什么？必须保证哪些实验条件？

(2) 调节气轨导轨水平时，通过调节气轨导轨进气端的水平调节旋钮，使滑块基本静止，为什么可以粗略认为气轨已调平？

(3) 当分别改变本实验的某一条件，如滑块以不同的初速度下滑，滑块上附加重物，改变导轨的倾斜度时，对滑块的加速度是否有影响？分析加速度的大小由哪些因素决定。

【附录】

一、气轨

气轨是一种力学实验装置，利用从导轨表面的小孔喷出的压缩空气，使气轨表面与气轨上的滑块之间形成了一层很薄的"气垫"。这样，滑块在导轨表面运动时就不存在接触摩擦力，只有小得多的空气黏滞力和运动时周围空气的阻力，几乎可以看成是无摩擦运动。使用气轨可以大大减少力学实验中难于克服的摩擦力的影响，使实验效果大大改善。目前，气垫技术在很多部门得到广泛应用，是一种有着广泛发展前途的新技术。

气轨主要由导轨、滑块及光电转换装置组成。其结构如图 2-1-1 所示。

导轨是用三角形铝合金材料制成的。可以调整其平直度，常把它用螺丝固定在工字钢上，导轨长 1.50~2.20m，两侧面非常平整，并且均匀分布着许多很小的气孔。导轨一端封闭,上面装有定滑轮,另一端有进气嘴,通过皮管与气源相连。当压缩空气进入导轨后,从小气孔喷出,在导轨和滑块之间形成空气层,导轨和滑块两端都装有缓冲弹簧,使滑块可以往返运动。工字钢底部装有三个底脚螺丝,用来调节导轨水平,或将垫块放在导轨底脚螺丝下,以得到不同的斜度。

二、滑块

滑块是在导轨上运动的物体,一般用角铝制成,内表面经过细磨,能与导轨的两侧面很好地吻合。当导轨中的压缩空气由小孔喷出时,垂直喷射到滑块表面,它们之间形成空气薄层,使滑块浮在导轨上(图2-1-4)。根据实验要求,滑块上可以安装挡光板、重物或砝码。滑块两端除可装缓冲弹簧外,也可装尼龙搭扣及轻弹簧。

三、光电转换装置

光电转换装置又称光电门,由聚光灯泡和光敏管组成(图2-1-5)。聚光灯泡的电源由数字毫秒计供给,光电转换装置只要接通毫秒计电源开关,聚光灯泡即可点亮,发出的光束正好照在光敏管上,光敏管与数字毫秒计的控制电路连接。当光照被罩住时,光敏管电阻发生变化,从而产生一个电信号,触发毫秒计开始计时;当光照恢复或光照又一次被遮住(视数字毫秒计的工作状态而定),又产生一个电信号,使毫秒计停止计时。毫秒计显示出一次遮光或两次遮光之间的时间间隔。

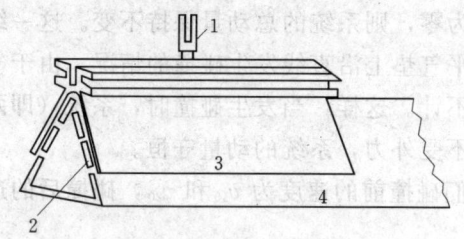
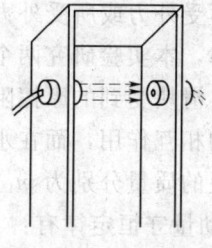

图2-1-4 滑块装置　　　　　图2-1-5 光电
1—挡光板;2—喷气小孔;3—滑板;4—导轨　　转换装置

四、存储式数字毫秒计与数字计时器

存储式数字毫秒计与存储式数字计时器是具有存储功能、时基精度高(微秒级)的测量时间间隔的数字计量仪器。它集J0201型数字计时器、J0202型简式计时器的全部功能于一体,可作计时、计数等使用。另外,它还可与J2125型气垫导轨、J0471型自由落体仪、J2127型斜槽轨道等配合使用,来测量速度、加速度、重力加速度、周期等物理量和碰撞等实验,并直接显示实验的速度和加速度的值。

实验二 动量和机械能守恒定律研究

物理学中的两个重要而又普遍的守恒定律——动量守恒定律和能量守恒定律（最简单的机械能守恒定律）的发现是人类认识过程中的巨大飞跃，这些定律不仅用于研究宏观物体的运动问题，而且还可用于微观粒子的运动变化研究，在生产和科学实验中有广泛的应用。

【实验目的】

（1）在弹性碰撞和完全非弹性碰撞的两种情况下，验证动量守恒定律。
（2）通过测定系统内各物体在运动过程中动能和势能的增减，验证系统的机械能守恒。
（3）熟悉使用气垫导轨和数字毫秒计。

【实验原理】

一、动量守恒

如果系统不受外力或所受外力的矢量和为零，则系统的总动量保持不变。这一结论称为动量守恒定律，本实验研究两个滑块在水平气垫上沿直线发生碰撞的情况，由于气垫导轨的漂浮作用，滑块受到的摩擦阻力可忽略不计。这样，当发生碰撞时，系统（即两个滑块）仅受内力的相互作用，而在水平方向上不受外力，系统的动量守恒。

设两个滑块的质量分别为 m_1 和 m_2，它们碰撞前的速度为 v_{10} 和 v_{20}，碰撞后的速度为 v_1 和 v_2，则按动量守恒定律有：

$$m_1 v_{10} + m_2 v_{20} = m_1 v_1 + m_2 v_2 \qquad (2-2-1)$$

下面分弹性碰撞和完全非弹性碰撞两种情况进行讨论。

1. 弹性碰撞

两个物体相互碰撞，在碰撞前后物体的动能没有损失，这种碰撞称为弹性碰撞，用公式表示为：

$$\frac{1}{2} m_1 v_{10}^2 + \frac{1}{2} m_2 v_{20}^2 = \frac{1}{2} m_1 v_1^2 + \frac{1}{2} m_2 v_2^2 \qquad (2-2-2)$$

（1）若两个滑块质量相等，即 $m_1 = m_2$，且 $v_{20}=0$，由式（2-2-1）和式（2-2-2），得到 $v_1 = 0$，$v_2 = v_{10}$，即两个滑块交换速度。

（2）若两个滑块的质量不相等，即 $m_1 \neq m_2$，仍令 $v_{20}=0$，由式（2-2-1）得：

$$m_1 v_{10} = m_1 v_1 + m_2 v_2$$

2. 完全非弹性碰撞

如果两个滑块碰撞后不再分开，以同一速度运动，这种碰撞称为完全非弹性碰撞，其特点是碰撞前后系统动量守恒，但动能不守恒。为了实现完全非弹性碰撞，在两滑块相碰端安装尼龙塔扣，则两滑块相碰时将通过尼龙塔扣黏在一起。

在这种碰撞中，由于 $v_1=v_2=v$，由式（2-2-1）可得：

$$m_1v_{10}+m_2v_{20}=(m_1+m_2)v \qquad (2-2-3)$$

解之得 $v=\dfrac{m_1v_{10}+m_2v_{20}}{m_1+m_2}$。故当 $v_{20}=0$、且 $m_1=m_2$ 时，有 $v=\dfrac{1}{2}v_{10}$。

二、机械能守恒

在外力不做功、内力只是保守力（例如重力、弹性力等）的条件下，一个系统的动能和势能可以相互转化，但其总和保持不变，这个结论简称为机械能守恒定律。

如图 2-2-1 所示，调节气垫导轨使其与水平面的夹角为 α 后，再把质量为 m 的砝码用细绳跨过气垫导轨滑轮 m_e（m_e 为滑轮折合质量）与质量为 M 的滑块相连接。我们把滑块、砝码、气垫导轨滑轮和地球作为一个系统，由于采用了气垫导轨和气垫导轨滑轮，几乎消除了耗散机械能的摩擦力，这样，系统不仅不受外力，而内力又只是重力。所以系统内各物体的动能和势能虽然可以相互转化，但它们的总和保持不变。

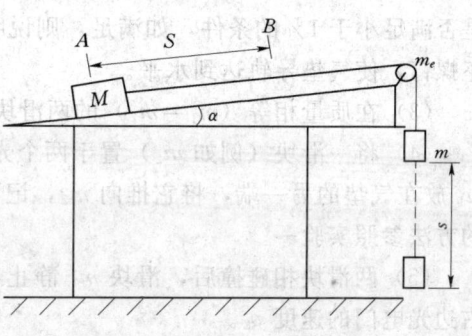

图 2-2-1 能量守恒验证系统

我们考察滑块 M 在气轨上从 A 点运动到 B 点的过程。设 A、B 两点距离为 s，显然这时滑块上升的高度为 $s\sin\alpha$，砝码下落的距离为 s。结果整个系统的势能发生了变化。砝码 m 下落 s 后，其势能减少为 $\Delta E_{pm}=mgs$，它的一部分转化为自身动能的增加 $\Delta E_{km}=\dfrac{1}{2}mv_2^2-\dfrac{1}{2}mv_1^2$，其中 v_1 和 v_2 分别为砝码 m 下落距离 s 前、后的速度；另一部分转化为滑块势能的增加 $\Delta E_{pM}=Mgs\sin\alpha$ 和滑块动能的增加 $\Delta E_{kM}=\dfrac{1}{2}Mv_2^2-\dfrac{1}{2}Mv_1^2$。实验中使用了气垫导轨滑轮，还需要考虑由它的转动所引起的转动动能的变化。令 ΔE_{ke} 为转动动能的变化量，则有 $\Delta E_{ke}=\dfrac{1}{2}m_ev_2^2-\dfrac{1}{2}m_ev_1^2$。根据机械能守恒定律，则：

$$\Delta E_{pm}=\Delta E_{km}+\Delta E_{pM}+\Delta E_{kM}+\Delta E_{ke} \qquad (2-2-4)$$

即

$$mgs=\dfrac{1}{2}(m+M+m_e)v_2^2-\dfrac{1}{2}(m+M+m_e)v_1^2+Mgs\sin\alpha \qquad (2-2-5)$$

当导轨呈水平状态时，$\alpha=0$，则式（2-2-5）变为：

$$mgs=\dfrac{1}{2}(m+M+m_e)v_2^2-\dfrac{1}{2}(m+M+m_e)v_1^2 \qquad (2-2-6)$$

所以，只要测出滑块、砝码的质量（滑轮的折合质量 m_e 已事先给出）以及滑块在各种运动状态下的速度，即可对上述两定律进行验证。

【实验仪器】

气垫导轨、垫块、气源、存贮式数字毫秒计、砝码、砝码盘、细线。

【实验内容】

一、验证动量守恒定律

1. 弹性碰撞下验证动量守恒定律

（1）实验前，将气垫导轨通气，使数字毫秒计处于正常工作状态。

（2）调节气垫导轨水平。检验是否水平的方法，是检查滑块是否在气垫导轨上任一位置都能静止不动，此为气垫导轨近水平粗调。然后，在气垫导轨上相隔约在 50～60cm 的两处放两个相同的光电门，给滑块装上挡光板，看滑块自由运动经过两光电门的时间差别是否满足小于 1‰ 的条件，如满足，则说明滑块作匀速运动，此为细调。否则，可调整底座螺钉，使气垫导轨达到水平。

（3）在质量相等（$m_1=m_2$）的两滑块上，分别装上挡光板及弹簧发条。

（4）将一滑块（例如 m_2）置于两个光电门中间，并令它静止（$v_{20}=0$），将另一滑块 m_1 放在气垫的另一端，将它推向 m_2，记下滑块 m_1 通过左边光电门的速度 v_{10}。测量速度的方法参照实验一。

（5）两滑块相碰撞后，滑块 m_1 静止，而滑块 m_2 以速度 v_2 向前运动，记下 m_2 经过右边光电门的速度 v_2。

（6）重复上述步骤（4）、（5）数次，将所测数据填入表 2-2-1。

（7）在滑块 m_1 上加两片砝码，这时 $m_1 \neq m_2$，重复步骤（4）数次，记下滑块 m_1 在碰撞前经过左边光电门的速度 v_{10}，及碰撞后 m_2 和 m_1 经过右边光电门的速度 v_2 和 v_1，将所测数据填入表 2-2-1，验证弹性碰撞前后的动量是否守恒。

2. 完全非弹性碰撞下验证动量守恒定律

（1）重复弹性碰撞下的实验步骤（1）、（2）。

（2）在质量 m_1、m_2 的两滑块上，分别装上挡光板及尼龙搭扣，同时记下两滑块的质量。

（3）将滑块 m_2 以较慢的速度 v_{20} 通过左边光电门，然后使滑块 m_1 以较快的速度 v_{10} 通过光电门与滑块 m_2 相碰撞，碰撞后两滑块粘在一起以共同的速度 v 通过光电门，分别记下 v_{10}、v_{20}、v。

（4）重复上述步骤（3）数次，将所测数据填入表 2-2-1，验证完全非弹性碰撞前后的动量是否守恒。

二、验证机械能守恒定律

（1）在调平气垫导轨后，将滑块放在气垫导轨的一端，然后从滑块引出细线跨过气垫导轨滑轮与砝码盘连起来。调节两个光电门之间的距离 s，使之为所选取数值。例如，取 $s=60.0$cm。

（2）在砝码盘内加适当的砝码，使滑块从静止开始，沿水平气垫导轨做匀加速运动。记下滑块 M 经过两个光电门的瞬时速度 v_1 和 v_2，重复数次。自做表格记录数据，算出每次的结果；由式（2-2-6）验证机械能是否守恒。

（3）参照本实验中实验原理的机械能守恒定律的验证部分所提供的实验原理图安置仪器。为了使气垫导轨与水平方向的夹角为 α，可在气垫导轨靠近滑轮一端的底脚下放上垫块（如 10mm 或 20mm 厚的垫块）。在砝码盘内适当增加砝码，使滑块 M 由静止开始运动，自制表格记下滑块经过两个光电门的速度 v_1 和 v_2，重复数次，算出每次的结果，由式（2-2-5）验证机械能是否守恒。

（4）自拟数据处理表。

【数据记录及处理】

表 2-2-1　系统不受外力或所受外力的矢量和为零时，验证碰撞前后的动量是否守恒数据表

项目 \ 碰撞形式	弹性碰撞						完全非弹性碰撞		
滑块质量	$m_1=m_2=$　　　kg			$m_1 \neq m_2$, $m_1=$　　　kg, $m_2=$　　　kg			$m_1=$　　　kg, $m_2=$　　　kg		
实验次数	1	2	3	1	2	3	1	2	3
v_{10} (m/s)									
v_{20} (m/s)									
v_1 (m/s)									
v_2 (m/s)									
$P_1 = m_1 v_{10} + m_2 v_{20}$									
$P_2 = m_1 v_1 + m_2 v_2$									
$\Delta P = P_2 - P_1$									

【思考题】

（1）若实验结果表明，两滑块在碰撞前后总动量有差别，试分析其原因。

（2）从两滑块在弹性碰撞实验数据中取出一组，验证碰撞前后机械能是否守恒，并分析之。

（3）实验前为什么应将气垫导轨调至水平？

实验三 金属材料杨氏模量的测定

力作用于物体所引起的效果之一是使受力物体发生形变，物体的形变可分为弹性形变和塑性形变。固体材料的弹性形变又可分为纵向、切变、扭转、弯曲，对于纵向弹性形变可以引入杨氏模量来描述材料抵抗形变的能力。杨氏模量是表征固体材料性质的一个重要的物理量，是工程设计上选用材料时常需涉及的重要参数之一。一般只与材料的性质和温度有关，与其几何形状无关。实验测定杨氏模量的方法很多，如拉伸法、弯曲法和振动法（前两种方法可称为静态法，后一种可称为动态法）。本实验是用静态拉伸法测定金属丝的杨氏模量。本实验提供了一种测量微小长度的方法，即光杠杆法。光杠杆法可以实现非接触式的放大测量，且直观、简便、精度高，所以常被采用。

托马斯•杨（Thomas Young，1773~1829），英国物理学家，波动光学的奠基人之一。1773年6月13日生于英国萨默塞特郡的米尔弗顿。他对光、声振动的实验研究，使他确信两者的相似性和波动说的正确性。他提出颜色理论，即三原色原理，第一个提出材料弹性模量的定义，引入一个表征弹性的量即杨氏模量。

【实验目的】

(1) 掌握用拉伸法测量金属丝弹性模量的原理和方法。
(2) 掌握用光杠杆测量微小长度变化的原理和方法，了解其应用。
(3) 掌握各种长度测量工具的选择和使用。
(4) 学习用逐差法处理实验数据。

【实验原理】

一、杨氏弹性模量

物体在外力作用下，物体所发生的形状变化称为形变。当形变不超过某一限度时，撤走外力之后形变能随之消失，称为弹性形变。本实验只研究金属丝受力后发生的弹性形变。

最简单的形变是棒状物体在外力作用后的伸长或缩短。设金属丝的原长为 L，横截面积为 S，沿长度方向施力 F 后，其长度改变 ΔL，则金属丝单位面积上受到的垂直作用力 F/S 称为正应力，金属丝的相对伸长量 $\Delta L/L$ 称为线应变。在弹性范围内，由胡克定律可知物体的正应力与线应变成正比，即

$$\frac{F}{S} = Y\frac{\Delta L}{L} \qquad (2-3-1)$$

则

$$Y = \frac{F/S}{\Delta L/L} \qquad (2-3-2)$$

比例系数 Y 即为杨氏弹性模量。它表征材料本身的性质，Y 越大的材料，要使它发生

一定的相对形变所需要的单位横截面积上的作用力也越大。本实验测量的是钢丝的杨氏弹性模量，如果钢丝直径为 d，则可得钢丝横截面积 S：

$$S = \frac{\pi d^2}{4}$$

则式（2-3-2）可变为：

$$Y = \frac{4FL}{\pi d^2 \Delta L} \tag{2-3-3}$$

可见，只要测出式（2-3-3）中右边各量，就可计算出杨氏弹性模量。

二、光杠杆测微小长度变化

光杠杆镜尺法是使用光学装置将待测微小物理量进行间接放大的方法，它是一种物理实验中常用的光学放大法。

光杠杆装置结构如图2-3-1所示。光杠杆系统是由光杠杆镜架与尺读望远镜组成的。光杠杆结构如图2-3-2所示，它实际上是附有三个尖足的平面镜。三个尖足的边线为一等腰三角形。前两足刀口与平面镜在同一平面内（平面镜俯仰方位可调），后足在前两足刀口的中垂线上。尺读望远镜由一把竖立的毫米刻度尺和在尺旁的一个望远镜组成。

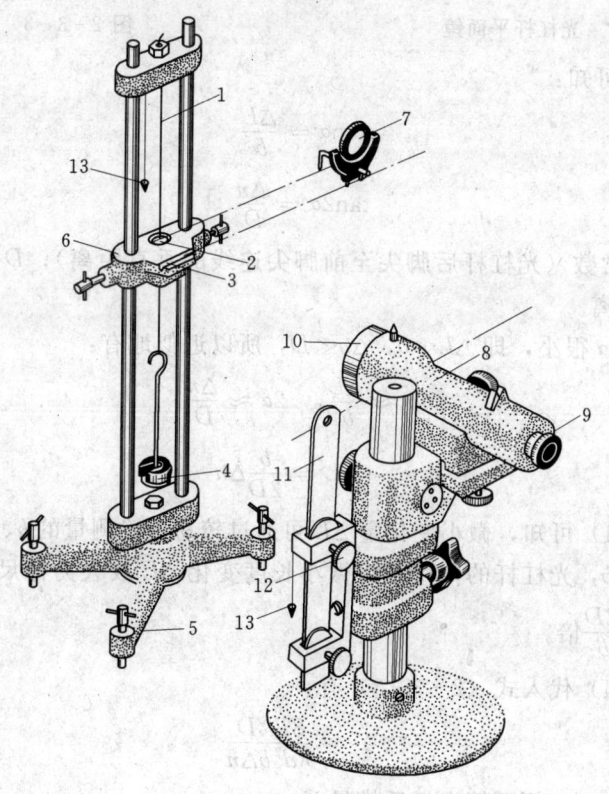

图2-3-1 弹性模量测定仪和光杠杆装置

1—待测钢丝；2—圆柱夹具；3—槽线；4—托盘；5—底角螺丝；
6—平台；7—光杠杆；8—望远镜；9—目镜；10—物镜；
11—标尺；12—调节螺丝；13—重垂线

将光杠杆和望远镜按图 2-3-1 所示放置好，按仪器调节顺序调好全部装置后，就会在望远镜中看到经由光杠杆平面镜反射的标尺像，如图 2-3-2 所示。设开始时，光杠杆的平面镜竖直，即镜面法线在水平位置，在望远镜中恰能看到望远镜标尺刻度 n_0 的像。当挂上重物使细钢丝受力伸长后，光杠杆的后脚尖 T_3 随之绕前脚尖 T_1T_2 下降 ΔL，光杠杆平面镜转过一较小角度 α，法线也转过同一角度 α。根据反射定律，从 n_0 处发出的光经过平面镜反射到 n_1（n_1 为标尺某一刻度）。由光路可逆性，从 n_1 发出的光经平面镜反射后将进入望远镜中被观察到。记 $n_1 - n_0 = \Delta n$。

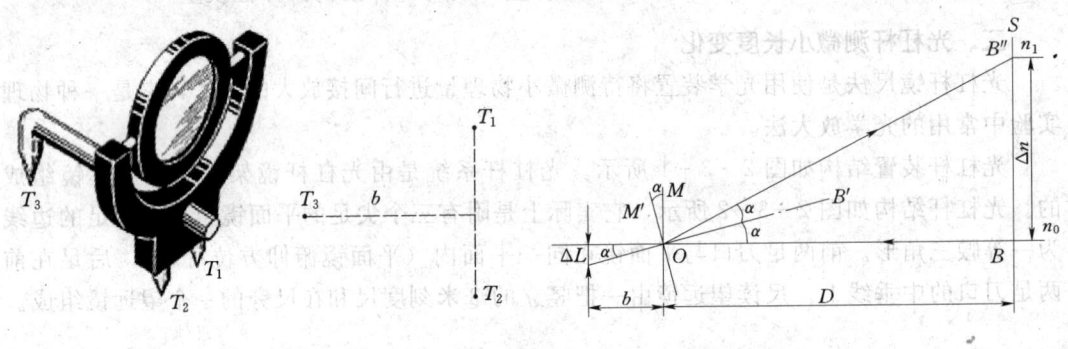

图 2-3-2 光杠杆平面镜   图 2-3-3 光杠杆

由图 2-3-3 可知：

$$\tan\alpha = \frac{\Delta L}{b}$$

$$\tan 2\alpha = \frac{\Delta n}{D}$$

式中：b 为光杠杆常数（光杠杆后脚尖至前脚尖连线的垂直距离）；D 为光杠杆镜面至尺读望远镜标尺的距离。

由于偏转角度 α 很小，即 $\Delta L \ll b$，$\Delta n \ll D$，所以近似地有：

$$\alpha \approx \frac{\Delta L}{b}, \quad 2\alpha \approx \frac{\Delta n}{D}$$

则

$$\Delta L = \frac{b}{2D}\Delta n \qquad (2-3-4)$$

由式（2-3-4）可知，微小变化量 ΔL 可通过较易准确测量的 b、D、Δn 间接求得。实验中取 $D \gg b$，光杠杆的作用是将微小长度变化 ΔL 放大为标尺上的相应位置变化 Δn，ΔL 被放大了 $\frac{2D}{b}$ 倍。

将式（2-3-4）代入式（2-3-3）有：

$$Y = \frac{8FLD}{\pi d^2 b \Delta n} \qquad (2-3-5)$$

通过式（2-3-5）便可算出杨氏模量 Y。

【实验仪器】

MYC—1 型金属丝杨氏模量测定仪，光杠杆系统，钢卷尺，螺旋测微计，待测金属丝等。

【实验内容】

一、杨氏模量测定仪的调整

(1) 调节杨氏模量测定仪三角底座上的调整螺钉，使支架、细钢丝铅直，使平台水平。

(2) 将光杠杆放在平台上，两前脚放在平台前面的横槽中，后脚放在钢丝下端的夹头上的适当位置，不能与钢丝接触，不要靠着圆孔边，也不要放在夹缝中。

二、光杠杆及望远镜镜尺组的调整

(1) 将望远镜放在离光杠杆镜面约为 1.5~2.0m 处，并使两者在同一高度。调整光杠杆镜面与平台面垂直，使望远镜成水平，并与标尺竖直，望远镜应水平对准平面镜中部。

(2) 调整望远镜。具体步骤如下：

1) 移动标尺架和微调平面镜的仰角及改变望远镜的倾角，使得通过望远镜筒上的准心往平面镜中观察，能看到标尺的像。

2) 调整目镜至能看清镜筒中叉丝的像。

3) 慢慢调整望远镜右侧物镜调焦旋钮直到能在望远镜中看见清晰的标尺像，并使望远镜中的标尺刻度线的像与叉丝水平线的像重合。

4) 消除视差。眼睛在目镜处微微上下移动，如果叉丝的像与标尺刻度线的像出现相对位移，应重新微调目镜和物镜，直至消除为止。

(3) 试加 8 个砝码，从望远镜中观察是否看到刻度（估计一下满负荷时标尺读数是否够用），若无，应将刻度尺上移至能看到刻度，调好后取下砝码。

三、等增量测量法测量金属丝长度变化

(1) 加减砝码。先逐个加砝码，共 8 个。每加一个砝码（1kg），记录一次标尺的位置 n_i；然后依次减砝码，每减一个砝码，记下相应的标尺位置 n'_i。

(2) 测钢丝原长 L。用钢卷尺或米尺测出钢丝原长（两夹头之间部分）L，重复测 4 次取平均值。

(3) 测钢丝直径 d。在钢丝上选不同部位及方向，用螺旋测微计测出其直径 d，重复测量 4 次，取平均值。

(4) 测量并计算光杠杆镜面至尺读望远镜标尺的距离 D。从望远镜目镜中观察，记下分划板上的上下叉丝对应的刻度，根据望远镜放大原理，利用上下丝读数之差，乘以视距常数 100，即是望远镜的标尺到平面镜的往返距离，即 $2D$；也可直接用钢卷尺测量 D，重复测 4 次取平均值。

(5) 测量光杠杆常数 b。取下光杠杆在展开的白纸上同时按下三个尖脚的位置，用直尺作出光杠杆后脚尖到两前脚尖连线的垂线，再用米尺测出 b，重复测 4 次取平均值。

【数据记录与处理】

(1) 记录加外力后标尺的读数,结果列于表 2-3-1。

表 2-3-1 加外力后标尺的读数

次数	砝码质量 M (kg)	标尺读数 (mm)			逐差 (mm)
		加砝码 n_i	减砝码 n'_i	$\overline{n}_i$	
1	1.00				
2	2.00				
3	3.00				
4	4.00				
5	5.00				
6	6.00				
7	7.00				
8	8.00				

其中 n_i 是每次加 1kg 砝码后标尺的读数,n'_i 是每次减 1kg 砝码后标尺的读数,$\overline{n}_i = \frac{1}{2}(n_i + n'_i)$(两者的平均)。

(2) 记录镜面到标尺的距离(D)、光杠杆 T 形的后脚尖到镜面的垂直距离(b)、金属丝的原长(L)和金属丝的直径(d),列于表 2-3-2。

表 2-3-2 各项待测量记录表

待测量	L	d	D	b
第一次				
第二次				
第三次				
第四次				
平均值	$\overline{L}$	$\overline{d}$	$\overline{D}$	$\overline{b}$

(3) 用逐差法处理数据。本实验的直接测量是等间距变化的多次测量,故采用逐差法处理数据。计算出每增加 4kg 的变化量,计算公式为:

$$Y = \frac{8\overline{L}\,\overline{D}F}{\pi \overline{d}^2 \overline{b} \Delta n} \quad (\text{N/m}^2)$$

【注意事项】

(1) 实验系统调好后,一旦开始测量 n_i,在实验过程中绝对不能对系统的任一部分进行任何调整;否则,所有数据将重新再测。

(2) 加减砝码时,要轻拿轻放,并使系统稳定后才能读取刻度尺刻度 n_i。

(3) 注意保护平面镜和望远镜，不能用手触摸镜面。
(4) 待测钢丝不能扭折，如果严重生锈和不直必须更换。
(5) 实验完成后，应将砝码取下，防止钢丝疲劳。
(6) 光杠杆主脚不能接触钢丝，不要靠着圆孔边，也不要放在夹缝中。

【思考题】

(1) 材料相同，粗细长度不同的两根钢丝，它们的杨氏弹性模量是否相同？
(2) 光杠杆镜尺法有何优点？怎样提高测量微小长度变化的灵敏度？
(3) 根据杨氏弹性模量 Y 的不确定度公式，分析哪个量的测量对杨氏弹性模量 Y 的测量结果影响最大。
(4) 为什么要使钢丝处于伸直状态？如何保证？
(5) 简述光杠杆的放大原理。

● 实验四 用扭摆法测定物体转动惯量

转动惯量是表征转动物体惯性大小的物理量，是研究、设计、控制转动物体运动状态的重要工程技术参数。如钟表摆轮、精密电表动圈的体形设计、枪炮的弹丸、电机的转子、机器零件、导弹和卫星的发射等，都不能忽视转动惯量的大小。因此，测定物体的转动惯量具有重要的实际意义。刚体的转动惯量与刚体的质量分布、形状和转轴的位置都有关系。对于形状较简单的刚体，可以通过计算求出它绕定轴的转动惯量，但形状较复杂的刚体计算起来非常困难，通常采用实验方法来测定。

【实验目的】

（1）学会扭摆法测量物体转动惯量的基本原理和实验方法。
（2）理解"对称法"验证平行轴定理的实验思想，学会验证平行轴定理的实验方法。

【实验原理】

一、转动惯量与扭摆振动周期

转动惯量是表征转动物体惯性大小的物理量。转动惯量的测量，一般都是使刚体以一定形式运动，通过表征这种运动特征的物理量与转动惯量的关系，进行转换测量。本实验使物体作扭摆运动，通过对摆动周期及其他参数的测定计算出物体的转动惯量。

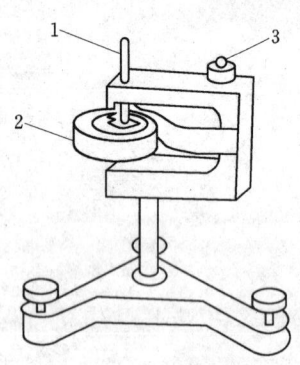

图 2-4-1 扭摆的构造
1—垂直轴；2—蜗簧；3—水平仪

扭摆的构造如图 2-4-1 所示，在垂直轴上装有一根薄片状的螺旋弹簧，用以产生恢复力矩。在轴的上方可以装上各种待测物体。垂直轴与支座间装有轴承，以降低摩擦力矩，水平仪用来调整系统水平。

将物体在水平面内转过一角度 θ，在弹簧的恢复力矩作用下，物体开始绕垂直轴作往返扭转摆动。根据虎克定律，弹簧受扭转而产生的恢复力矩 M 与所转过的角度 θ 成正比，即：

$$M = -K\theta \qquad (2-4-1)$$

式中：K 为弹簧的扭转常数。

根据转动定律：

$$M = I\beta \qquad (2-4-2)$$

式中：I 为物体绕转轴的转动惯量；β 为角加速度。

由式（2-4-2）得：

$$\beta = \frac{M}{I} = -\frac{K}{I}\theta \qquad (2-4-3)$$

令 $\omega^2 = \dfrac{K}{I}$，且忽略轴承的摩擦阻力矩，由式（2-4-1）、式（2-4-3）得：

$$\beta = \frac{\mathrm{d}^2\theta}{\mathrm{d}t^2} = -\omega^2\theta \qquad (2-4-4)$$

上述方程表示扭摆运动具有角简谐振动的特性，即角加速度与角位移成正比，且方向相反，此方程的解为：

$$\theta = A\cos(\omega t + \varphi) \quad (2-4-5)$$

式中：A 为谐振动的角振幅；φ 为初相位角；ω 为角速度。

此谐振动的周期为：

$$T = \frac{2\pi}{\omega} = 2\pi\sqrt{\frac{I}{K}} \quad (2-4-6)$$

由式（2-4-6）可知，只要实验测得物体扭摆的摆动周期，并在 I 和 k 中任何一个量已知时即可计算出另一个量：

$$I = \frac{KT^2}{4\pi^2} \quad (2-4-7)$$

本实验用一个几何形状规则的物体，它的转动惯量可以根据它的质量和几何尺寸用理论公式直接计算得到，然后求得本仪器弹簧的 K 值。若要测定其他形状物体的转动惯量，只需将待测物体安放在本仪器顶部的各种夹具上，测定其摆动周期，由式（2-4-7）即可算出该物体绕转动轴的转动惯量。

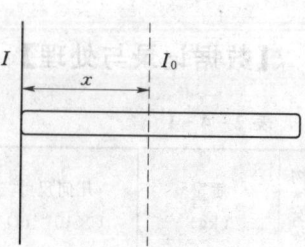

图 2-4-2 平行轴定律

二、转动惯量平行轴定理

理论分析证明，若质量为 m 的物体绕通过质心轴的转动惯量为 I_0 时，若此质心轴与系统中心平行，当转轴平行移动距离为 x 时，则此物体对该轴的转动惯量为 $I_0 + mx^2$，称为转动惯量的平行轴定理，如图 2-4-2 所示。

【实验仪器】

TH-2 型转动惯量测量仪，电子天平，米尺，游标卡尺。

待测物体：金属载物盘，塑料圆柱，金属圆筒，金属细杆，金属滑块等。

【实验内容】

（1）测出塑料圆柱体的直径，金属圆筒的内、外直径，金属细杆长度及各物体的质量。计算各物体的转动惯量理论值。

（2）调整扭摆基座底脚螺丝，使水准仪中的气泡居中。

（3）测定扭摆的扭转常数 K。

1）装上金属载物盘，并调整光电探头的位置，使载物盘上的挡光杆处于缺口中央且能遮住发射、接收红外光线的小孔。测定其摆动周期 T_0。

2）将塑料圆柱体垂直放在载物盘上，测定摆动周期 T_1。

3）由 T_0、T_1 及塑料圆柱转动惯量的理论值 I_1' 计算扭摆的扭转常数 K。

$$K = 4\pi^2 \frac{I_1'}{\overline{T_1^2} - \overline{T_0^2}}$$

（4）分别测定金属圆筒及金属细杆的转动惯量。

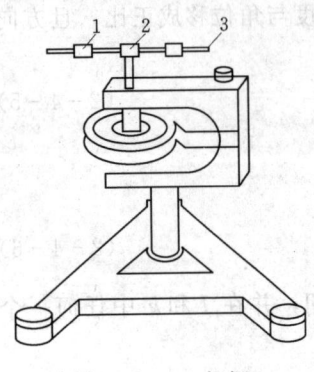

图 2-4-3 扭摆
1—滑块；2—夹具；3—金属杆

1）用金属圆筒代替塑料圆柱体，测定其摆动周期 T_2。

2）取下载物金属盘，按图 2-4-3 装上金属细杆（金属细杆中心必须与转轴重合），测定其摆动周期 T_3（在计算转动惯量时，应扣除夹具的转动惯量）。

3）根据上述测定的摆动周期，分别计算出各待测物的转动惯量的实验值，并与理论值比较，计算两者的百分误差。

（5）验证转动惯量平行轴定理：将滑块对称地放置在细杆两边的凹槽内，此时滑块质心离转轴的距离分别为 5.00cm、10.00cm、15.00cm、20.00cm、25.00cm，分别测定细杆的摆动周期，计算滑块在不同位置时的转动惯量（计算时应扣除支架的转动惯量），并与理论值比较，计算百分误差。

【数据记录与处理】

表 2-4-1　　　　　　　　　　转动惯量与扭摆振动周期

物体名称	质量 (kg)	几何尺寸 (×10^{-2}m)	周期 (s)	转动惯量理论值 (×10^{-4}kg·m²)	实验值 (×10^{-4}kg·m²)	百分误差
金属载物盘			T_0 / $\overline{T_0}$		$I_0 = \dfrac{I'_1 \overline{T_0^2}}{\overline{T_1^2} - \overline{T_0^2}}$ =	
塑料圆柱		D_1 / $\overline{D_1}$	T_1 / $\overline{T_1}$	$I'_1 = \dfrac{1}{8} m \overline{D_1}^2$ =		
金属圆柱		$D_外$ / $\overline{D_外}$ / $D_内$ / $\overline{D_内}$	T_2 / $\overline{T_2}$	$I'_2 = \dfrac{1}{8} m (\overline{D_外}^2 + \overline{D_内}^2)$	$I_2 = \dfrac{K \overline{T_2}^2}{4\pi^2} - I_0$	
金属细杆		L	T_3 / $\overline{T_3}$	$I'_3 = \dfrac{1}{12} m L^2$ =	$I_3 = \dfrac{K \overline{T_3}^2}{4\pi^2} - I_{夹具}$ =	

实验四 用扭摆法测定物体转动惯量

表 2-4-2　　　　　　　　　转动惯量平行轴定理验证

X（$\times 10^{-2}$ m）	5.00	10.00	15.00	20.00	25.00
摆动周期 T（s）					
$\overline{T}$（s）					
实验值（$\times 10^{-4}$ kg·m²） $I = \dfrac{K}{4\pi^2}\overline{T}^2$					
理论值（$\times 10^{-4}$ kg·m²） $I' = I'_4 + 2mx^2 + I'_3$ （m 为滑块质量）					
百分误差					

$$K = 4\pi^2 \dfrac{I'_1}{\overline{T_1^2} - \overline{T_0^2}} = \underline{\qquad\qquad}\text{（N·m）}$$

细杆夹具转动惯量的实验值：$I_{夹具} = 0.2320 \times 10^{-4}$（kg·m²）
滑块的质量：$m = 239.0$（g）
两滑块通过质心转轴的转动惯量：$I'_4 = 0.7530 \times 10^{-4}$（kg·m²）

【注意事项】

（1）由于弹簧的扭转常数 K 值不是固定的常数，它与摆动角度略有关系，摆角在 90°左右基本相同，在小角度时变小。为了降低实验时由于摆动角度变化过大带来的系统误差，在测定各种物体的摆动周期时，摆角不宜过小，摆幅也不宜变化过大。
（2）光电探头宜放置在挡光杆的平衡位置处，挡光杆不能和它相接触，以免增大摩擦力矩。
（3）机座应保持水平状态。
（4）在安装待测物体时，其支架必须全部套入扭摆主轴，并将止动螺丝旋紧，否则扭摆不能正常工作。
（5）在称衡金属细长杆的质量时，必须将支架取下，否则会带来极大误差。

【思考题】

（1）扭摆法测量转动惯量的基本原理是什么？实验中是怎样实现的？
（2）实验中为什么要测量扭转常数？采用了什么方法？
（3）物体的转动惯量与哪些因素有关？
（4）摆动角的大小是否会影响摆动周期？如何确定摆动角的大小？
（5）测量转动周期时为什么要采用测量多个周期的方法？此方法叫做什么方法？一般用于什么情况下？

【附录】

一、TH-2型转动惯量测量仪

TH-2型转动惯量测量仪由主机和光电传感器两部分组成。

主机采用新型的单片机作控制系统，用于测量物体转动和摆动的周期以及旋转体的转速，能自动记录、存储多组实验数据，并能够准确地计算多组实验数据的平均值。

光电传感器主要由红外接收管组成，将光信号转换为脉冲电信号，送入主机工作。因人眼无法直接观察仪器工作是否正常，可用遮光物体往返遮挡光电探头发射光束通路，检查计时器是否开始计数。为防止过强光线对光电探头的影响，光电探头不能置放在强光下，实验时采用窗帘遮光，确保计时准确。

二、仪器使用方法

TH-2型转动惯量测量仪面板如图2-4-4所示。

(1) 调节光电传感器在固定支架上的高度，使被测物体上的挡光杆能自由地通过光电门，再将光电传感器的信号传输线插入主机输入端（位于测试仪背面）。

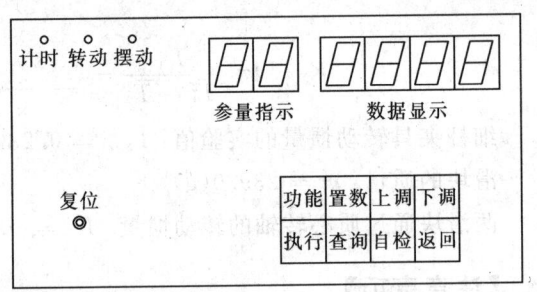

图2-4-4 TH-2型转动惯量测量仪面板示意图

(2) 开启主机电源，"摆动"指示灯亮，参量指示为"P1"、数据显示为"----"。

(3) 本机设定扭摆的周期数为10，如要更改，可按"置数"键，显示"n=10"，按"上调"键周期数依次加1，按"下调"键周期数依次减1，周期数可在1~20范围内任意设定，再按"置数"键确认。更改后的周期数不具有记忆功能，一旦切断电源或按"复位"键，便恢复原来的默认周期数。

(4) 按"执行"键数据显示为"000.0"，表示仪器已处在等待状态，此时，当被测的往复摆动物体上的挡光杆第一次通过光电门时，仪器即开始连续计时，直到仪器所设定的周期数时便自动停止计时，由"数据显示"给出累计的时间，同时仪器自动计算周期C_i予以储存，以供查询和作多次测量求平均值。至此，P1（第一次测量）测量完毕。

(5) 按"执行"键，"P1"变为"P2"，数据显示又回到"000.0"，仪器处在第二次测量状态。本机设定重复测量的最多次数为五次，即P1, P2, P3, P4, P5。通过"查询"键可知各次测量的周期值C_i（$i=1, 2, 3, 4, 5$）以及它们的平均值C_A。

实验五 均匀弦振动的研究

在自然界中,振动现象是广泛存在的,广义上说,任何一个物理量在某个定值附近往复变化,都可称为振动。振动是产生波动的根源,波动是振动的传播,波动有自己的特性。通过实验,了解弦振动的传播规律,观察弦振动驻波形成,深入了解弦线上横波的传播速度及弦线的线密度和张力间的关系。

【实验目的】

(1) 了解弦振动形成驻波的机理、条件与特征。
(2) 测量均匀弦线上横波的传播速度及均匀弦线的线密度。

【实验原理】

如图 2-5-1 所示,实验时,将弦线 3(钢丝)绕过弦线导轮 5 与砝码盘 10 连接,并通过接线柱 1 接通正弦信号源。在磁场中,通有电流的金属弦线会受到磁场力(称为安培力)的作用,若弦线上接通正弦交变电流时,则它在磁场中所受的与磁场方向和电流方向均为垂直的安培力,也随之发生正弦变化,移动劈尖改变弦长,当弦长是半波长的整倍数时,弦线上便会形成驻波。移动磁钢的位置,将弦线振动调整到最佳状态,使弦线形成明显的驻波。此时认为磁钢所在处对应的弦为振源,振动向两边传播,在劈尖与吉他骑码两处反射后又沿各自相反的方向传播,最终形成稳定的驻波。

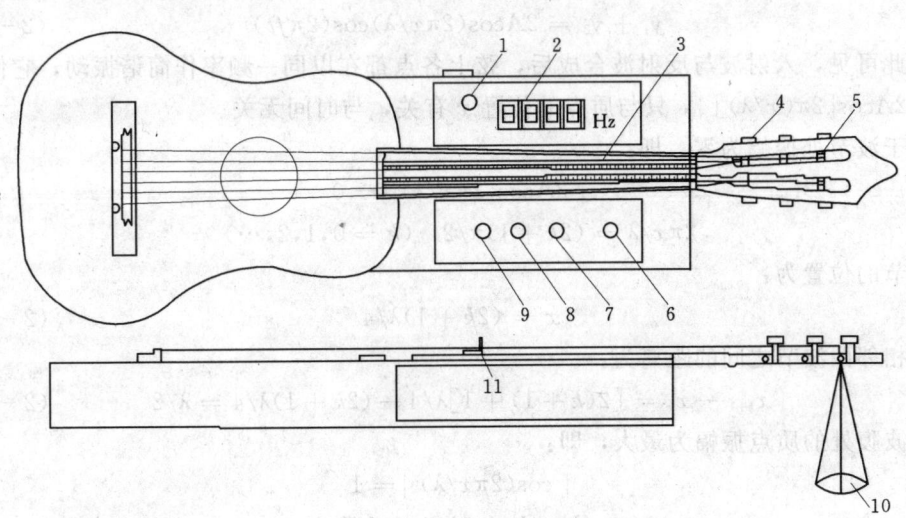

图 2-5-1 试验装置示意图

1—接线柱插孔;2—频率显示;3—钢质弦线;4—张力调节旋钮;5—弦线导轮;6—电源开关;
7—波形选择开关;8—频段选择开关;9—频率微调旋钮;10—砝码盘;11—磁钢

考察与张力调节旋钮相连时的弦线 3 时,可调节张力调节旋钮改变张力,使驻波的长度产生变化。

为了研究问题的方便，当弦线上最终形成稳定的驻波时，可以认为波动是从骑码端发出的，沿弦线朝劈尖端方向传播，称为入射波；再由劈尖端反射沿弦线朝骑码端传播，称为反射波。入射波与反射波在同一条弦线上沿相反方向传播时将相互干涉，移动劈尖到适合位置，弦线上就会形成驻波。这时，弦线上的波被分成几段形成波节和波腹，如图 2-5-2 所示。

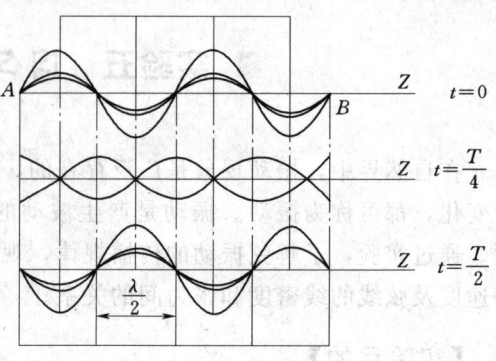

图 2-5-2 驻波形成

设图中的两列波是沿 x 轴相向方向传播的振幅相等、频率相同、振动方向一致的简谐波，向右传播的用细实线表示，向左传播的用细虚线表示，当传至弦线上相应点、位相差为恒定时，它们就合成驻波，用粗实线表示。由图 2-5-2 可见，两个波腹或波节间的距离都是等于半个波长，这可由波动方程推导出来。

下面用简谐波表达式对驻波进行定量描述。设沿 x 轴正方向传播的波为入射波，沿 x 轴负方向传播的波为反射波，取它们振动相位始终相同的点作坐标原点"O"，且在 $x=0$ 处，振动质点向上达最大位移时开始计时，则它们的波动方程分别为：

$$y_1 = A\cos[2\pi(ft - x/\lambda)] \tag{2-5-1}$$

$$y_2 = A\cos[2\pi(ft + x/\lambda)] \tag{2-5-2}$$

式中：A 为简谐波的振幅；f 为频率；λ 为波长；x 为弦线上质点的坐标位置。

两波叠加后的合成波为驻波，其方程为：

$$y_1 + y_2 = 2A\cos(2\pi x/\lambda)\cos(2\pi ft) \tag{2-5-3}$$

由此可见，入射波与反射波合成后，弦上各点都在以同一频率作简谐振动，它们的振幅为 $|2A\cos[2\pi(x/\lambda)]|$，只与质点的位置 x 有关，与时间无关。

由于波节处振幅为零，即：

$$|2A\cos(2\pi x/\lambda)| = 0$$
$$2\pi x/\lambda = (2k+1)\pi/2 \quad (k=0,1,2,\cdots)$$

可得波节的位置为：

$$x = (2k+1)\lambda/4 \tag{2-5-4}$$

而相邻两波节之间的距离为：

$$x_{k+1} - x_k = [2(k+1)+1]\lambda/4 - (2k+1)\lambda/4 = \lambda/2 \tag{2-5-5}$$

又因为波腹处的质点振幅为最大，即：

$$|\cos(2\pi x/\lambda)| = 1$$
$$2\pi x/\lambda = k\pi \quad (k=0,1,2,\cdots)$$

可得波腹的位置为：

$$x = k\lambda/2 = 2k\lambda/4 \tag{2-5-6}$$

这样相邻的波腹间的距离也是半个波长。因此，在驻波实验中，只要测得相邻两波节（或相邻两波腹）间的距离，就能确定该波的波长。

在本实验中，由于弦的两端是固定的，故两端点为波节，所以，只有当均匀弦线的两个固定端之间的距离（弦长）等于半波长的整数倍时，才能形成驻波，其数学表达式为：
$$L = n\lambda/2 \quad (n = 1,2,3,\cdots)$$
由此可得沿弦线传播的横波波长为：
$$\lambda = 2L/n \tag{2-5-7}$$
式中：n 为弦线上驻波的段数，即半波数。

根据波动理论，弦线横波的传播速度为：
$$v = \sqrt{\frac{T}{\rho}} \tag{2-5-8}$$
即
$$T = \rho v^2$$
式中：T 为弦线中张力；ρ 为弦线单位长度的质量，即线密度。

根据波速、振源频率及波长的普遍关系式 $v = f\lambda$，将式（2-5-7）代入可得：
$$v = 2Lf/n \tag{2-5-9}$$
再由式（2-5-8）、式（2-5-9）可得：
$$\rho = T(n/2Lf)^2 \quad (n = 1,2,3,\cdots) \tag{2-5-10}$$
即
$$T = \rho(2Lf/n)^2 \quad (n = 1,2,3,\cdots)$$

由式（2-5-10）可知，当给定 T、ρ、L，频率 f 只有满足该式关系才能在弦线上形成驻波。

当金属弦线在周期性的安培力激励下发生共振干涉形成驻波时，通过骑码的振动激励共鸣箱的薄板振动，薄板的振动引起吉他音箱的声振动，经过释音孔释放，我们能听到相应频率的声音，当用间歇脉冲激励时尤为明显。

【实验仪器】

ZCXS-A 型吉他型弦音实验仪，砝码，导线若干。

【实验内容】

(1) 频率 f 一定，测量两种弦线的线密度 ρ 和弦线上横波传播速度（弦线 a、a' 为同一种规格，b、b' 为另一种规格）。测弦线 a' 的线密度：波形选择开关 7 选择连续波位置，将信号发生器输出插孔 1 与弦线 a' 接通。选取频率 $f = 300\text{Hz}$，张力 T 由挂在弦线一端的砝码及砝码钩产生，以 150g 砝码为起点逐渐增加至 350g 为止。在各张力的作用下调节弦长 L，使弦线上出现 $n = 2$、$n = 3$ 个稳定且明显的驻波段。记录相应的 f、n、L 的值于表 2-5-1 中，由公式 $\rho = T(n/2Lf)^2$ 计算弦线的线密度 ρ 及弦线上横波传播速度 $v = 2Lf/n$。

(2) 张力 T 一定，测量弦线的线密度 ρ 和弦线上横波传播速度 v。在张力 T 一定的条件下，改变频率 f 分别为 200Hz、250Hz、300Hz、350Hz、400Hz，移动劈尖，调节弦长 L，仍使弦线上出现 $n = 2$、$n = 3$ 个稳定且明显的驻波段。记录相应的 f、n、L 的值于表 2-5-2 中，由式（2-5-9）可间接测量出弦线上横波的传播速度 v。

【数据记录与处理】

砝码钩的质量 $m=$ kg；重力加速度 $g=9.8$ m/s^2。

(1) 频率 f 一定，测弦线的线密度 ρ 和弦线上横波传播速度 v。结果列于表 2-5-1。

表 2-5-1   弦线 a' 线密度的测定

频率 f 恒定	\multicolumn{10}{c}{$f=300$Hz}									
T （×9.8N）	\multicolumn{2}{c}{$0.150+m$}	\multicolumn{2}{c}{$0.200+m$}	\multicolumn{2}{c}{$0.250+m$}	\multicolumn{2}{c}{$0.300+m$}	\multicolumn{2}{c}{$0.350+m$}					
驻波段数 n	2	3	2	3	2	3	2	3	2	3
弦线长 L（×10^{-2}m）										
线密度 $\rho=T(n/2Lf)^2$ (kg/m)										
平均线密度 $\bar{\rho}$ (kg/m)										
传播速度 $v=2Lf/n$ (m/s)										
平均传播速度 $\bar{v}$ (m/s)										
$\bar{v}^2$ (m/s)^2										

结果表达：$\rho=\bar{\rho}\pm\Delta\bar{\rho}=$

(2) 张力 T 一定时，测量弦线的线密度 ρ 和弦线上横波传播速度 v，结果列于表 2-5-2。

表 2-5-2 T 一定时线密度 ρ 和横波速度 v 的测定

张力 T 恒定	\multicolumn{10}{c}{$T=(0.150+m)\times 9.8$N}									
频率 f (Hz)	\multicolumn{2}{c}{200}	\multicolumn{2}{c}{250}	\multicolumn{2}{c}{300}	\multicolumn{2}{c}{350}	\multicolumn{2}{c}{400}					
驻波段数 n	2	3	2	3	3	4	3	4		
弦线长 L（×10^{-2}m）										
横波速度 $v=2Lf/n$ (m/s)										

平均横波速度 $\bar{v}=$ (m/s)，$\bar{v}^2=$ (m/s)^2

线密度 $\rho=\dfrac{T}{\bar{v}^2}=$ (kg/m)

【注意事项】

(1) 线柱1与弦线连接时，应避免与相邻弦线短路。
(2) 变换挂在弦线一端的砝码后，要使砝码稳定后再测量。
(3) 磁钢不能处于波节下位置。要等波稳定后，再记录数据。

【思考题】

(1) 通过实验，说明弦线的共振频率和波速与哪些条件有关？
(2) 实验中，由于弦的两端是固定的，在什么情况下才能形成驻波？试说明之。
(3) 试用一种方法求出波速 v 与张力 T 的函数关系。

实验六 非良导体热导率的测量

导热系数（又称热导率）是反映材料热性能的重要物理量，热传导是热交换的三种（热传导、对流和辐射）基本形式之一，是工程热物理、材料科学、固体物理及能源、环保等各个研究领域的课题，材料的导热机理在很大程度上取决于它的微观结构，热量的传递依靠原子、分子围绕平衡位置的振动以及自由电子的迁移，在金属中电子流起支配作用，在绝缘体和大部分半导体中则以晶格振动起主导作用。在科学实验和工程设计中，所用材料的导热系数都需要用实验的方法精确测定。

1882年法国科学家傅立叶建立了热传导理论，目前各种测量导热系数的方法都是建立在傅立叶热传导定律的基础之上。测量的方法可以分为两大类：稳态法和瞬态法。本实验采用的是稳态平板法测量不良导体的导热系数。

【实验目的】

（1）了解热传导现象的物理过程。
（2）用稳态平板法测量非良导体的导热系数，并用作图法求冷却速率。

【实验原理】

当物体内部有温度梯度存在时，就有热量从高温处传递到低温处，这种现象被称为热传导。傅立叶指出，在 dt 时间内通过 ds 面积的热量 dQ，正比于物体内的温度梯度，比例系数是导热系数，即：

$$\frac{dQ}{dt} = -\lambda \frac{dT}{dx} ds \qquad (2-6-1)$$

式中：$\frac{dQ}{dt}$ 为传热速率；$\frac{dT}{dx}$ 为与面积 ds 相垂直的方向上的温度梯度；"—"表示热量从高温区域传向低温区域；λ 为导热系数，表示物体导热能力的大小，在国际单位制中 λ 的单位是 $W \cdot m^{-1} K^{-1}$。

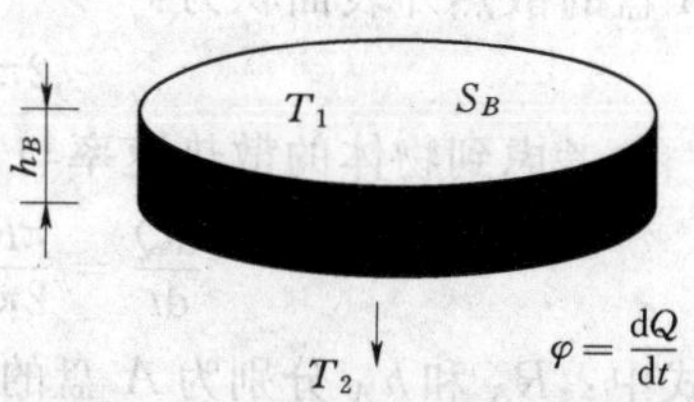

对于各向异性材料，各个方向的导热系数是不同的（常用张量来表示）。

图 2-6-1 平板热导率示意图

如图 2-6-1 所示，设样品为一平板，维持上下平面有稳定的 T_1 和 T_2（侧面近似绝热），即稳态时通过样品的传热速率为：

$$\frac{dQ}{dt} = \lambda \frac{T_1 - T_2}{h_B} S_B \qquad (2-6-2)$$

其中：
$$S_B = \pi R_B^2$$

式中：h_B 为样品厚度；S_B 为上表面的面积；$T_1 - T_2$ 为上、下表面的温度差；λ 为导热系数；R_B 为上表面半径。

在实验中，如图 2-6-2 所示，要降低侧面散热的影响，就要减小 h。因为待测平板

上下表面的温度 T_1 和 T_2 是用加热圆盘 C 的底部和散热铝盘 A 的温度来代表，所以就必须保证样品与圆盘 C 的底部和铝盘 A 的上表面密切接触。

实验时，在稳定导热的条件下（T_1 和 T_2 值恒定不变），可以认为通过待测样品 B 盘的传热速率与铝盘 A 向周围环境散热的速率相等。因此，可以通过 A 盘在稳定温度 T_2 附近的散热速率 $\dfrac{dT}{dt}$，求出样品的传热速率 $\dfrac{dQ_{加}}{dt}$。

在读取稳态时的 T_1 和 T_2 之后，拿走样品 B，让 A 盘直接与加热盘 C 底部的下表面接触，加热铝盘 A，使 A 盘温度上升到比 T_2 高 6℃ 左右，再移去加热盘 C，让铝盘 A 通过外表面直接向环境散热（自然冷却），当 T_A 降至比 T_2 高 5℃ 时止，然后以时间为横坐标，以 T_A 为纵坐标，作 A 的冷却曲线，如图 2-6-3 所示，过曲线上的点（t_2, T_2）作切线，则此切线的斜率就是 A 在 T_2 的自然冷却速率为：

$$\frac{dT}{dt} = \frac{T_a - T_b}{t_a - t_b}$$

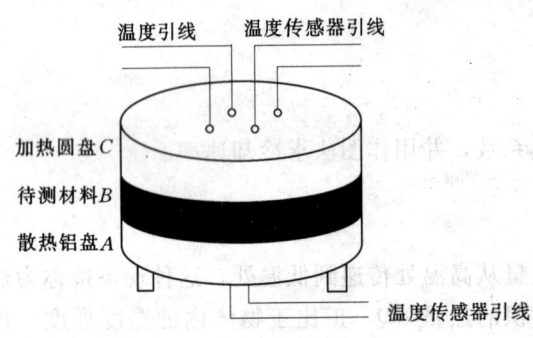

图 2-6-2 热导率测量实验装置

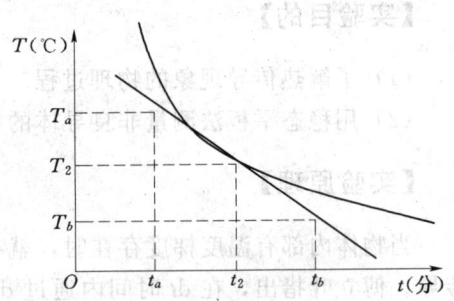

图 2-6-3 传热速率曲线图

对于铝盘 A，在稳态传热时，起散热的外表面积为 $\pi R_A^2 + 2\pi R_A h_A$，移去加热盘 C 后，A 盘的散热外表面积为：

$$2\pi R_A^2 + 2\pi R_A h = 2\pi R_A(R_A + h_A)$$

考虑到物体的散热速率与它的散热面积成比例，所以有：

$$\frac{dQ}{dt} = \frac{\pi R_A(R_A + 2h_A)}{2\pi R_A(R_A + h_A)} \frac{dQ_{加}}{dt} = \frac{R_A + 2h_A}{2R_A + 2h_A} \frac{dQ_{加}}{dt} \tag{2-6-3}$$

式中：R_A 和 h_A 分别为 A 盘的半径和厚度。

根据热容的定义，对温度均匀的物体，有：

$$\frac{dQ_{加}}{dt} = mc\frac{dT}{dt} \tag{2-6-4}$$

对应铝盘 A，就有：

$$\frac{dQ_{加}}{dt} = m_{铝}\, c_{铝}\, \frac{dT}{dt} \tag{2-6-5}$$

式中：$m_{铝}$ 和 $c_{铝}$ 分别为 A 盘的质量和比热容。

将式（2-6-5）代入式（2-6-3）中，有：

$$\frac{dQ}{dt} = m_{铝}\, c_{铝}\, \frac{R_A + 2h_A}{2(R_A + h_A)} \frac{dT}{dt} \tag{2-6-6}$$

比较式（2-6-6）和式（2-6-2），便得出导热系数和公式：

$$\lambda = \frac{m_{铝} \, c_{铝} \, h_B(R_A + 2h_A)}{2\pi R_B^2 (T_1 - T_2)(R_A + h_A)} \frac{dT}{dt} \qquad (2-6-7)$$

$m_{铝}$、$c_{铝}$、R_B、h_A、T_1 和 T_2 都可以由实验测量出准确值，$c_{铝}$ 为已知常数，$c_{铝} = 0.904 \text{J}/(\text{g} \cdot ℃)$，因此，只要求出 $\frac{dT}{dt}$，就可求出导热系数 λ。

【实验仪器】

热导率测量实验装置，YJ-RZ-4A 数字智能化热学综合实验仪。

【实验内容】

一、建立稳恒态

（1）如图 2-6-2、图 2-6-4 所示，安装好实验装置，连接好电缆线，打开电源开关，"测量选择"开关旋至"设定温度"档，调节"设定温度粗选"和"设定温度细选"钮，选择设定 C 盘加热为所需的温度（如 80℃）值。

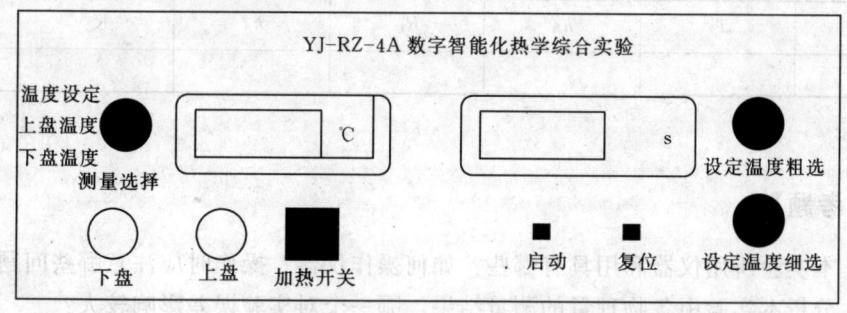

图 2-6-4 YJ-RZ-4A 数字智能化热学综合实验仪的面板

（2）将"测量选择"开关拨向"上盘温度"档，打开加热开关，观察 C 盘温度的变化，直至 C 盘稳定在设定温度（如 80℃）。

（3）再将"测量选择开关"拨向"下盘温度"档，观察 A 的温度变化，若每分钟的变化 $\Delta T_A \leqslant 0.1℃$，则可认为达到稳恒态。记下此时的 A 和 C 的温度 T_2 和 T_1。

二、测 A 盘在 T_2 时的自然冷却速度

在读取稳态时的 T_1 和 T_2 之后，拿走样品 B，让 A 盘直接与加热盘 C 底部的下表面接触，加热铝盘 A，使 A 盘温度上升到比 T_2 高 6℃ 左右，再移去加热盘 C，关闭加热开关，"测量选择"开关拨向"下盘温度"档，让铝盘 A 通过外表面直接向环境散热（自然冷却），每隔 1min 记下相应的温度值（表 2-6-1），作出 A 的冷却曲线，求出 A 盘在 T_2 附近的冷却速率 $\frac{dT}{dt}$。

时间测量：按动"启动"钮一下，即开始计时；再按动"启动"钮一下即暂停计时；按动"复位"钮，即归零。

三、数据测量与记录

用游标卡尺测出待测板 B 的厚度 h_B，以及 A 的直径 $2R_A$ 和厚度 h_A，记下 A 盘的质量 $m_{铝}$，将数据记录于表 2-6-2 中。

四、求出导热系数

根据式（2-6-7）求出待测材料的导热系数 λ。

【数据记录和处理】

表 2-6-1　　　　　　　　　　A 盘在 T_2 时的自然冷却速度

t	$0'$	$1'$	$2'$	$3'$	$4'$	$5'$	…	n'
T								
$\dfrac{dT}{dt}$								
λ								

表 2-6-2　　　　　　　　　　待 测 材 料 参 数

T_1	T_2	h_B	R_B	h_A	R_A	$m_{铝}$

$\lambda =$

【思考题】

(1) 本实验所用仪器和用具有哪些？如何操作仪器？操作时应注意哪些问题？
(2) 分析本实验中各物理量的测量结果，哪一个对实验误差影响较大？
(3) 比较稳态法和瞬态法测量导热系数的联系与区别。

实验七 空气比热容比的测定

理想气体的定压比热容 C_P 和定容比热容 C_V 之比 $\gamma = C_P/C_V$ 称为气体的比热容比,又称气体的绝热指数,它是一个常用的物理量,在热力学理论及工程技术的应用中起着重要的作用,如热机的效率及声波在气体中的传播特性都与空气的比热容比 γ 有关。

【实验目的】

(1) 学习用绝热膨胀法测定空气的比热容比。
(2) 观测热力学过程中状态变化及基本物理规律。

【实验原理】

气体由于受热过程不同,有不同的比热容。对应于气体受热的等容和等压过程,气体的比热容有定容比热容 C_V 和定压比热容 C_P。定容比热容是单位质量某种气体在保持体积不变的情况下,温度升高 1K 时所需的热量;而定压比热容则是单位质量某种气体在保持压强不变的情况下,温度升高 1K 所需的热量。显然,后者由于有对外做功而大于前者,即 $C_P > C_V$。因此,比值 $\gamma = C_P/C_V > 1$。一般说来,在实验中测定 C_V 是比较困难的,故 C_V 通常是通过测定 C_P 及 γ 值来获得。本实验将用测定物体在特定容器中的振动周期来计算 γ 值。

实验基本装置如图 2-7-1 所示,振动物体小球的直径比玻璃管直径仅小 0.01~0.02mm,它能在此精密的玻璃管中上下移动。在烧瓶的壁上有一小孔 C,并插入一根细管,通过它各种气体可以注入到烧瓶中。

为了补偿由于空气阻尼引起振动物体 A 振幅的衰减,因此通过 C 管一直注入一个小气压的气流,在精密玻璃管 B 的中央开设一个小孔。当振动物体 A 处于小孔下方的半个振动周期时注入气体使容器的内压力增大。引起物体 A 向上移动,而当物体 A 处于小孔上方的半个振动周期时,容器内的气体将通过小孔流出,使物体下沉,以后重复上述过程。只要适当控制注入气体的流量,物体 A 能在玻璃管 B 的小孔上下作简谐振动。振动周期可利用光电计时装置来测量。

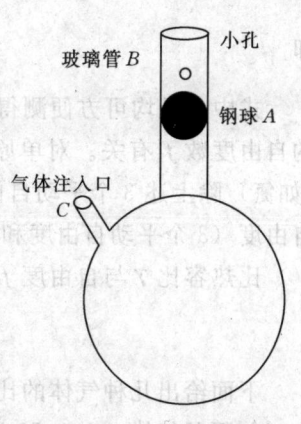

图 2-7-1 比热容测定仪

钢球 A 的质量为 m,半径为 r(直径为 d),当烧瓶内压强 P 满足下面条件时钢球 A 处于平衡状态:

$$P = P_L + \frac{mg}{\pi r^2} \quad (2-7-1)$$

式中:P_L 为大气压强。

若物体偏离平衡位置一个较小距离 x,则容器内的压力变化为 $\pi r^2 \mathrm{d}P$。

物体的运动方程为：
$$m\frac{d^2x}{dt^2} = \pi r^2 dP \qquad (2-7-2)$$

因为物体运动过程相当快，所以可以看作是绝热过程，绝热方程为：
$$PV^\gamma = 常数 \qquad (2-7-3)$$

将式（2-7-3）求导数得出：
$$dP = -\frac{P\gamma dV}{V} \qquad (2-7-4)$$

容器内体积的变化为：
$$dV = \pi r^2 x \qquad (2-7-5)$$

由式（2-7-2）、式（2-7-4）、式（2-7-5）三式可得：
$$\frac{d^2x}{dt^2} + \frac{\pi^2 r^4 P\gamma}{mV}x = 0 \qquad (2-7-6)$$

式（2-7-6）即为熟知的简谐振动的微分方程。

由
$$\frac{d^2x}{dt^2} + \omega^2 x = 0 \qquad (2-7-7)$$

可得：
$$\omega^2 = \frac{\pi^2 r^4 P\gamma}{mV} \qquad (2-7-8)$$

又因
$$\omega = \frac{2\pi}{T}$$

所以
$$\omega = \sqrt{\frac{\pi^2 r^4 P\gamma}{mV}} = \frac{2\pi}{T}$$

即
$$\gamma = \frac{4mV}{T^2 Pr^4} = \frac{64mV}{T^2 Pd^4} \qquad (2-7-9)$$

式中各量均可方便测得，因而可算出 γ 值，由气体运动论可以知道，γ 值与气体分子的自由度数 f 有关。对单原子气体（如氩）只有 3 个平动自由度，对于刚性双原子气体（如氮）除上述 3 个平动自由度外还有 2 个转动自由度。对于刚性多原子气体，则有 6 个自由度（3 个平动自由度和 3 个转动自由度）。

比热容比 γ 与自由度 f 的关系式（由理论上得出）为：
$$\gamma = \frac{f+2}{f} \qquad (2-7-10)$$

下面给出几种气体的比热容比 γ 的理论值：
单原子气体（Ar，He）：$f=3$，$\gamma=1.67$；
刚性双原子气体（N_2，H_2，O_2）：$f=5$，$\gamma=1.40$；
刚性多原子气体（CO_2，CH_4）：$f=6$，$\gamma=1.33$。

可见，经典理论中比热容比 γ 仅与分子自由度有关，与气体的种类和温度无关。式（2-7-9）即为本实验的原理公式。烧瓶的容积 V 由实验室给出。因此，只要在实验中测得振动物体的直径 d、周期 T、质量 m，并由气体计读出大气压强 P_L，再由式（2-7-1）求得 P，将 V、T、d、P 代入式（2-7-9）就可以求得待测气体的比热容比 γ。（注意：各量均换算成国际单位制后再代入式（2-7-9）计算，760mmHg=1.013×10^5N/m^2。）

【实验仪器】

振动物体、多功能数字记时仪（分 50 次、100 次两档）、微型气泵、大气压力计、缓冲瓶、螺旋测微计、物理天平、镊子等。

【实验内容】

（1）用螺旋测微器测量备用小球（不可从玻璃管中取出，以免损坏仪器）直径 5 次。

（2）测量大气压强 P_L（实验开始前和结束后，各测 1 次，取平均值）。

（3）用物理天平测量备用小球的质量 5 次。

（4）利用小气泵作气源（本实验气源为空气，可近似认为是双原子气体），来测定物体在特定容器中的振动周期 T。方法如下：

1）将气泵接上 220V 电源，调节气泵上气量调节旋钮，控制气量大小，稍等半分钟，小球即可上下振动。

2）调节橡皮塞上针型调节阀和气泵上气量调节旋钮，使小球在玻璃管中以小孔为中心上下振动。

3）打开周期计时装置开关（档位选 50 次或 100 次），按下复位按钮后即可自动记录振动周期所需时间，重复 5 次并记录。

（5）更换小气泵中的气源（单原子气体、双原子气体、多原子气体），可选做。

【数据记录及处理】

（1）数据记录结果列于表 2-7-1 和表 2-7-2。

表 2-7-1　　　　　　　　　　钢珠质量和直径

次数 项目	1	2	3	4	5	平均值
质量 m（g）						
直径 d（mm）						

表 2-7-2　　　　　　　　　　求钢珠振动周期

测量周期个数 $N=$

次数 项目	1	2	3	4	5	平均值
N 周期时间 t（s）						
振动周期 T（s）						

（2）计算气体体积 V、大气压 P 下的空气比热容。（注：空气的公认值 $C_P=1.0032$J/(g·℃)，$C_V=0.7106$J/(g·℃)，$\gamma=1.412$。）

【注意事项】

（1）不要随意移动本实验装置，以免损坏仪器。

(2) 调节气量时，气流不要过大或过小，否则钢球不以玻璃管上小孔为中心上下振动。

(3) 测量小球质量和直径时有备用小球，不要随意取出玻璃管中小球，避免灰尘进入或小球生锈，使小球卡在玻璃管中。

【思考题】

(1) 该实验的误差来源主要有哪些？
(2) 如何检查系统是否漏气？如有漏气，对实验结果有何影响？
(3) 若空气中有水蒸气，实验结果有何变化？

实验八 电源电动势、内阻和输出功率的研究

全电路欧姆定律是电学基础性规律,通过本实验,掌握测定电源电动势、内阻的方法及影响输出功率的因素。

【实验目的】

(1) 掌握全电路欧姆定律测定电源电动势、内阻和输出功率的基本原理。
(2) 学会测定电源电动势、内阻和输出功率的方法。
(3) 学会处理实验数据和正确表示实验结果。

【实验原理】

一、电源电动势、内阻的测定(伏安法)

测定电源电动势、内阻的方法很多,例如,开路法、安培法、安培计—电阻箱法、伏特计—电阻箱法等,本次实验用伏安法进行电源电动势和内阻的测定。

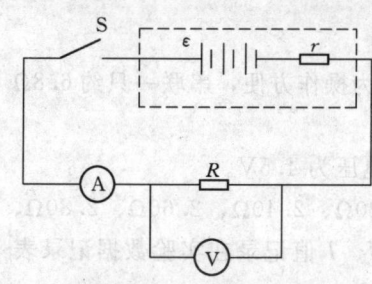

图 2-8-1 测定电源电动势、内阻原理图

测量电路如图 2-8-1 所示,根据全电路欧姆定律 $\varepsilon = U_R + U_r = U_R + I_1 r$,当电路接通后,其路端电压 U_R 和主干线电流 I 都将随外电路电阻的改变而改变,但是无论怎样改变,它们都遵守全电路欧姆定律。即:

$$\varepsilon = U_{R_1} + I_1 r \quad (2-8-1)$$

$$\varepsilon = U_{R_2} + I_2 r \quad (2-8-2)$$

因此,只要测出 U_{R_1}、I_1 和 U_{R_2}、I_2 的值,就能解方程组求出 r:

$$r = \frac{U_{R_2} - U_{R_1}}{I_1 - I_2} \quad (2-8-3)$$

然后将 r 代入式(2-8-1)或式(2-8-2),就可以求得 ε。在此实验中,我们要求测得四组 U、I 的值,这是为了减少实验中的测量误差和偶然误差,避免最后计算结果的较大误差。

二、电源输出功率的研究

电源工作时释放出的电能,在外电路上释放的电功率 P 称为电源的输出功率。电源输出功率的大小与电源电动势和外电路的电阻都有关联。因此,我们要做的实验就是用实验方法来定量研究电源输出功率随外电路电阻变化的情况。测量电路如图 2-8-2 所示。

又由输出功率可得:

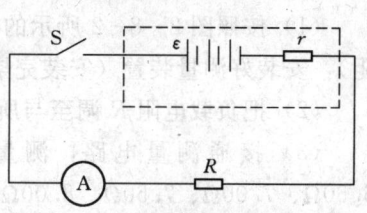

图 2-8-2 电源输出功率的研究

$$P = IU_R = I^2R = \left(\frac{\varepsilon}{R+r}\right)R$$

$$= \frac{\varepsilon^2 R}{(R+r)^2} = \frac{\varepsilon^2 R}{(R-r)^2 + 4Rr}$$

$$= \frac{\varepsilon^2}{\frac{(R-r)^2}{R} + 4r}$$

可见，当 $R=r$ 时，P 值最大。因此，通过电流表测出通过负载电阻 R 的电流 I 的值，就可以算出负载电阻上的电功率 P。改变 R 值，就可以取得若干组的 P、R 值，要求在平面坐标纸上作 $P \sim R$ 图，通过图像来表示 P 与 R 的关系，当 $R=r$ 时，P 取得最大值：

$$P_{\max} = \frac{\varepsilon^2}{4r}$$

【实验仪器】

直流电源、电阻箱、滑线变阻器、电压表、电流表、开关以及导线等。

【实验内容】

一、电源电动势、内阻测定（伏安法）

（1）按照图 2-8-1 所示的电路图，安装好测量装置；为操作方便，串联一只约 6.8Ω 的电阻作为假内阻。

（2）把负载电阻 R 调至 2.20Ω，将稳压电源调至输出电压为 4.5V。

（3）接通测量电路，测量当负载电阻 R 分别为 2.20Ω、2.40Ω、2.60Ω、2.80Ω、3.00Ω、3.20Ω、3.40Ω、3.60Ω 时的 U、I 值，将测得的 U、I 值记录在实验数据记录表的表 2-8-1 中。

表 2-8-1　　　　　电源电动势、内阻测定的实验数据

次序　　项目	(1)		(2)		(3)		(4)	
	1	2	3	4	5	6	7	8
R (Ω)	2.20	3.00	2.40	3.20	2.60	3.40	2.80	3.60
U_R (V)								
I (A)								

二、电源输出功率的研究（即 $P \sim R$ 的关系）

（1）按照图 2-8-2 所示的电路图（为操作方便，串联一只约 6.8Ω 的电阻作为假内阻），安装好测量装置（安装完毕后，应认真检查，确保线路连接无误）。

（2）把负载电阻 R 调至与所求内阻相同阻值 r，将稳压电源调至输出电压为 4.5V。

（3）接通测量电路，测量当负载电阻分别为 4.00Ω、5.00Ω、5.50Ω、6.00Ω、6.50Ω、7.00Ω、7.50Ω、8.00Ω、9.00Ω、10.00Ω、11.00Ω、12.00Ω 时的电流值。将测得的数值记录在实验数据记录表的表 2-8-2 中。

表 2-8-2　　　　　　　　　　　电源输出功率测定的实验数据

次序项目	1	2	3	4	5	6	7	8	9	10	11	12
R（Ω）	4.00	5.00	5.50	6.00	6.50	7.00	7.50	8.00	9.00	10.00	11.00	12.00
I（A）												
P（W）												

【数据记录与处理】

1. 电源电动势、内阻的数据记录与处理

数据处理：

(1) 以相邻两组的 U、I 值为组合，解方程组，分别得到 ε_1、ε_2、ε_3、ε_4，以及 r_1、r_2、r_3、r_4。

(2) 求出 $\bar{\varepsilon}$、$\overline{\Delta\varepsilon}$ 和 $\bar{r}$、$\overline{\Delta r}$：

$$\bar{\varepsilon} = \frac{\varepsilon_1 + \varepsilon_2 + \varepsilon_3 + \varepsilon_4}{4}$$

$$\overline{\Delta\varepsilon} = \frac{|\Delta\varepsilon_1| + |\Delta\varepsilon_2| + |\Delta\varepsilon_3| + |\Delta\varepsilon_4|}{4}$$

其中：
$$\Delta\varepsilon_i = |\varepsilon_i - \bar{\varepsilon}|$$

$$\bar{r} = \frac{r_1 + r_2 + r_3 + r_4}{4}$$

$$\overline{\Delta r} = \frac{|\Delta r_1| + |\Delta r_2| + |\Delta r_3| + |\Delta r_4|}{4}$$

其中：
$$\Delta r_i = |r_i - \bar{r}|$$

结果表示：
$$\varepsilon = \bar{\varepsilon} \pm \overline{\Delta\varepsilon}$$
$$r = \bar{r} \pm \overline{\Delta r}$$

(3) 以 U 值为纵坐标，I 值为横坐标，运用 Excel 软件作 $U \sim I$ 图，求出 ε 和 r。

2. 电源输出功率数据记录

根据测得的 I 值和相应的 R 值，依据公式 $P = I^2R$ 计算出相应的 P 值；以 P 值为纵坐标，R 值为横坐标，运用 Excel 软件作出 $P \sim R$ 的关系曲线图，从图中求得 P_{max} 和相对应的 R 值，并与测得的内阻比较。

【注意事项】

(1) 电流表的读数需要保留小数点后 3 位，电压表需保留小数点后 2 位。

(2) 电路要根据电路图连接，检查完电路方能闭合开关。

【思考题】

(1) 根据伏安法测定电源电动势、内阻原理图，试阐述产生误差的因素。

(2) 电源的输出功率与哪些物理量有关？

(3) 本实验得出的电源输出功率最大要满足什么条件？是针对什么样的电路而言的？

实验九 惠斯通电桥测电阻

电桥广泛应用于工程技术中的测量,是很重要的电磁学基本测量仪器之一,它主要用来测量电阻器的阻值、线圈的电感量和电容器的电容及其损耗。电桥从结构来分,有单臂电桥和双臂电桥;从指示状态来分,有平衡电桥和不平衡电桥;从使用电源性质分,有直流电桥和交流电桥。为适应不同的测量目的,设计了多种不同功能的电桥,惠斯通电桥属直流平衡单臂电桥,用来精确测量中等阻值(几十至几十万欧姆)的电阻。此外还有测量低阻值(几欧姆以下)的双臂电桥,即开尔文电桥,测量线圈电感量的电感电桥,测量电容器电容量的电容电桥,还有既能测量电感又能测量电容及其损耗的交流电桥等。尽管各种电桥测量的对象、构造各异,但基本原理和思想方法大致相同。因此,学习掌握惠斯通电桥的原理不仅能正确使用单臂电桥,而且也为分析其他电桥的原理和使用方法奠定了基础。

【实验目的】

(1) 掌握惠斯通电桥测电阻的原理,学会自己组装电桥测电阻。
(2) 掌握正确使用QJ-23型箱式电桥测电阻的方法。
(3) 了解电桥灵敏度,掌握对测量结果的误差分析。

【实验原理】

电阻是电路的基本元件之一,电阻的测量是基本电学量的测量。用伏安法测量电阻,虽然原理简单,但有系统误差。而惠斯通电桥适宜于精确测量中等阻值电阻。

一、惠斯通直流单臂电桥

惠斯通电桥的原理如图2-9-1所示。图中 ab、bc、cd 和 da 4条支路分别有电阻 R_1(R_x)、R_2、R_3 和 R_4 组成,称为电桥的四条桥臂。通常,桥臂 ab 接待测电阻 R_x,其余各臂电阻都是可调节的标准电阻。在 bd 两对角间连接检流计,在 ac 两对角间连接电源、按钮式开关(限流用的滑线变阻器)。检流计支路起了沟通 abc 和 adc 两条支路的作用,可直接比较 bd 两点的电势,电桥之名由此而来。适当调整各臂的电阻值,可以使流过检流计的电流为零,即 $I_G=0$。这时,称电桥达到了平衡。平衡时 b、d 两点的电势相等。根据分压器原理可知:

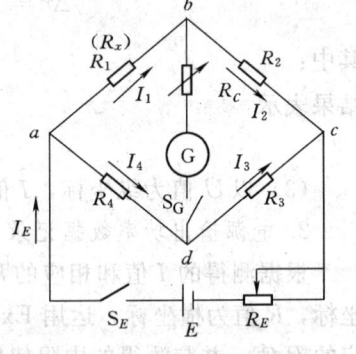

图 2-9-1 惠斯通电桥原理图

$$U_{bc} = U_{ac} \frac{R_2}{R_1 + R_2} \tag{2-9-1}$$

$$U_{dc} = U_{ac} \frac{R_3}{R_3 + R_4} \tag{2-9-2}$$

平衡时,$U_{bc} = U_{dc}$,即:

$$\frac{R_2}{R_1+R_2}=\frac{R_3}{R_3+R_4}$$

整理化简后得到：

$$R_1=\frac{R_2}{R_3}R_4=R_x \qquad (2-9-3)$$

由式（2-9-3）可知，待测电阻 R_x 等于 $\frac{R_2}{R_3}$ 与 R_4 的乘积。通常，称 R_2、R_3 为比例臂，与此相应的 R_4 为比较臂。所以电桥由四臂（测量臂、比较臂和比例臂）、检流计和电源三部分组成。为在调节电桥平衡时保护检流计不使其在长时间内有较大电流通过可在检流计支路上串联限流电阻 R_G 和开关 S_G。

二、箱式直流单臂电桥

（1）电桥臂上电阻的组成。QJ-23 型电桥是目前应用较广的一种商品电桥，它的原理如图 2-9-2 所示。其中 R_2 和 R_3 作为比例臂，R_S 为比较臂，改变 c 点的位置就可以改变 R_2/R_3 的值。当选择开关 c 与"10^{-1}"位置相连时，便有：

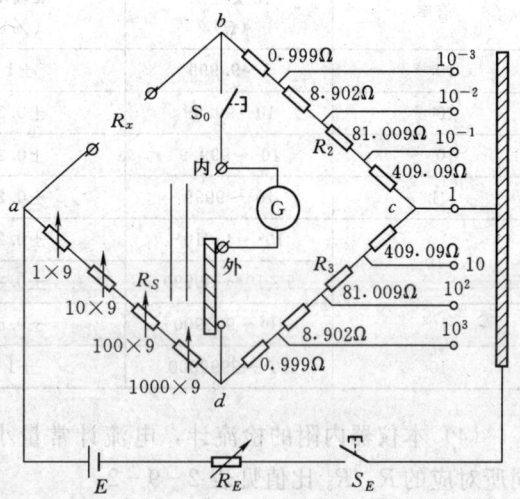

图 2-9-2 箱式直流单臂电桥原理图

$$\frac{R_2}{R_3}=\frac{0.999+8.902+81.009}{409.09\times 2+81.009+8.902+0.999}=0.10000$$

若取 $R_2/R_3=0.10000$ 时，则 R_2/R_3 的准确度可达万分之几，与 c 在"10"位置几乎相同，然而 R_S 的准确度较 R_2/R_3 低一个量级，所以此时 R_x 的系统误差主要取决于 R_S，而不是 R_2/R_3。由图可知比较臂有四只可变的标准电阻器相互串联，它们组成了 R_S，其阻值分别为 $9\times 1\Omega$、$9\times 10\Omega$、$9\times 100\Omega$ 和 $9\times 1000\Omega$，总阻值可达 9999Ω。

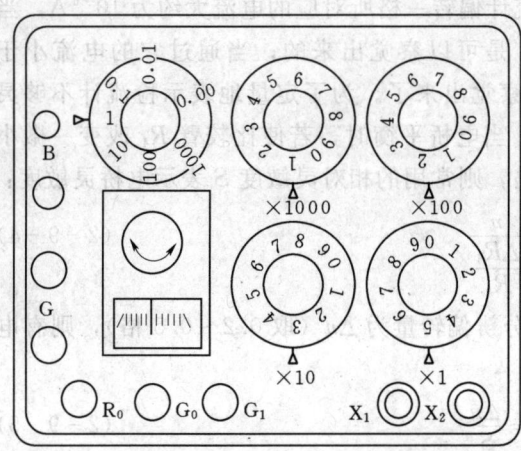

图 2-9-3 箱式电桥面板

（2）仪器面板元件。元件安置如图 2-9-3 所示。右上角四只读数盘就是 R_S，右下角有接 R_x 的两个端钮和接通电源、接通检流计的两个按钮 B、G（如果需要长时间接通，可在按下后沿顺时针方向旋转，即可锁住），中上部分是比例臂选择开关，也称为倍率旋钮，它的下面是检流计，左面由上往下分别是"+"、"−"、"内"、"G"、"外"五个接线端钮，"+"、"−"为外接电源的输入端钮，"内"、"G"、"外"为检流计选择端钮，当"G"和"内"由短路片连接时，则在"G"和

"外"间需外接检流计,在"G"和"外"短接时,本仪器内附的检流计已接入桥路之中。

(3) 本仪器适用于测量 $1\sim 9999000\Omega$ 范围内的电阻,基本量程为 $100\sim 99990\Omega$,其准确度见表 2-9-1。

表 2-9-1　　　　　　　　　　测量电阻准确度

倍率	测量范围 (Ω)	准确度 (%)	电源电压 (V)
10^{-3}	$1\sim 9.999$	± 1	
10^{-2}	$10\sim 99.99$	± 0.5	4.5
10^{-1}	$10^2\sim 999.9$	± 0.2	
1	$10^3\sim 9999$	± 0.2	6
10	$10^4\sim 4\times 10^4$	± 0.2	
	$5\times 10^4\sim 99990$	± 0.2	15
10^2	$10^5\sim 999900$	± 0.5	
10^3	$10^6\sim 9999000$	± 1	

(4) 本仪器内附的检流计,电流计常量小于 6×10^{-7} (A·mm^{-1})。c 点连接位置不同所对应的 R_2/R_3 比值见表 2-9-2。

表 2-9-2　　　　　　　　c 点位置不同所对应的 R_2/R_3 比值

c 点位置	10^{-3}	10^{-2}	10^{-1}	1	10	10^2	10^3
R_2/R_3	0.001000	0.010000	0.10000	1.0000	10.000	100.00	1000

三、电桥灵敏度

在使用电桥测量电阻时,精密度主要取决于电桥的灵敏度。公式 $R_x=R_4R_2/R_3$ 是在电桥平衡的条件下推导出来的。而电桥是否平衡,实验上是看检流计有无偏转来判断的。当认为电桥已达到平衡时,$I_g=0$,而 I_g 不可能绝对等于零,而仅是 I_g 小到无法用检流计检测而已。例如,有一惠斯通电桥上的检流计偏转一格所对应的电流大约为 10^{-6}A,当通过它的电流为 10^{-7}A,指针偏转 1/10 格,是可以察觉出来的;当通过它的电流小于 10^{-7}A 时,指针的偏转小于 1/10 格,就很难察觉出来了。为了定量地表示检流计不够灵敏带来的误差,可引入电桥灵敏度 S 的概念,当电桥平衡时,若使比较臂 R_4 改变一微小量 ΔR_4,电桥将偏离平衡,检流计偏转 n 个格,则常用的相对灵敏度 S 表示电桥灵敏度:

$$S=\frac{n}{\frac{\Delta R_4}{R_4}} \qquad (2-9-4)$$

由式 (2-9-4) 可知,如果检流计的可分辨偏转量为 Δn(取 0.2~0.5 格),则有电桥灵敏度引入被测量的相对误差为:

$$\frac{\Delta R}{R}=\frac{\Delta n}{S} \qquad (2-9-5)$$

即电桥的灵敏度越高(S 越大),由灵敏度引入的误差越小。

实验和理论都已证明，电桥的灵敏度与下面诸因素有关：

(1) 与检流计的电流灵敏度 S 成正比。但是 S 值大，电桥就不易稳定，平衡调节比较困难；S 值小，测量精确度低。因此选用适当灵敏度的电流计是很重要的。

(2) 与电源的电动势 E 成正比。

(3) 与电源的内阻 r_E 和串联的限流电阻 R_E 有关。增加 R_E 可以降低电桥的灵敏度，这对寻找电桥调平衡的规律较为有利。随着平衡逐渐趋近，R_E 值应适当减到最小值。

(4) 电源所接的位置有关。

(5) 与检流计的内阻有关。R_G 越小，电桥的灵敏度 S 越高，反之则低。

【实验仪器】

万用电表、电阻箱（3个）、检流计、直流电源、待测电阻（阻值差异较大的5个）、QJ-23型箱式电桥、按钮式开关和导线若干、滑线变阻器。

【实验内容】

一、自组惠斯通电桥测电阻

(1) 按图 2-9-1 先摆好仪器，再接好电桥线路。

(2) 用万用表测出待测电阻 R_x 的大概数值。

(3) 将滑线变阻器 R_E 的阻值调至最大（以防止电桥中的电流过大）；稳压电源 E 拨到"4.5V"档；根据 R_x 的粗测，调节 R_2、R_3 获得不同数值的 R_2/R_3（分别为 100、10、1、0.1、0.01），依据 R_x 和 R_2/R_3 的值，粗调 R_4。

(4) 检查电路，打开稳压电源开关 S_E，将检流计的电流灵敏度调到适当位置。

(5) 用左手按下按钮式开关 S_G，眼睛密切注视检流计 G，如果指针迅速偏转，说明通过 G 的电流很大，应迅速松开 S_G，以免烧坏检流计。可用右手调节 R_4，使 G 的指针向"0"移动，直到指针最接近"0"为止。调节的方法是由电阻箱的高阻档到低阻档（×100档、×10档和×1档）逐个仔细调节。

(6) 把滑线变阻器 R_E 的阻值减小至零，提高加在 AC 两端的电压，以增大电桥的灵敏度，这时检流计的指针又会偏离"0"，仔细调 R_4 的低阻档，使指针重新接近"0"，这时电桥基本处于平衡状态。

(7) 记录 R_2、R_3 和 R_4 于表 2-9-4 中。

(8) 取不同比例臂测量 5 次，记录下 R_2、R_3、R_4 的值于记录表 2-9-4，算出算术平均值及算术平均绝对偏差，写出结果表达式。

二、用 QJ-23 型箱式电桥测量电阻

(1) 打开箱式电桥电源开关，检查仪器上检流计的指针是否指"0"，如不指"0"，可旋转零点调整旋钮，使指针准确指"0"。

(2) 用万用表测出待测电阻 R_x 的大概数值，然后将 R_x 接在 X_1 和 X_2 两个接线柱之间。

(3) 根据 R_x 的粗测，R_4 应取 4 位有效数字的原则（使电阻箱的 4 个旋钮全部利用），参照表 2-9-3 确定比率臂旋钮的指示值。

表 2-9-3　　　　　　　　　　根据 R_x 的粗测值确定电桥比率臂

R_x 的粗测值（Ω）	0~10	10~10^2	10^2~10^3	10^3~10^4	10^4~10^5	10^5~10^6	10^6~10^7
电桥比率臂	0.001	0.01	0.1	1	10	100	1000

（4）调节 R_4 的千位数与 R_x 粗测值的第一位数字相同，其余各旋钮旋到"0"。用左手两手指同时按下按钮 B 和 G，眼睛密切注视检流计，如果指针迅速偏转，说明电桥很不平衡，通过检流计的电流很大，应迅速松开两手指，使按钮弹起，以免烧坏检流计。然后检查比率臂和比较臂的指示值，如有错置，立即改正。如果检流计指针较慢地偏向"+"号一边或"-"号一边，可用右手调节 R_4，使指针向"0"移动，直到指针最接近"0"为止。如果指针偏向"+"号一边，说明 R_4 偏大，应调小；如果指针偏向"-"号一边，说明 R_4 偏小，应调大。调节方法是：由电阻箱的高阻挡（×1000 挡和×100 挡）到低阻挡（×10 挡和×1 挡）逐个仔细地调节。

（5）仔细调节 R_4 的低阻挡，直到指针精确指"0"为止。记下比率臂 R_2/R_3 和比较臂 R_4 的指示值于记录表 2-9-5 中。

（6）根据式（2-9-3）计算出待测电阻 R_x 及相对误差。

三、测量计算电桥的灵敏度

用箱式电桥测量待测电阻的电桥灵敏度。

【数据记录与处理】

表 2-9-4　　　　　　　　　　用自组电桥测待测电阻

序号	R_2 (Ω)	R_3 (Ω)	R_4 (Ω)	$\dfrac{R_2}{R_3}$	R_x (Ω)	$\overline{R_x}$ (Ω)	$\overline{\Delta R_x}$ (Ω)	σ (Ω)
1								
2								
3								
4								
5								

用算术平均绝对偏差表示的测量结果 $R_x = \overline{R_x} \pm \overline{\Delta R_x} =$ ＿＿＿＿＿（Ω）；

用标准偏差表示的测量结果 $R_x = \overline{R_x} \pm \sigma =$ ＿＿＿＿＿（Ω）。

表 2-9-5　　　　　　　　　　箱式电桥测电阻及灵敏度

序号	$R_{x(标准值)}$ (Ω)	比例臂	R_4 (Ω)	$R_{x(标准值)}$ (Ω)	ΔR	n	灵敏度 S	相对误差
1								
2								
3								
4								
5								

【注意事项】

（1）在用电桥测电阻前，先检查检流计是否调零，如未调零，应先调零后再开始测量。R_4 的×1000档绝对不能调到"0"。在调节 R_4 时，当检流计指针偏转到满刻度时，应立即松开按钮开关 B 和 G。

（2）在调节 R_4 时，如果检流计不偏转或始终偏向一边，应检查电路连接是否正确，各处接线特别是电源 B 和检流计 G 接线是否旋紧。为保护检流计，在使用按钮开关时，应用手指压紧开关而不要"旋死"。按下开关 G、G 和 B 的时间不能长。

（3）待测电阻与接线柱的连接导线电阻应小于 0.005Ω。

（4）实验完毕后，应检查各按钮开关是否均已松开，再关闭电源；否则，将会损坏电源。

【思考题】

（1）电桥由哪几部分组成？电桥平衡的条件是什么？

（2）若待测电阻 R_x 的一个接头接触不良，电桥能否调至平衡？

（3）用直流单臂电桥测电阻时，确定比率臂旋钮指示值的原则是什么？如果一个待测电阻的大概数值为 $35k\Omega$，比率臂旋钮的指示值应为多少？

（4）影响电桥灵敏度因素有哪些？

（5）如果按图 2-9-1 连成电路，接通电源后，若检流计指针始终向一边偏转或不偏转，试分析这两种情况下电路故障的原因。

实验十　用直流双臂电桥测低值电阻

双臂电桥简称双电桥，又名开尔文电桥，它是惠斯通电桥的改进和发展，它可以消除（或减小）附加电阻对测量的影响，因此是测量 1Ω 以下低电阻的主要仪器。常用来测量金属材料的电阻率、电机、变电器绕组的电阻、低阻值线圈电阻、电缆电阻、开关接触电阻以及直流分流器电阻等。

【实验目的】

(1) 掌握用双臂电桥测低值电阻的原理。
(2) 学会用双臂电桥测低值电阻的方法。
(3) 了解测低值电阻时接线电阻和接触电阻的影响及其避免的方法。

【实验原理】

用单臂电桥测量电阻时，其所测电阻值一般可以达到 4 位有效数字，最高阻值可测到 $10^6 \Omega$，最低阻值为 1Ω。当被测电阻的阻值低于 1Ω 时（称为低值电阻），单臂电桥测量到的电阻的有效数字将减小，另外其测量误差也显著增大起来，究其原因是因为被测电阻接入测量线路中，连接用的导线本身具有电阻（称为接线电阻），被测电阻与导线的接头处亦有附加电阻（称为接触电阻）。接线电阻和接触电阻的阻值约为 $10^{-5} \sim 10^{-2} \Omega$。接触电阻虽然可以用清洁接触点等措施使之减小，但终究不可能完全清除。当被测电阻仅为 $10^{-6} \sim 10^{-3} \Omega$ 时，其接线电阻及接触电阻值都已超过或大大超过被测电阻的阻值，这样就会造成很大误差，甚至完全无法得出测量结果。所以，用单臂电桥来测量低值电阻是不可能精确的，必须在测量线路上采取措施，避免接线电阻和接触电阻对低值电阻测量的影响。

精确测定低值电阻的关键，在于消除接线电阻和接触电阻的影响。

下面我们考察接线电阻和接触电阻是怎样对低值电阻测量结果产生影响的。例如，用安培表和毫伏表按欧姆定律 $R = U/I$ 测量电阻 R，设 R 在 1Ω 以下，按一般接线方法用如图 2-10-1（a）所示的电路。由图 2-10-1（a）可见，如果把接线电阻和接触电阻考虑在内，并设想把它们用普通导体电阻的符号表示，其等效电路如图 2-10-1（b）所示。

其中 r_1、r_2 分别是连接安培表及变阻器用的两根导线与被测电阻两端接头处的接触电阻及导线本身的接线电阻，r_3、r_4 是毫伏表和安培表、滑线变阻器接头处的接触电阻和接线电阻。通过安培表的电流 I 在接头处分为 I_1、I_2 两支，I_1 流经安培表和 R 间的接触电阻再流入 R，I_2 流经安培表和毫伏表接头处的接触电阻再流入毫伏表。因此，r_1、r_2 应算作与 R 串联；r_3、r_4 应算作与毫伏表串联。由于 r_1、r_2 的电阻与 R 具有相同的数量级，甚至有的比 R 大几个数量级，故毫伏表指示的电位差不代表 R 两端的电位差。也就是说，如果利用毫伏表和安培表此时所指示的值来计算电阻的话，不会给出准确的结果。

为了解决上述问题，试把连接方式改为如图 2-10-2（a）所示的式样。同样用电流流经路线的分析方法可知，虽然接触电阻 r_1、r_2、r_3 和 r_4 仍然存在，但由于其所处位置

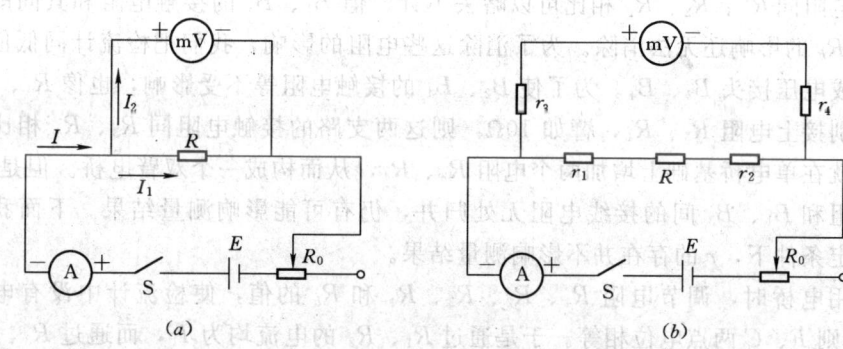

图 2-10-1 接线电阻和接触电阻对低值电阻测量影响

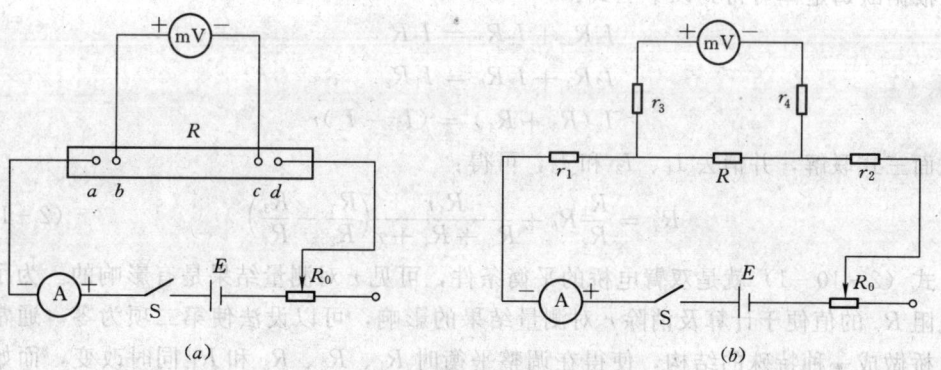

图 2-10-2 接触电阻等效电路

不同，构成的等效电路改变为图 2-10-2(b)。由于毫伏表的内阻大于 r_3、r_4、R，故毫伏表和安培表的示数能准确地反映电阻 R 上的电位差和通过的电流。利用欧姆定律可以算出 R 的正确值。

由此可见，测量电阻时，将通电流的接头（电流接头）a、d 和测量电位差的接头（电压接头）b、c 分开，并且把电压接头放在里面，可以避免接触电阻和接线电阻对测量低值电阻的影响。

这结论用到惠斯通电桥的情况，如果仍用单臂电桥测低值电阻 R_x，则比较臂 R_b 也应是低值电阻，这样才能在支路电流增大时，使 R_x 的电位差可以跟 R_1 上的电位差相等。设 R_1 和 R_2 都是 10Ω 以上的电阻，则与之有关的接触电阻和接线电阻的影响可以忽略不计。消除影响的只是跟 R_x、R_b 有关的接触电阻和接线电阻。我们可以这样设想，如图 2-10-3 所示，应用上面的结论在 R_x 的 A 点处分别接电流接头 A_1 和电压接头 A_2；在 R_b 的 D 点处分别接电流接头 D_1 和电压接头 D_2。则 A 点对 R_x 和 D 点对 R_b 的影响都已消除。关于 C 点邻近的接线电

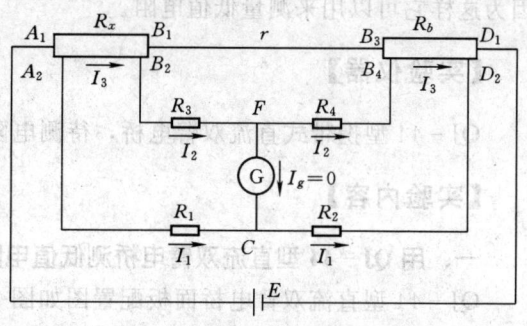

图 2-10-3 双臂电桥原理图

阻和接触电阻同 R_1、R_2、R_g 相比可以略去不计。但 B_1、B_3 的接触电阻和其间的接线电阻对 R_x、R_b 的影响还无法消除。为了消除这些电阻的影响，我们把检流计同低值电阻的接头也接成电压接头 B_2、B_4。为了使 B_2、B_4 的接触电阻等不受影响，也像 R_1、R_2 支路一样，分别接上电阻 R_3、R_4，譬如 10Ω，则这两支路的接触电阻同 R_3、R_4 相比较可略去。这样就在单电桥基础上增加两个电阻 R_3、R_4，从而构成一个双臂电桥。但是 B_1、B_3 的接触电阻和 B_1、B_3 间的接线电阻无处归并，仍有可能影响测量结果。下面我们来证明，在一定条件下，r 的存在并不影响测量结果。

在使用电桥时，调节电阻 R_1、R_2、R_3、R_4 和 R_b 的值，使检流计中没有电流通过（$I_g=0$），则 F、C 两点电位相等。于是通过 R_1、R_2 的电流均为 I_1，而通过 R_3、R_4 的电流均为 I_2，通过 R_x、R_b 的电流为 I_3，而通过 r 的电流为 I_3-I_2。

根据欧姆定律可得到以下三式：
$$I_3 R_x + I_2 R_3 = I_1 R_1$$
$$I_2 R_4 + I_3 R_b = I_1 R_2$$
$$I_2(R_3 + R_4) = (I_3 - I_2)r$$

把上面三式联解，并消去 I_1、I_2 和 I_3，可得：
$$R_x = \frac{R_1}{R_2}R_b + \frac{R_4 r}{R_3 + R_4 + r}\left(\frac{R_1}{R_2} - \frac{R_3}{R_4}\right) \qquad (2-10-1)$$

式（2-10-1）就是双臂电桥的平衡条件，可见 r 对测量结果是有影响的。为了使被测电阻 R_x 的值便于计算及消除 r 对测量结果的影响，可以设法使第二项为零。通常把双臂电桥做成一种特殊的结构，使得在调整平衡时 R_1、R_2、R_3 和 R_4 同时改变，而始终保持成比例。即：
$$\frac{R_1}{R_2} = \frac{R_3}{R_4} \qquad (2-10-2)$$

在此情况下，不管 r 多大，第二项总为零。于是平衡条件简化为：
$$R_x = \frac{R_1}{R_2} R_b \qquad (2-10-3)$$

或
$$\frac{R_x}{R_b} = \frac{R_1}{R_2} = \frac{R_3}{R_4} \qquad (2-10-4)$$

从上面的推导看出，双臂电桥的平衡条件和单臂电桥的平衡条件形式上一致，而电阻 r 根本不出现在平衡条件中，因此 r 的大小并不影响测量结果，这是双臂电桥的特点。正因为这样它可以用来测量低值电阻。

【实验仪器】

QJ-44 型携带式直流双臂电桥，待测电阻（铜、铁、铝棒），米尺，螺旋测微器等。

【实验内容】

一、用 QJ-44 型直流双臂电桥测低值电阻

QJ-44 型直流双臂电桥面板配置图如图 2-10-4 所示。

(1) 将"电源选择"开关拨向"内置"位置，并打开电源开关。

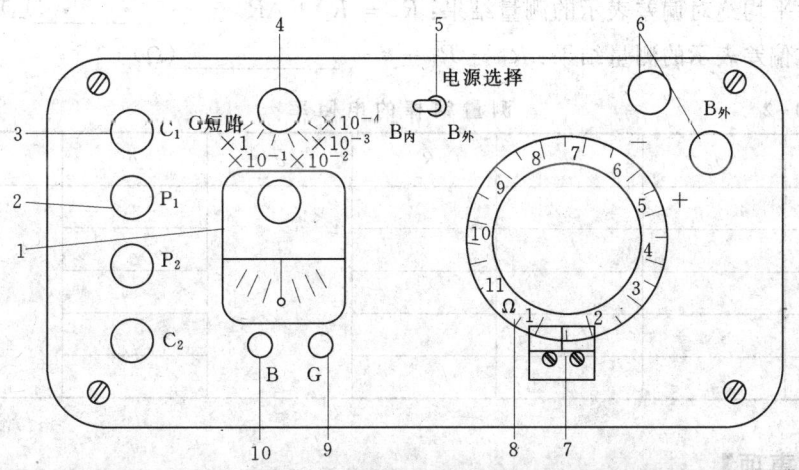

图 2-10-4　QJ-44型携带式直流双臂电桥面板配置图
1—检流计，其上有机械调零器；2—电位端接线柱（P_1、P_2）；3—电流端接线柱（C_1、C_2）；4—倍率开关；5—电源选择开关；6—外接电源接线柱；7—标尺；8—读数盘 R_b；9—检流计按钮开关；10—电源按钮开关

（2）将检流计指针调到"0"位置。

（3）将被测电阻 R_x 的四端接到双臂电桥的相应四个接线柱上。

（4）估计被测电阻值将倍率开关旋到相应的位置上。

（5）当测量电阻时，应先按"B"后按"G"按钮，并调节读数盘 R_b，使电流计重新回到"0"位。断开时应先放"G"后放"B"按钮。注意：一般情况下，"B"按钮应间歇使用。此时电桥已处于平衡，而被测电阻 R_x 为：

$$R_x = (倍率开关的示值) \times (读数盘的示值)(\Omega)$$

（6）使用完毕，应把倍率开关旋到"G短路"的位置上。

二、测量一根钢棒的电阻率

测量步骤同前，多次测量钢棒直径 d，改变长度 L，测出钢棒不同长度 L 的电阻 R_x；将数据记录于表 2-10-1 中；由 $R = \rho \dfrac{L}{S}$ 得到 $\rho = \dfrac{RS}{L}$；计算电阻率的算术平均值。

【数据记录与处理】

表 2-10-1　　　　　　　　直流双臂电桥测低值电阻

序号	倍率	R_b (Ω)	R_x (Ω)	$\overline{R_x}$ (Ω)	$\overline{\Delta R_x}$ (Ω)	σ (Ω)
1						
2				$\dfrac{1}{5}\sum_{i=1}^{5} R_{x_i} =$	$\dfrac{1}{5}\sum_{i=1}^{5} \|\Delta R_{x_i}\| =$	$\sqrt{\dfrac{\sum_{i=1}^{5}(R_{x_i}-\overline{R_x})^2}{20}} =$
3						
4						
5						

用算术平均绝对偏差表示的测量结果：$R_x = \overline{R_x} \pm \overline{\Delta R_x} = $ _____（Ω）；

用标准偏差表示的测量结果：$R_x = \overline{R_x} \pm \sigma = $ _____（Ω）。

表 2-10-2　　　　　　　　　　测量钢棒的电阻率

	L	d	R_x	$\overline{d}$	ρ	$\overline{\rho}$
1						
2						
3						
4						
5						

【注意事项】

（1）测低电阻时通过待测电阻的电流较大，在测量过程中通电时间应尽量短暂，即换向开关 S 只在调节电桥平衡时接通，一旦调节完毕，即刻断开，以避免待测电阻和导线发热造成测量误差。

（2）用双臂电桥测电阻时，在选择 R_b 及 R_1、R_2 时，尽可能用上第 Ⅰ 读数盘读出被测电阻值 R_x 的第一位数字，从而保证测量值有较多的有效位数，并可减小电阻元件的功率消耗。

（3）当测量环境湿度较低（即干燥）时，如发生静电干扰，可将电桥和平衡指示仪上的接地端钮连接后接地，即可消除干扰。

【思考题】

（1）为什么双臂电桥能够大大减小接线电阻和接触电阻对测量结果的影响？

（2）为了减小电阻率 ρ 的测量误差在被测量 R_x、d 和 l 三个直接测得量中，应特别注意哪个物理量的测量？为什么？

（3）如果低电阻的电流接头和电压接头互相接错，这样做有什么不好？

实验十一 示波器的调整和应用

示波器是一种能显示电压波形及函数图形,并能测出其大小、频率和相位的一种多功能电子仪器。它可以把人们眼睛看不见的电量和非电量的变化,转化成可见的图像,直观供人们研究。示波器广泛地应用于科学研究和生产实践中。

【实验目的】

(1) 了解通用示波器的结构和工作原理。
(2) 初步掌握通用示波器各个旋钮的作用和使用方法。
(3) 学习利用示波器观察电信号的波形,测量电压、频率和相位。

【实验原理】

电子示波器(简称示波器)能够简便地显示各种电信号的波形,一切可以转化为电压的电学量和非电学量及它们随时间作周期性变化的过程都可以用示波器来观测,示波器是一种用途十分广泛的测量仪器。

一、示波器的基本结构

示波器的主要部分有示波管、带衰减器的 Y 轴放大器、带衰减器的 X 轴放大器、扫描发生器(锯齿波发生器)、触发同步和电源等,其结构方框图如图 2-11-1 所示。为了适应各种测量的要求,示波器的电路组成是多样而复杂的,这里仅就主要部分加以介绍。

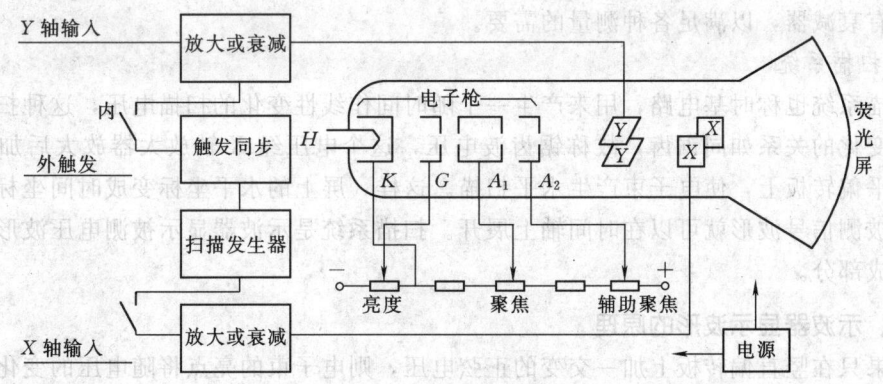

图 2-11-1 示波器基本结构

1. 示波管

如图 2-11-1 所示,示波管主要包括电子枪、偏转系统和荧光屏三部分,全都密封在玻璃外壳内,里面抽成高真空。下面分别说明各部分的作用。

(1) 电子枪:由灯丝 H、阴极 K、控制栅极 G、第一阳极 A_1、第二阳极 A_2 五部分组成。灯丝通电后加热阴极 K。阴极是一个表面涂有氧化物的金属筒,被加热后发射电子。

控制栅极 G 是一个顶端有小孔的圆筒,套在阴极外面。它的电位比阴极低,对阴极发射出来的电子起控制作用,只有初速度较大的电子才能穿过栅极顶端的小孔然后在阳极加速下奔向荧光屏。示波器面板上的"亮度"调整就是通过调节电位以控制射向荧光屏的电子流密度,从而改变了屏上的光斑亮度。阳极电位比阴极电位高很多,电子被它们之间的电场加速形成射线。当控制栅极、第一阳极、第二阳极之间的电位调节合适时,电子枪内的电场对电子射线有聚焦作用,所以第一阳极也称聚焦阳极。第二阳极电位更高,又称加速阳极。面板上的"聚焦"调节,就是调第一阳极电位,使荧光屏上的光斑成为明亮、清晰的小圆点。有的示波器还有"辅助聚焦",实际是调节第二阳极电位。

(2) 偏转系统:它由两对相互垂直的偏转板组成,一对垂直偏转板 Y,一对水平偏转板 X。在偏转板上加以适当电压,电子束通过时,其运动方向发生偏转,从而使电子束在荧光屏上的光斑位置也发生改变。容易证明,光点在荧光屏上偏移的距离与偏转板上所加的电压成正比,因而可将电压的测量转化为屏上光点偏移距离的测量,这就是示波器测量电压的原理。

(3) 荧光屏:它是示波器的显示部分,当加速聚焦后的电子打到荧光屏上时,屏上所涂的荧光物质就会发光,从而显示出电子束的位置。当电子停止作用后,荧光剂的发光需经一定时间才会停止,称为余辉效应。

2. 信号放大器和衰减器

示波管本身相当于一个多量程电压表,这一作用是靠信号放大器和衰减器实现的。由于示波管本身的 X 及 Y 轴偏转板的灵敏度不高(约 $0.1 \sim 1 \text{mm/V}$),当加在偏转板的信号过小时,要预先将小的信号电压加以放大后再加到偏转板上。为此设置 X 轴及 Y 轴电压放大器。衰减器的作用是使过大的输入信号电压变小以适应放大器的要求,否则放大器不能正常工作,使输入信号发生畸变,甚至使仪器受损。对一般示波器来说,X 轴和 Y 轴都设置有衰减器,以满足各种测量的需要。

3. 扫描系统

扫描系统也称时基电路,用来产生一个随时间作线性变化的扫描电压,这种扫描电压随时间变化的关系如同锯齿,故称锯齿波电压,这个电压经 X 轴放大器放大后加到示波管的水平偏转板上,使电子束产生水平扫描。这样,屏上的水平坐标变成时间坐标,Y 轴输入的被测信号波形就可以在时间轴上展开。扫描系统是示波器显示被测电压波形必需的重要组成部分。

二、示波器显示波形的原理

如果只在竖直偏转板上加一交变的正弦电压,则电子束的亮点将随电压的变化在竖直方向来回运动,如果电压频率较高,则看到的是一条竖直亮线。要能显示波形,必须同时在水平偏转板上加一扫描电压,使电子束的亮点沿水平方向拉开。这种扫描电压的特点是电压随时间呈线性关系增加到最大值,最后突然回到最小,此后再重复地变化。这种扫描电压即前面所说的锯齿波电压,如图 2-11-2 所示。当只有锯齿波电压加在水平偏转板上时,如果频率足够高,则荧光屏上只显示一条水平亮线。

如果在竖直偏转板上(简称 Y 轴)加正弦电压,同时在水平偏转板上(简称 X 轴)加锯齿波电压,电子受竖直、水平两个方向的力的作用,电子的运动就是两相互垂直的运动的合成。当锯齿波电压比正弦电压变化周期稍大时，在荧光屏上将能显示出完整周期的所加正弦电压的波形图，如图 2-11-3 所示。

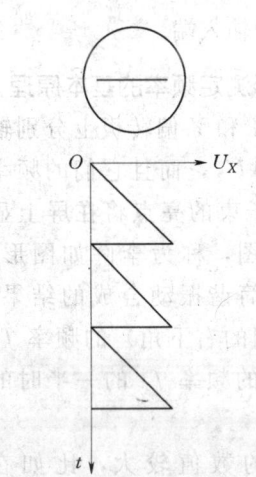

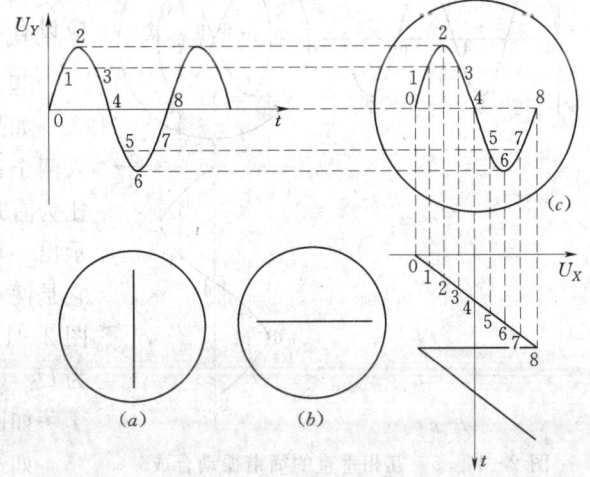

图 2-11-2 锯齿波电压　　　　　图 2-11-3 正弦电压波形图

三、同步的概念

如果正弦波和锯齿波电压的周期稍微不同，屏上出现的是一移动着的不稳定图形。这种情形可用图 2-11-4 说明。设锯齿波电压的周期 T_X 比正弦波电压周期 T_Y 稍小，比方说 $T_X/T_Y=7/8$。在第一扫描周期内，屏上显示正弦信号 0~4 点之间的曲线段；在第二周期内，显示 4~8 点之间的曲线段，起点在 4 处；第三周期内，显示 8~11 点之间的曲线段，起点在 8 处。这样，屏上显示的波形每次都不重叠，好像波形在向右移动。同理，如果 T_X 比 T_Y 稍大，则好像在向左移动。以上描述的情况在示波器使用过程中经常会出现。其原因是扫描电压的周期与被测信号的周期不相等或不成整数倍，以致每次扫描开始时波形曲线上的起点均不一样所造成的。为了使屏上的图形稳定，必须使 $T_X/T_Y=n$（$n=1, 2, 3, \cdots$），n 是屏上显示完整波形的个数。

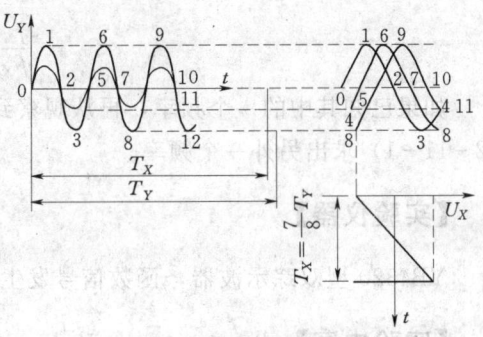

图 2-11-4 同步原理图

为了获得一定数量的波形，示波器上设有"扫描时间"（或"扫描范围"）、"扫描微调"旋钮，用来调节锯齿波电压的周期 T_X（或频率 f_X），使之与被测信号的周期 T_Y（或频率 f_Y）成合适的关系，从而在示波器屏上得到所需数目的完整的被测波形。输入 Y 轴的被测信号与示波器内部的锯齿波电压是互相独立的。由于环境或其他因素的影响，它们的周期（或频率）可能发生微小的改变。这时，虽然可通过调节扫描旋钮将周期调到整数倍的关系，但过一会儿又变了，波形又移动起来。在观察高频信号时这种问题尤为突出。为此示波器内装有扫描同步装置，让锯齿波电压的扫描起点自动跟着被测信号改变，这就称为整步（或同步）。有的示波器中，需要让扫描电压与外部某一信号同步，因此设有"触发选择"键，可选择外触发工作状态，相应设有"外触发"信号输入端。

四、用李萨如图形测定频率的基本原理

如果在示波管的 X 和 Y 偏转板上分别输入两个正弦电压 U_X 和 U_Y，而且它们的频率比为有理数，这时电子束的亮点将在屏上显示出一种特殊的轨迹图，称为李萨如图形。它是两个互相垂直的简谐振动合成的结果。图 2-11-5 是 U_X（图的右下角）的频率 f_X 为 U_Y（图的左上角）的频率 f_Y 的一半时的李萨如图形。

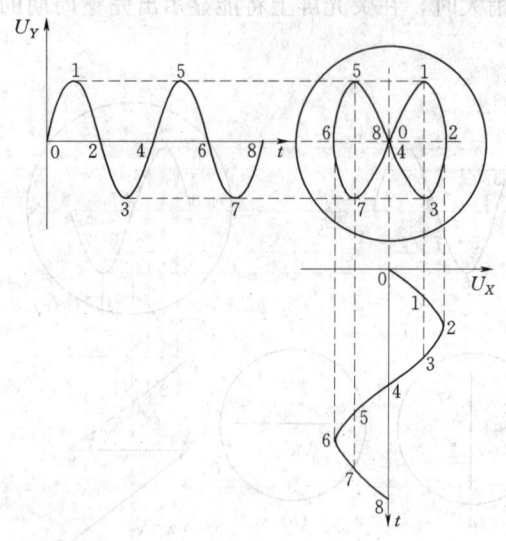

图 2-11-5　互相垂直的简谐振动合成

如果 f_X 与 f_Y 的数值较大，比如在 10∶11 以上时，李萨如图形很复杂。当 $f_X:f_Y$ 为简单整数比时可能出现的李萨如图形比较简单。图形的形状会因 U_X 和 U_Y 的初相位不同而有变化，但李萨如图形的边缘与 X 方向切线的切点数 N_X、与 Y 方向切线的切点数 N_Y 及正弦电压频率之间有如下关系：

$$\frac{f_Y}{f_X} = \frac{N_X}{N_Y} \qquad (2-11-1)$$

如果已知其中的一个频率，再从观察到的李萨如图形上数出 N_X 和 N_Y，便可根据式 (2-11-1) 求出另外一个频率。

【实验仪器】

YB4320 型双踪示波器，函数信号发生器，多路信号源。

【实验内容】

一、观察信号发生器波形

(1) 打开示波器电源，顺时针旋转辉度旋钮，将出现扫描线。并调聚焦旋钮使扫描线最细。

(2) 打开信号发生器电源，将输出频率调到 1000Hz，输出电压调到 3V，波形选择调到正弦波。

(3) 用电缆线将信号发生器输出端与示波器的"CH1"连接。按下"CH1"键，把输入耦合开关打到"AC"，在荧光屏上将显示出信号波形，适当调节幅度开关"VOLTS/DIV"可以改变信号的幅度，调节时基开关"TIME/DIV"可以改变信号的宽度。也可以把待观察的交流信号从"CH2"输入，调节方法和调节"CH1"一样。

二、测量正弦波电压、波周期和频率

调节信号发生器输出的波形、电压和频率，使其分别达到表 2-11-1 指定的波形、

电压和频率值。将"CH1 衰减"和"扫描时间"的微调旋钮置于校准位置，适当调节幅度开关"VOLTS/DIV"和时基开关"TIME/DIV"改变信号的幅度和信号的宽度。在示波器上调节出大小适中、稳定的正弦波形，选择其中一个完整的波形。将示波器探头衰减、幅度开关刻度、幅度格数、时基开关和一个周期格数记录在表 2-11-1 中。计算电压峰—峰值、周期和频率。

三、利用李萨如图形测量频率

（1）调节多路信号源输出电压 3V 频率为 1000Hz 的正弦波（教师调节），作为未知频率 f_Y 的电压 U_Y。已知频率 f_X 的电压 U_X（均为正弦电压），分别送到示波器的"CH2"和"CH1"通道，则由于两个电压的频率、振幅和相位的不同，在荧光屏上将显示各种两个不同波形。选择"X—Y"合成控制键。若两电压的频率成简单整数比时，将出现稳定的封闭曲线，称为李萨如图形。根据这个图形可以确定两电压的频率比，从而确定待测频率的大小。

（2）分别调节与"CH1"相连的信号发生器输出正弦波的频率 f_X 约为 500Hz、1000Hz、2000Hz、3000Hz、4000Hz 等。观察各种李萨如图形，微调 f_X 使其图形稳定时，记录 f_X 的确切值，再分别读出水平线和垂直线与图形的交点数。由此求出各频率比及被测频率 f_Y，记录于表 2-11-2 中，并计算出待测信号的频率。

（3）观察时图形大小不适中，可调节"V/DIV"和与 X 轴相连的信号发生器输出电压。

【数据记录与处理】

表 2-11-1　　　　　　　　　波形参数测量记录表

参数 波形	信号发生器读数		测量值					计算值		
				纵轴（CH1）		扫描时间				
	频率 f（Hz）	电压 V_{p-p} (V)	探头衰减 系数	幅度开关 刻度 (V/div)	显示幅度 格数 (div)	时基开关 刻度 (ms/div)	一个周期 格数 (div)	电压 峰—峰值 (V)	波的周期 (ms)	波的频率 (Hz)
正弦波	1000	6.0								
锯齿波	500	6.0								
正弦波	50	2.0								

表 2-11-2　　　　　　　　　用李萨如图形测正弦波频率记录表

标准信号频率 f_X（Hz）	500	1000	2000	3000	4000
李萨如图形（稳定时）					
频比＝$\dfrac{水平线交点数 N_X}{垂直线交点数 N_Y}$					
待测电压频率 $f_Y=f_X N_X/N_Y$					
f_Y 的平均值（Hz）					

注　信号发生器的输出信号接"CH1（X）"；多路信号源的输出信号（频率1000Hz）接"CH2（Y）"。

【注意事项】

实验示波器时要轻轻旋动旋钮,但旋钮转不动时,切不可强拉。

【思考题】

(1) 示波器为什么能显示被测信号的波形?
(2) 荧光屏上无光点出现,有几种可能的原因?怎样调节才能使光点出现?
(3) 荧光屏上波形移动,可能是什么原因引起的?

实验十二 电表改装与校准

电表在电学测量中有着广泛的应用，因此如何了解电表和使用电表就显得十分重要。电流计（表头）由于构造的原因，一般只能测量较小的电流和电压，如果要用它来测量较大的电流或电压，就必须进行改装，以扩大其量程。万用表就是对微安表头进行多量程改装而来，在电路的测量和故障检测中得到了广泛的应用。

【实验目的】

(1) 测量表头内阻 R_g 及满度电流 I_g。
(2) 掌握将 $100\mu A$ 表头改成较大量程的电流表和电压表的方法。
(3) 设计一个 $R_{中}=10k\Omega$ 的欧姆表，要求 E 在 $1.35\sim 1.6V$ 范围内使用并能调零。
(4) 用电阻器校准欧姆表，画校准曲线，并根据校准曲线用组装好的欧姆表测未知电阻。
(5) 掌握校准电流表和电压表的方法。

【实验原理】

常见的磁电式电流计主要由放在永久磁场中的由细漆包线绕制的可以转动的线圈、用来产生机械反力矩的游丝、指示用的指针和永久磁铁所组成。当电流通过线圈时，载流线圈在磁场中就产生磁力矩 $M_{磁}$，使线圈转动并带动指针偏转。线圈偏转角度的大小与线圈通过的电流大小成正比，所以可由指针的偏转角度直接指示出电流值。

一、测量量程 I_g、内阻 R_g

电流计允许通过的最大电流称为电流计的量程，用 I_g 表示，电流计的线圈有一定内阻，用 R_g 表示，I_g 与 R_g 是两个表示电流计特性的重要参数。

测量内阻 R_g 常用的方法有以下两种。

1. 半电流法

半电流法也称中值法，测量原理图如图 2-12-1 所示。当被测电流计接在电路中时，使电流计满偏，再用十进位电阻箱与电流计并联作为分流电阻改变电阻值，即改变分流程度，当电流计指针指示到中间值，且总电流强度仍保持不变，显然这时分流电阻值就等于电流计的内阻。

2. 替代法

测量原理图如图 2-12-2 所示。当被测电流计接在电路中时，用十进位电阻箱替代它，且改变电阻值，当电路中的电压不变时，且电路中的电流亦保持不变，则电阻箱的电阻值即为被测电流计内阻。

替代法是一种运用很广的测量方法，具有较高的测量准确度。

二、改装为大量程电流表

根据电阻并联规律可知，如果在表头两端并联上一个阻值适当的电阻 R_2，如图

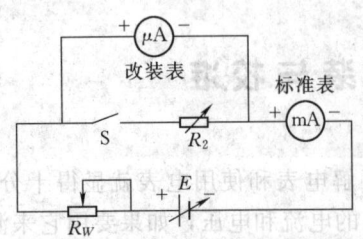

图 2-12-1 中值法原理图　　　　图 2-12-2 替代法原理图

2-12-3所示,可使表头不能承受的那部分电流从 R_2 上分流通过。这种由表头和并联电阻 R_2 组成的整体(图中虚线框住的部分)就是改装后的电流表。如需将量程扩大 n 倍,则不难得出:

$$R_2 = R_g/(n-1) \tag{2-12-1}$$

图 2-12-3 为扩流后的电流表原理图。用电流表测量电流时,电流表应串联在被测电路中,所以要求电流表应有较小的内阻。另外,在表头上并联阻值不同的分流电阻,便可制成多量程的电流表。

三、改装为电压表

一般表头能承受的电压很小,不能用来测量较大的电压。为了测量较大的电压,可以给表头串联一个阻值适当的电阻 R_W,如图 2-12-4 所示,使表头上不能承受的那部分电压降落在电阻 R_W 上。这种由表头和串联电阻 R_W 组成的整体就是电压表,串联的电阻 R_W 叫做扩程电阻。选取不同大小的 R_W,就可以得到不同量程的电压表。由图 2-12-4 可求得扩程电阻值为:

$$R_W = \frac{U}{I_g} - R_g \tag{2-12-2}$$

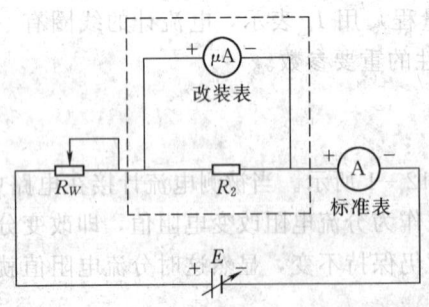

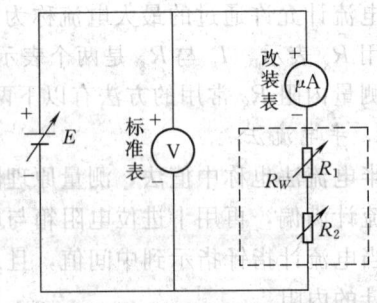

图 2-12-3 改装电流表　　　　图 2-12-4 改装电压表

用电压表测电压时,电压表总是并联在被测电路上。为了不致因为并联了电压表而改变电路中的工作状态,要求电压表应有较高的内阻。

四、改装微安表为欧姆表

用来测量电阻大小的电表称为欧姆表。根据调零方式的不同,可分为串联分压式和并联分流式两种。其原理电路如图 2-12-5 所示。

图中 E 为电源,R_3 为限流电阻,R_W 为调"零"电位器,R_X 为被测电阻,R_g 为等效表头内阻。图 2-12-5（b）中，R_G 与 R_W 一起组成分流电阻。欧姆表使用前先要调"零"点，即 a、b 两点短路，（相当于 $R_X=0$），调节 R_W 的阻值，使表头指针正好偏转到满度。可见，欧姆表的零点是就在表头标度尺的满刻度（即量限）处，与电流表和电压表的零点正好相反。

在图 2-12-5（a）中，当 a、b 端接入被测电阻 R_X 后，电路中的电流为：

$$I = \frac{E}{R_g + R_w + R_3 + R_X} \tag{2-12-3}$$

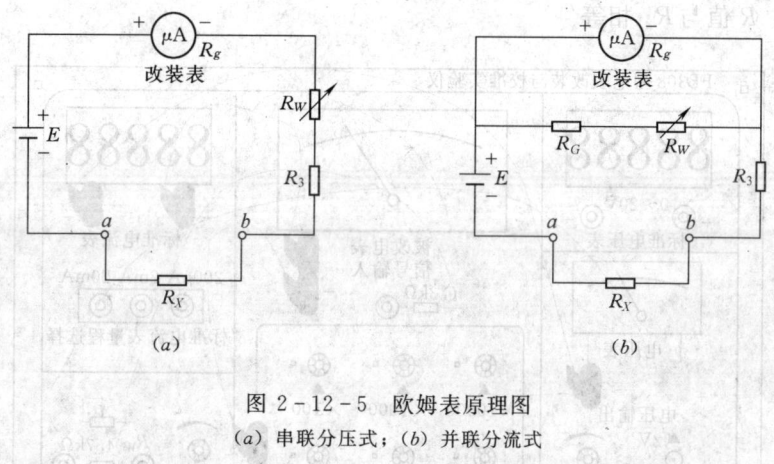

图 2-12-5 欧姆表原理图
(a) 串联分压式；(b) 并联分流式

对于给定的表头和线路来说，R_g、R_w、R_3 都是常量。由此可见，当电源端电压 E 保持不变时，被测电阻和电流值有一一对应的关系，即接入不同的电阻，表头就会有不同的偏转读数，R_X 越大，电流 I 越小。短路 a、b 两端，即 $R_X=0$ 时：

$$I = \frac{E}{R_g + R_w + R_3} = I_g \tag{2-12-4}$$

这时指针满偏。

当 $R_X = R_g + R_w + R_3$ 时：

$$I = \frac{E}{R_g + R_w + R_3 + R_X} = \frac{1}{2} I_g \tag{2-12-5}$$

这时指针在表头的中间位置对应的阻值为中值电阻，显然 $R_中 = R_g + R_w + R_3$。

当 $R_X = \infty$（相当于 a、b 开路）时，$I=0$，即指针在表头的机械零位。所以欧姆表的标度尺为反向刻度，且刻度是不均匀的，电阻 R 越大，刻度间隔越密。如果表头的标度尺预先按已知电阻值刻度，就可以用电流表来直接测量电阻了。

并联分流式欧姆表利用对表头分流来进行调零的，具体参数可自行设计。

欧姆表在使用过程中电池的端电压会有所改变，而表头的内阻 R_g 及限流电阻 R_3 为常量，故要求 R_w 要跟着 E 的变化而改变，以满足调"零"的要求，设计时用可调电源模拟电池电压的变化，范围取 1.35～1.6V 即可。

【实验仪器】

FB308 型电表改装与校准实验仪

【实验内容】

一、中值法或替代法测出表头的内阻

中值法测量可参考图 2-12-6 接线。先将 E 调至 $0V$，接通 E、R_w，被改装表和标准电流表后，先不接入电阻箱 R，调节 E 中 R_w 使改装表头满偏，记住标准表的读数，此电流即为改装表头的满度电流 I_g；再接入电阻箱 R（图中虚线所示）。改变 R 数值，使被测表头指针从满度 $100\mu A$ 降低到 $50\mu A$ 处。注意调节 E 或 R_w，使标准电流表的读数保持不变。此时，R 值与 R_g 相等。

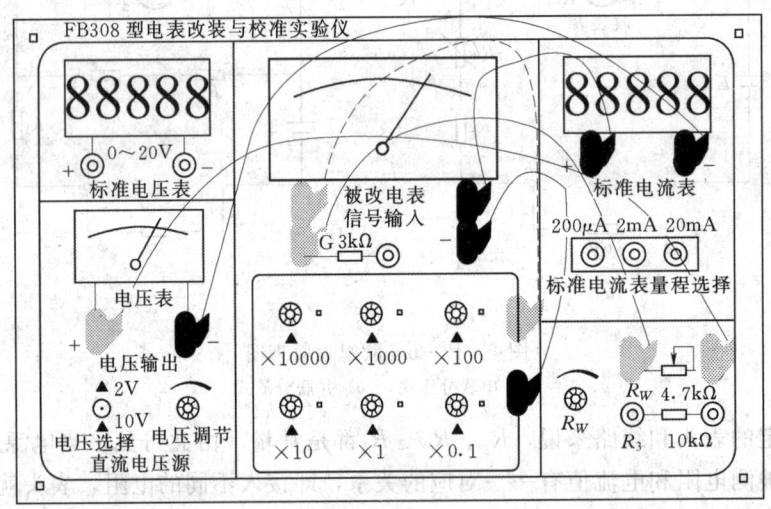

图 2-12-6 中值法测量表头内阻

替代法测量可参考图 2-12-7 接线。先将 E 调至 $0V$，接通 E、R_w，被改装表和标准电流表后，调节 E 中 R_w 使改装表头满偏，记录标准表的读数，此值即为被改装表头的

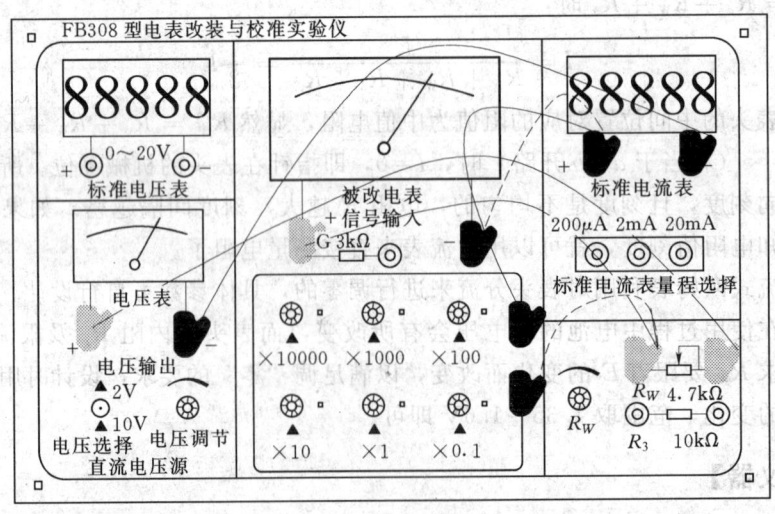

图 2-12-7 替代法测量表头内阻

满度电流 I_g；再断开接到改装表头的接线，转接到电阻箱 R（图中虚线所示），调节 R 使标准电流表的电流保持刚才记录的数值。这时电阻箱 R 的数值即为被测表头内阻 R_g。

二、将一个量程为 100μA 的表头改装成 1mA（或自选）量程的电流表

（1）根据电路参数，估计 E 值大小，并根据式（2-12-1）计算出分流电阻值。

（2）参考图 2-12-8 接线，先将 E 调至 0V，检查接线正确后，调节 E 和滑动变阻器 R_W，使改装表指到满量程，这时记录标准表读数。注意：R_W 作为限流电阻，阻值不要调至最小值。然后每隔 0.2mA 逐步减小读数直至零点，再按原间隔逐步增大到满量程，每次记下标准表相应的读数于表 2-12-1。

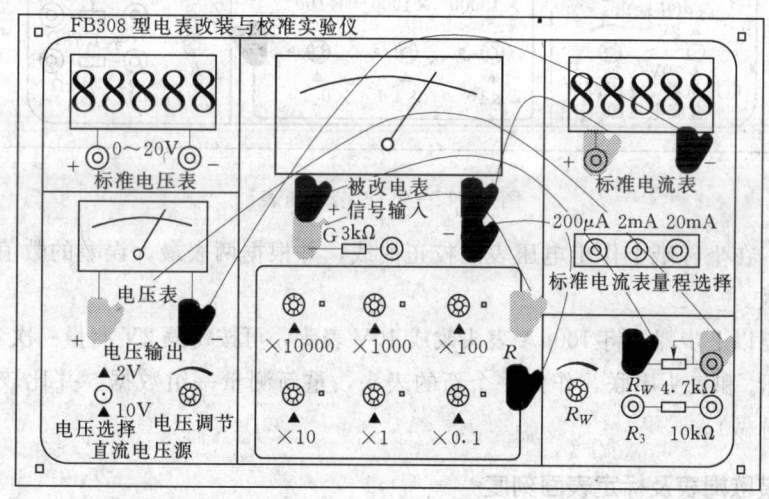

图 2-12-8 改装电流表

（3）以改装表读数为横坐标，以标准表由大到小及由小到大调节时 $\Delta I = |I_标 - I_校|$ 值为纵坐标，在坐标纸上作出电流表的校正曲线，并根据两表最大误差的数值定出改装表的准确度等级。

（4）重复以上步骤，将 100μA 表头改成 10mA 表头，可按每隔 2mA 测量一次（可选做）。

（5）将 R_g 和表头串联，作为一个新的表头，重新测量一组数据，并比较扩流电阻有何异同（可选做）。

三、将一个量程为 100μA 的表头改装成 1.5V（或自选）量程的电压表

（1）根据电路参数估计 E 的大小，根据式 2-12-2 计算扩程电阻 R_W 的阻值，可用电阻箱 R 进行实验。按图 2-12-9 进行连线，先调节 R 值至最大值，再调节 E；用标准电压表监测到 1.5V 时，再调节 R 值，使改装表指示为满度。于是 1.5V 电压表就改装好了。

（2）用数显电压表作为标准表来校准改装的电压表。调节电源电压，使改装表指针指到满量程（1.5V），记下标准表读数。然后每隔 0.3V 逐步减小改装读数直至零点，再按原间隔逐步增大到满量程，每次记下标准表相应的读数于表 2-12-2。

（3）以改装表读数为横坐标，标准表由大到小及由小到大调节时 $\Delta U = |U_标 - U_校|$

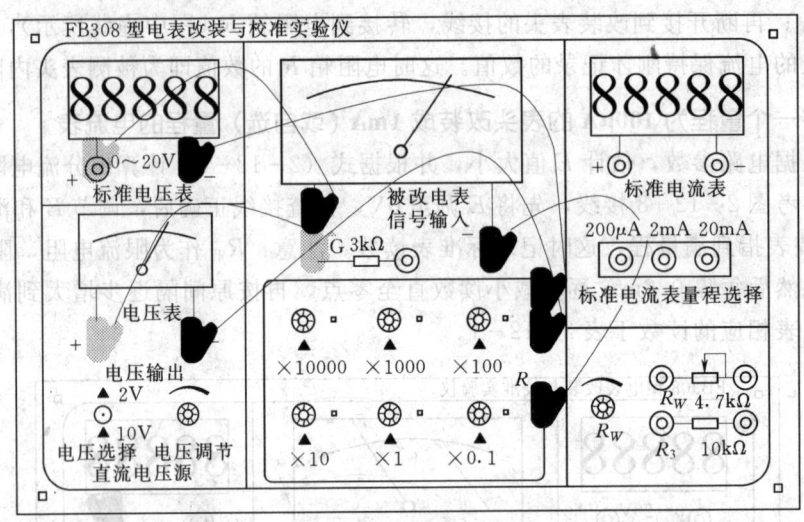

图 2-12-9 改装电压表

值为纵坐标，在坐标纸上作出电压表的校正曲线，并根据两表最大误差的数值定出改装表的准确度等级。

（4）重复以上步骤，将 100μA 表头改成 10V 表头，可按每隔 2V 测量一次（可选做）。

（5）将 R_g 和表头串联，作为一个新的表头，重新测量一组数据，并比较扩程电阻有何异同（可选做）。

四、改装欧姆表及标定表面刻度

（1）根据表头参数 I_g 和 R_g 以及电源电压 E，选择 R_W 为 4.7kΩ，R_3 为 10kΩ。

（2）按图 2-12-10 进行连线。调节电源 $E=1.5$V，短路 a、b 两接点，调 R_W 使表头指示为零。如此，欧姆表的调零工作即告完成。

（3）测量改装成的欧姆表的中值电阻。如图 2-12-10 中虚线所示，将电阻箱 R（即

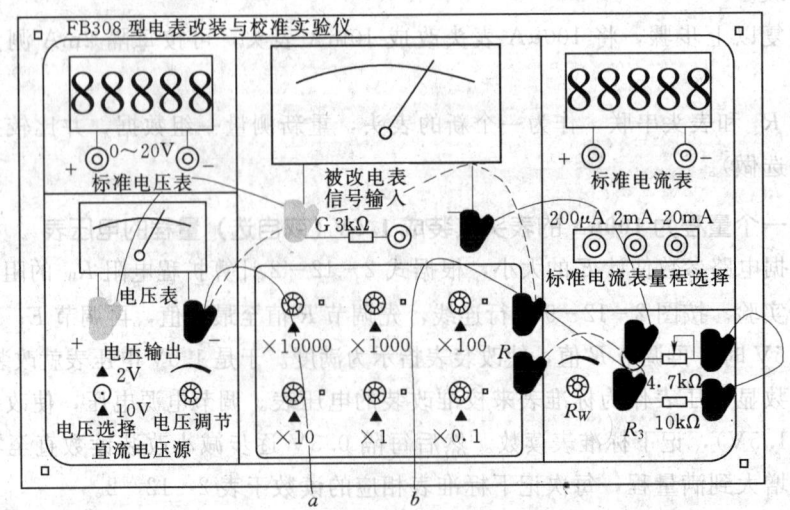

图 2-12-10 改装串联分压式欧姆表

R_X）接于欧姆表的 a、b 测量端，调节 R，使表头指示到正中，这时电阻箱 R 的数值即为中值电阻 $R_中$。

（4）取电阻箱的电阻为一组特定的数值 R_{Xi}，读出相应的偏转格数。记录于表 2-12-3，利用所得读数 R_{Xi}、div 绘制出改装欧姆表的标度盘。

（5）确定改装欧姆表的电源使用范围。短接 a、b 两测量端，将工作电源放在 0~2V 一档，调节 $E=1V$ 左右，先将 R_w 逆时针调到低，调节 E 直至表头满偏，记录 E_1 值；接着将 R_w 顺时针调到低，再调节 E 直至表头满偏，记录 E_2 值，E_1~E_2 值就是欧姆表的电源使用范围。

（6）按图 2-12-10 进行连线，设计一个并联分流式欧姆表并进行连线、测量。试与串联分压式欧姆表比较，有何异同（可选做）。

【数据记录与处理】

（1）用中值法或替代法测出表头的内阻。
中值法：$I_g=$ ＿＿＿＿＿＿ μA；$R_g=$ ＿＿＿＿＿＿ Ω。
替代法：$I_g=$ ＿＿＿＿＿＿ μA；$R_g=$ ＿＿＿＿＿＿ Ω。
（2）将一个量程为 $100\mu A$ 的表头改装成 1mA（或自选）量程的电流表。
$$R_2 = R_g/(n-1) =$$

表 2-12-1　　　　　　　　　　改装电流表数据记录表

改装表读数 (μA)	标准表读数（mA）			误差 ΔI (mA)
	减小时	增大时	平均值	
20				
40				
60				
80				
100				

以改装表读数为横坐标，以标准表由大到小及由小到大调节时 $\Delta I=|I_标-I_校|$ 值为纵坐标，在坐标纸上作出电流表的校正曲线。

（3）将一个量程为 $100\mu A$ 的表头改装成 1.5V（或自选）量程的电压表。

表 2-12-2　　　　　　　　　　改装电压表数据记录表

改装表读数 (V)	标准表读数（V）			示值误差 ΔU (V)
	减小时	增大时	平均值	
0.3				
0.6				
0.9				
1.2				
1.5				

以改装表读数为横坐标，标准表由大到小及由小到大调节时 $\Delta U = |U_{标} - U_{校}|$ 值为纵坐标，在坐标纸上作出电压表的校正曲线。

(4) 改装欧姆表及标定表面刻度。

$E = \underline{\hspace{2cm}}$ V, $R_{中} = \underline{\hspace{2cm}}$ Ω

表 2-12-3　　　　　改装欧姆表数据记录表

R_{Xi}（Ω）	$\frac{1}{5}R_{中}$	$\frac{1}{4}R_{中}$	$\frac{1}{3}R_{中}$	$\frac{1}{2}R_{中}$	$R_{中}$	$2R_{中}$	$3R_{中}$	$4R_{中}$	$5R_{中}$
偏转格数（div）									

【注意事项】

(1) 仪器内部有限流保护措施，但工作时尽可能避免工作电源短路（或近似短路），以免造成仪器元器件等不必要的损失。

(2) 实验时应注意电压源的输出量程选择是否正确，0~10V 量程一般只用于电压表改装，其余电流表及欧姆改装建议选用 0~2V 量程。

(3) 仪器采用开放式设计，在连接插线时要注意：被改装表头只允许通过 100μA 的小电流，过载时会损坏表头！要仔细检查线路和电路参数无误后才能将改装表头接入使用。

(4) 仪器采用高可靠性能的专用连接线，正常的使用寿命很长。但使用时注意不要用力过猛，插线时要对准插孔，避免使插头的塑料护套变形。

【思考题】

(1) 测量电流计内阻应注意什么？是否还有别的办法来测定电流计内阻？能否用欧姆定律来进行测定？能否用电桥来进行测定？

(2) 设计 $R_{中} = 10\text{k}\Omega$ 的欧姆表，现有两块量程 100μA 的电流表，其内阻分别为 2500Ω 和 1000Ω，你认为选哪块较好？

(3) 若要求制作一个线性量程的欧姆表，有什么方法可以实现？

实验十三 RLC 电路的稳态过程研究

在交流电或电子电路的研究中，常需要通过电阻、电感、电容元件不同组合的电路，用来改变输入正弦信号和输出正弦信号之间的相位差，或构成放大电路、振荡电路、选频电路、滤波电路等，因此，研究 RLC 电路及其过程，在物理学、工程技术上都很有意义。本实验着重研究 RC、RL 和 RLC 电路的稳态特性。

【实验目的】

1. 研究交流信号在 RC、RL 和 RLC 串联电路中的相频和幅频特性。
2. 学习使用双踪示波器，掌握相位差的测量方法。
3. 复习、巩固交流电路中的矢量图解法和复数表示法。

【实验原理】

描述任何一个正弦交流量，都可以由三个参数确定。这三个参数是振幅、频率（或角频率或周期，它们之间的关系为 $\omega = \dfrac{2\pi}{T} = 2\pi f$）以及相位。例如：

交变电动势： $e(t) = E\cos(\omega t + \varphi_e)$

交变电压： $u(t) = U\cos(\omega t + \varphi_u)$

交变电流： $i(t) = I\cos(\omega t + \varphi_i)$

E、U、I 分别为交流电动势、电压和电流的峰值。在实际应用中，几乎所有的交流电表都是按正弦信号的有效值来标度的。正弦交流电的有效值与峰值之间的关系为：有效值等于峰值的 $\dfrac{1}{\sqrt{2}}$，例如 $U_{有效} = \dfrac{1}{\sqrt{2}} U$。$\omega t + \varphi$ 称为相位，φ 称为初相位。正弦电压、电流之间除了存在量值大小不同之外，还存在着相位差。所以与直流电路不同，在交流电路中，电压、电流峰值（或有效值）之比，称为阻抗，表达式如下：

$$Z = \frac{U}{I} = \frac{U_{有效}}{I_{有效}}$$

另一个是两者相位之差：

$$\varphi = \varphi_U - \varphi_I$$

Z 和 φ 两个量就代表着元件本身的特性。

对电阻元件，阻抗 $Z_R = R$，$\varphi = 0$，说明电阻上电压与电流同相位，其阻抗 Z_R 就是电阻值 R。

对电容元件，容抗 $Z_C = \dfrac{1}{\omega C}$，$\varphi = -\dfrac{\pi}{2}$，说明容抗是与频率和电容器的容量成反比的，频率越高、电容器的容量越大，则容抗越小。在电容器上，电压的相位落后电流相位 $\dfrac{\pi}{2}$。

对电感元件，感抗 $Z_L = \omega L$，$\varphi = \dfrac{\pi}{2}$，说明感抗是随频率线性增长的，并正比于电感

L，在电感上，电压的相位超前电流相位 $\frac{\pi}{2}$。

以上分析说明，电容、电感的元件特性均与频率有关，且具有相反的性质，而电阻介于两者之间。本实验主要研究 RC 和 RL 串联电路中电压值随频率变化的规律（称幅频特性），电压与电流间的相位差随频率变化的规律（称相频特性）以及 RLC 串联电路的相频特性。

一、RC 串联电路的幅频特性和相频特性

RC 串联电路如图 2-13-1 (a) 所示，由于交流电路中的电压和电流不仅有大小变化，而且还有相位差别，因此常用复数或矢量法来研究，由复电压（$\tilde{U}$）与复电流（$\tilde{I}$）之比得到的阻抗也是复数，即复阻抗 Z。RC 电路的复阻抗为：

$$Z = R - j\frac{1}{C\omega} \qquad (2-13-1)$$

其阻抗幅值为：

$$|Z| = \sqrt{R^2 + \left(\frac{1}{C\omega}\right)^2} \qquad (2-13-2)$$

由于电阻值和频率无关，电阻两端电压与电流同相位，若用矢量求解法则应以电流为参考矢量，作 U_R、U_C 及其合成的总电压 U 的矢量图，如图 2-13-1 (b) 所示。

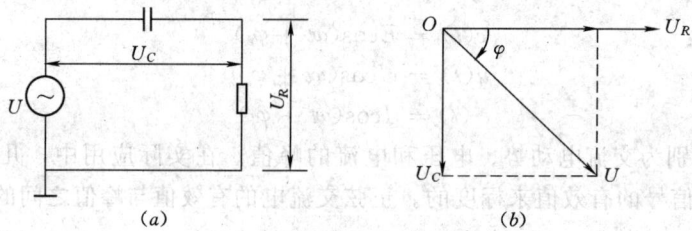

图 2-13-1 RC 串联电路、相位图

总电压：

$$U = \sqrt{U_R^2 + U_C^2} = I\sqrt{R^2 + \left(\frac{1}{C\omega}\right)^2} \qquad (2-13-3)$$

U 落后于 I 的相位：

$$\varphi = -\arctan\frac{1}{C\omega R} \qquad (2-13-4)$$

R 两端电压：

$$U_R = U\cos\varphi = \frac{UR}{\sqrt{R^2 + \left(\frac{1}{C\omega}\right)^2}} = \frac{URC\omega}{\sqrt{1+(RC\omega)^2}} \qquad (2-13-5)$$

C 两端电压：

$$U_C = U\sin\varphi = \frac{U}{\sqrt{1+(RC\omega)^2}} \qquad (2-13-6)$$

根据式（2-13-2）可画出 $|Z|-\omega$ 曲线，如图 2-13-2 (a) 所示，当 $\omega \to 0$ 时，

$|Z_R|=R$，$|Z_C|\to\infty$，$|Z|\to\infty$；当 $\omega\to\infty$ 时，$|Z_R|=R$，$|Z_C|=\dfrac{1}{C\omega}\to 0$，$|Z|\to R$。综上可知：

(1) 总阻抗在低频时趋于无穷大，在高频时趋于 R 值，反映了电容具有"高频短路、低频开路"的性质。

(2) 根据式（2-13-4）可画出 $\varphi-\omega$ 曲线，如图 2-13-2（b）所示，φ 表示 RC 串联电路中的总电压落后于电流的相位，φ 随 ω 的增加逐渐趋于零，随 ω 减小逐渐趋于 $-\dfrac{\pi}{2}$，利用相频特性可组成各种相移电路。

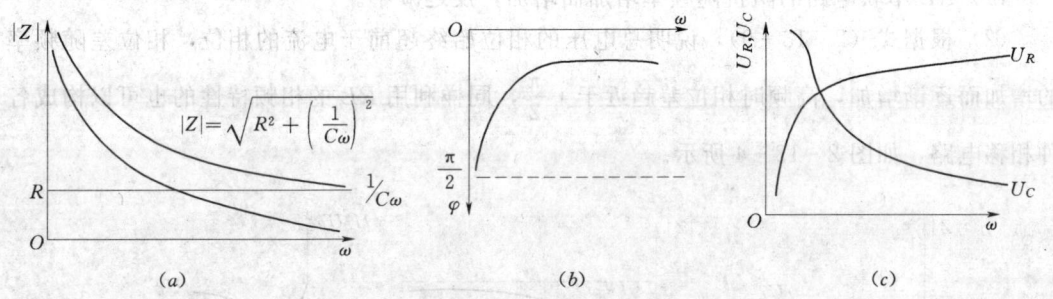

图 2-13-2 RC 串联电路幅频和相频曲线图
(a) $|Z|\sim\omega$ 曲线；(b) $\varphi\sim\omega$ 曲线；(c) $U_R,U_C\sim\omega$ 曲线

(3) 若总电压 U 保持不变，根据式（2-13-5）、式（2-13-6）可画出 U_C，$U_R\sim\omega$ 曲线，即幅频特性曲线，如图 2-13-2（c）所示，U_C 与 U_R 随 ω 的变化正好相反，由式（2-13-6）可知，在低频时总电压主要降落在电容器两端，高频时总电压主要降落在电阻两端，利用幅频特性可把各种频率分开，组成各种滤波电路。

二、RL 串联电路的幅频特性和相频特性

RL 电路如图 2-13-3（a）所示。

复阻抗：
$$Z = R + jL\omega \tag{2-13-7}$$

阻抗幅值：
$$|Z| = \sqrt{R^2 + (L\omega)^2} \tag{2-13-8}$$

总电压：
$$U = \sqrt{U_R^2 + U_L^2} = I\sqrt{R^2 + (L\omega)^2}$$

从矢量图解[如图 2-13-3（b）所示]可看出，总电压 U 超前于 I，

相位差：
$$\varphi = \arctan\dfrac{L\omega}{R} \tag{2-13-9}$$

R 两端电压：
$$U_R = U\cos\varphi = \dfrac{UR}{\sqrt{R^2+(L\omega)^2}} \tag{2-13-10}$$

L 两端电压：
$$U_L = U\sin\varphi = \dfrac{UL\omega}{\sqrt{R^2+(L\omega)^2}} \tag{2-13-11}$$

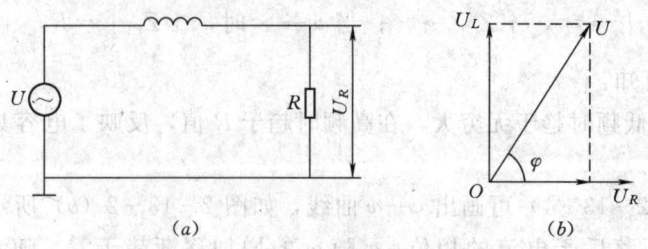

图 2-13-3 RL 串联电路图、相位图

综上可知：

(1) RL 串联电路的阻抗随频率增加而增加，反之减小。

(2) 根据式（2-13-9），说明总电压的相位始终超前于电流的相位，相位差随频率的增加而逐渐增加，高频时相位差趋近于 $+\dfrac{\pi}{2}$，同样利用 RL 的相频特性的也可以构成各种相移电路，如图 2-13-4 所示。

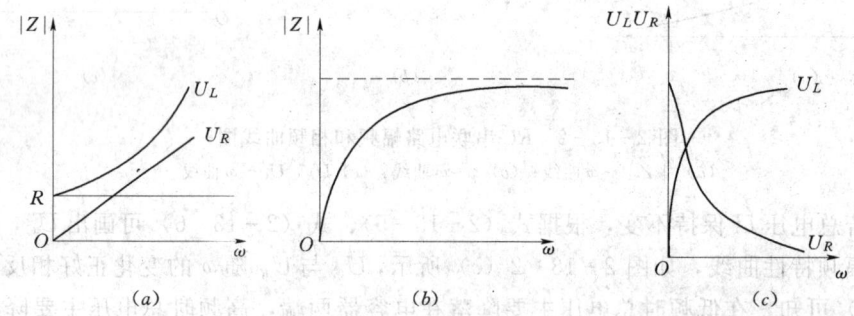

图 2-13-4 RL 串联电路的幅频、相频特性曲线图

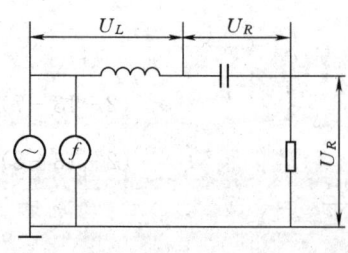

图 2-13-5 RLC 串联电路图

(3) 若总电压维持不变，U_L 与 U_R 随 ω 的变化趋势正好相反，低频时电压主要降落在电阻两端，高频时电压主要降落在电感两端，这说明电感具有"高频开路，低频短路"的性质，利用 RL 幅频特性也可组成各种滤波器。

三、RLC 串联电路的相频特性

RLC 串联电路如图 2-13-5 所示。

复阻抗：

$$Z = R + j\left(L\omega - \dfrac{1}{C\omega}\right)$$

$$\varphi = \arctan\left(\dfrac{L\omega - \dfrac{1}{C\omega}}{R}\right) \quad (2-13-12)$$

现分下列三种情况讨论：

(1) 当 $\omega L = \dfrac{1}{C\omega}$ 时，$\varphi = 0$，总电压与电流同相位，电路中阻抗最小，呈纯电阻，此

时电路中电流达到最大值，称为串联谐振现象，谐振频率为：

$$f_0 = \frac{1}{2\pi\sqrt{LC}} \qquad (2-13-13)$$

（2）当 $\omega L - \frac{1}{C\omega} > 0$，电路呈电感性，$\varphi > 0$，表示总电压的相位超前于电流的相位，随 ω 增大 φ 趋于 $\frac{\pi}{2}$。

（3）当 $\omega L - \frac{1}{C\omega} < 0$，电路呈电容性，$\varphi < 0$，表示总电压的相位落后于电流的相位，随 ω 减小 φ 趋于 $-\frac{\pi}{2}$。三种情况矢量图解如图 2-13-6（a）、(b)、(c) 所示。

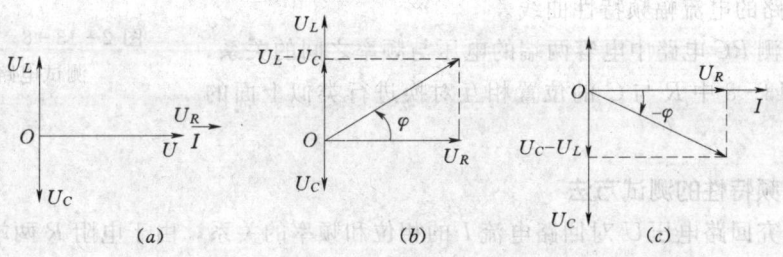

图 2-13-6　RLC 串联电路矢量图

$$\tan\varphi = \frac{L\omega - \frac{1}{C\omega}}{R} = \frac{1}{R}\sqrt{\frac{L}{C}}\left(\sqrt{LC}\,\omega - \frac{1}{\sqrt{LC}\,\omega}\right)$$

$$= \frac{1}{R}\sqrt{\frac{L}{C}}\left(\frac{\omega}{\omega_0} - \frac{\omega_0}{\omega}\right)$$

其中：　　　　　　$\omega_0 = \frac{1}{\sqrt{LC}}$

令 $Q = \frac{1}{R}\sqrt{\frac{L}{C}}$，即为 RLC 串联电路的品质因数。则：

$$\tan\varphi = Q\left(\frac{\omega}{\omega_0} - \frac{\omega_0}{\omega}\right) = Q\left(\frac{f}{f_0} - \frac{f_0}{f}\right)$$
$$(2-13-14)$$

式（2-13-14）表示如以 $\left(\frac{f}{f_0} - \frac{f_0}{f}\right)$ 为自变量 x，以 $\tan\varphi$ 为应变量 y，则函数 $y = Qx$ 为一斜率为 Q、通过原点的直线，而

$$\varphi = \arctan\left[Q\left(\frac{\omega}{\omega_0} - \frac{\omega_0}{\omega}\right)\right]$$

φ 随 $\left(\frac{\omega}{\omega_0} - \frac{\omega_0}{\omega}\right)$ 的变化曲线如图 2-13-7 所示。

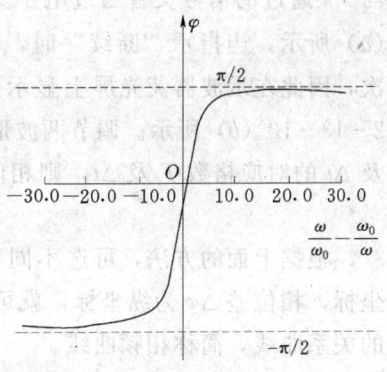

图 2-13-7　RLC 串联电路的相频曲线图

四、幅频特性的测试方法

这是研究回路电流 I 与频率 f 的关系,以 RC 串联电路为例,如图 2-13-8 所示,S 为低频信号发生器,R 为可变电阻箱,C 为可变电容箱,V 为交流毫伏表,K 为单刀双掷开关,f 为数字频率计。

当开关接到"2"时,交流电压表测量 S 的输出电压有效值,调节 S 的输出幅度,保持在各种频率测量时,V 严格恒定。当开关接到"1"时,交流电压表测量的是 R 两端的电压 U_R。取不同的频率值,U 保持不变,测出各种频率时的 U_R 值,并算出 I 值。取 f 为横坐标,I 或 U_R 为纵坐标,就可绘出 RC 电路的电流或电阻两端电压与频率的特性曲线,简称 RC 电路的电流幅频特性曲线。

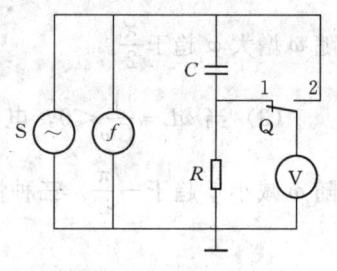

图 2-13-8 RC 幅频测试电路图

如果要测 RC 电路中电容两端的电压与频率之间的关系,可将图 2-13-8 中 R 与 C 的位置相互对换进行类似上面的测量。

五、相频特性的测试方法

这是研究回路电压 U 对回路电流 I 的相位和频率的关系,由于电阻 R 两端电压 U_R 和通过的电流 I 的相位总相同,因而可以用 U_R 代替 I 去和 U 比较相位。

1. 用双踪示波器去比较测量

若要测量 RC 电路中回路电压对回路电流的相位和频率的关系,可按图 2-13-9 的测量电路接线。双踪示波器的两个信号输入端 Y_A、Y_B 分别与电阻 R 和信号发生器 S 的输出端相连,此外为了使示波器的水平扫描完全与 Y_A、Y_B 信号同步来测量两信号的相位差,S 输出还要与示波器的"外触发"端钮相连,并且将"触发"选择旋钮转到"外"的位置。选择开关用来对示波

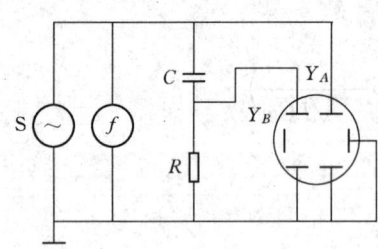

图 2-13-9 相位差与频率关系测量图

器工作状态进行选择,当指示"交替"时,表示双踪的工作状态是在一个扫描时间内 Y_A 与 Y_B 通过的信号交替通过电子交换器,在荧光屏上同时显出两个波形,如图 2-13-10 (a) 所示。当指示"断续"时,在一个扫描时间内 Y_A、Y_B 信号分别通过电子交换器 n 次,因此在示波器荧光屏上显示两个断续光点的波形,通常适用于测量低频信号,如图 2-13-10 (b) 所示。调节两波形的竖直位置使 x 轴重合,参照图 2-13-10 (a) 测量 T 及 Δt 的对应格数 T 及 Δt,则相位差 $\Delta \varphi$(以弧度为单位)为:

$$\Delta \varphi = 2\pi \Delta t / T$$

根据上面的方法,可选不同频率的正弦波输出,测得对应的相位差,以频率 f 为横坐标,相位差 $\Delta \varphi$ 为纵坐标,就可画出 RC 电路的电流与外加电压 U 之间的相位差和频率的关系曲线,简称相频曲线。

如果图 2-13-9 中的电容器改用电感线圈 L,就可用来测量 RL 电路的相频特性。如果在 C 和 R 中间再串一只线圈 L,就可用来测量 RLC 电路的相频特性,这里指的相频是

总电压和电路中的电流之间的相位差和频率的关系。

2. 李萨如图形法

将 U_R 和 U 分别接到示波器的 X、Y 输入端,扫描旋钮选择调离扫描档,则显示如图 2-13-11 所示的椭圆,参照此图测量 $2a$ 和 $2x$ 对应的格数 n_a、n_x,则相位差:

$$\Delta\varphi = \arcsin\left(\frac{n_x}{n_a}\right) \qquad (2-13-15)$$

测量不同频率的 $\Delta\varphi$ 值,作 $\Delta\varphi \sim f$ 曲线。

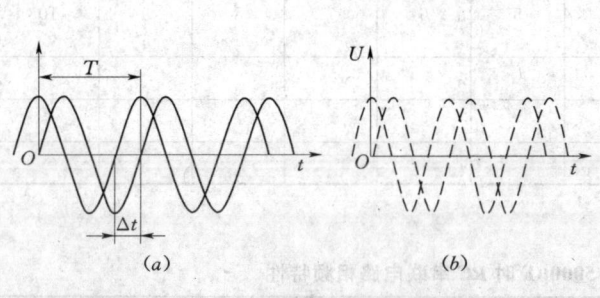
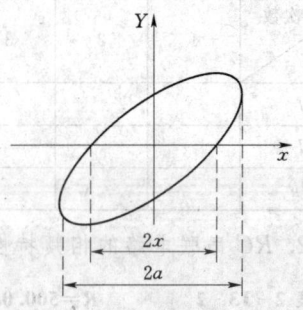

图 2-13-10　U_R,U 的波形图　　　图 2-13-11　U_R,U 的合成图

【实验仪器】

双踪示波器,RC 串联电路,RL 电路,RLC 串联电路。

【实验内容】

(1) RC 串联电路幅频特性的测定。参照图 2-13-8 接电路,取 $R=500.0\Omega$,$C=0.5000\mu F$,在测量不同 f 的 U_R 时,必须使 U 值保持恒定(例如取 $U=1.00V$),频率 f 从 $100\sim1500Hz$ 之间变化 10 种。作 $I\sim f$ 幅频特性曲线或 $U_R\sim f$ 曲线。按照同样方法测量和描绘 $U_C\sim f$ 特性曲线。

(2) 选取 $f=1000Hz$ 所测得的 U_R、U_C 值,根据矢量图解法计算 $U_{总}$ 和 φ 值,并与实验值加以比较,计算相对偏差。

(3) RC 串联电路的相频特性的测定:参照图 2-13-9 接电路,取 $R=500.0\Omega$,$C=0.5000\mu F$,频率在 $100\sim1500Hz$ 间改变 10 种,测出各频率对应的相位差 $\Delta\varphi$ 值,作 $\Delta\varphi\sim f$ 相频特性曲线。

(4) RL 串联电路的幅频特性的测定:测量 $U_L\sim f$ 特性曲线,取 $L=0.01H$,$R=500.0\Omega$,电路自行设计。

(5) RLC 串联电路的相频特性的测定:参照图 2-13-9 在电容器 C 的下面串接一电感。使 RLC 串联电路的谐振频率 $f_0=2000Hz$,根据实验室提供的 L 值(如 $L=0.01H$),计算出相应电容器 C 值,取 $R=500.0\Omega$,测出 U_R 与 $U_{总}$ 之间的相位差为零时所对应的频率,即为谐振频率(重复测几次)。将测得的谐振频率值与理论值相比较并计算其相对偏差。相频特性可从 f_0 向两侧扩展频率去测量,每侧测 5 个以上数据,所得 $\Delta\varphi$ 值尽量达

到 $-50°\sim+50°$。注意，凡是 $U_总$ 超前 U_R，$\Delta\varphi$ 取 "$+$"，相反则取 "$-$"。根据测量值以 $\left(\dfrac{f}{f_0}-\dfrac{f_0}{f}\right)$ 为自变量 x，作 $\Delta\varphi\sim\left(\dfrac{f}{f_0}-\dfrac{f_0}{f}\right)$ 曲线图。

【数据记录和处理】

1. RC 串联电路幅频特性的测定

表 2-13-1　　　　　$R=500.0\Omega$，$C=0.5000\mu F$ 时 RC 串联电路幅频特性

次数 项目	1	2	3	4	5	6	7	8	9	10
f										
I										
U_R										

2. RC 串联电路的相频特性的测定

表 2-13-2　　　　　$R=500.0\Omega$，$C=0.5000\mu F$ 时 RC 串联电路相频特性

次数 项目	1	2	3	4	5	6	7	8	9	10
f										
$\Delta\varphi$										

3. RL 串联电路的幅频特性的测定

表 2-13-3　　　　　$L=0.01H$，$R=500.0\Omega$ 时 RL 串联电路幅频特性

次数 项目	1	2	3	4	5	6	7	8	9	10
f										
U_L										

【思考题】

（1）测定两正弦波的相位差（$U_总$ 与 U_R）与示波器的 X 轴扫描速率有何关系？

（2）在 RC 串联电路中如何测量 U_C 和 I 的相位差，试画出线路图，并加以说明。

（3）在比较两正弦波的相位差时，它们的零电势线是否要一致？

（4）如何判断 RLC 串联电路中 U 和 I 之间的相位差是超前还是落后？又怎样确定电路是呈电感性还是呈电容性？

（5）试设计频率为 1000Hz，$U_总$ 与 I 的相移为 $45°$ 的相移器，并画出测试电路图。

实验十四　霍尔效应法测定通电螺线管轴向磁感应强度分布

1879 年，还是一名年轻学生的美国物理学家霍尔（Hall H.）在研究载流导体在磁场中的受力性质时发现一块薄金属片放到和它垂直的磁场中，当有电流通过它时，在和电流方向以及磁场方向都垂直的方向上会产生电势差，这种现象称为霍尔效应。利用霍尔效应原理制成的霍尔元件被广泛地用于工业自动化、检测技术、信息技术、医学诊断与治疗等众多的领域，与此同时，霍尔效应的研究对于量子物理学的发展和现代科学技术都有十分重要的意义。

【实验目的】

1. 熟悉霍尔效应的原理。
2. 了解直螺线管轴上各点磁感应强度的计算及分布曲线。
3. 学习用霍尔元件测量螺线管磁场的方法。

【实验原理】

一、霍尔效应

如果在一块矩形半导体薄片上沿 X 轴方向通以电流 I，Z 方向加磁场 B，则在垂直于电流和磁场的方向（即 Y 轴方向）上产生电势差 U_H，这一现象称为霍尔效应。U_H 称为霍尔电压。产生霍尔效应的原因是形成电流的作定向运动的带电粒子即载流子（N 型半导体中的载流子是带负电荷的电子，P 型半导体中的载流子是带正电荷的空穴）在磁场中所受到的洛仑兹力作用而产生的。

如图 2-14-1 (a) 所示，一块长为 l、宽为 b、厚为 d 的 N 型锗单晶薄片（霍尔元件），置于沿 Z 轴方向的磁场 B 中，在 X 轴方向通以电流 I，则其中的载流子——电子所受到的洛仑兹力为：

$$F_m = qvB$$

式中：v 为电子的漂移运动速度，其方向沿 X 轴的负方向；q 为电子的电荷量；F_m 指向 Y 轴的负方向，所以电子在 F_m 作用下向 Y 轴负方向偏转，引起 A 侧面的电子浓度增大，积累负电荷；A' 侧面的电子浓度减小，积累正电荷。

随着电荷的积累，在 A、A' 两侧面间形成了电场强度为 E_H 的霍尔电场，使运动电子受到一个与洛仑兹力方向相反的电场力 F_e：

$$F_e = qE_H$$

其方向指向 Y 轴正方向，当作用在电子上的电场力与洛仑兹力大小相等时，达到动态平衡，电子就能无偏离地从右向左通过样片。此时，有以下关系：

$$F_m = F_e$$

即

$$qvB = qE_H$$

所以
$$E_H = vB \tag{2-14-1}$$
在 N 型单晶薄片两侧形成稳定的电位差：
$$U_H = E_H b \tag{2-14-2}$$

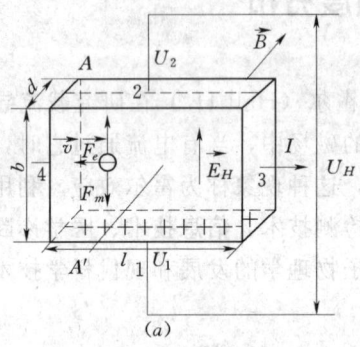 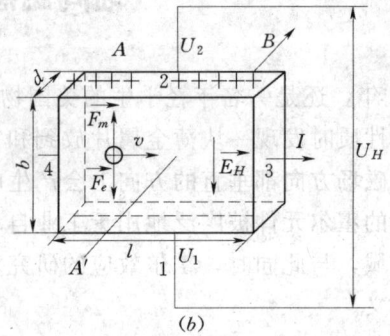

图 2-14-1 霍尔效应原理图

U_H 称为霍尔电压。由图 2-14-1 可知，A' 侧电位高于 A 侧电位，若 N 型锗单晶中的电子浓度为 n，则流过样片横截面的电流为：
$$I_S = nqbdv \tag{2-14-3}$$
由以上式 (2-14-1)～式 (2-14-3) 可得：
$$U_H = \frac{1}{nqd}I_S B = R_H \frac{I_S B}{d} = K_H I_S B \tag{2-14-4}$$
其中：
$$R_H = \frac{1}{nq}$$
$$K_H = \frac{1}{nqd}$$

式中 R_H 称为霍尔系数，它表示材料霍尔效应的大小；K_H 称为霍尔元件的灵敏度，一般地说，K_H 越大越好，以便获得较大的霍尔电压 U_H。因 K_H 和载流子浓度 n 成反比，而半导体的载流子浓度远比金属的载流子浓度小，所以采用半导体材料作霍尔元件灵敏度较高。又因 K_H 和样品厚度 d 成反比，所以霍尔片都切得很薄，一般 $d \approx 0.2\text{mm}$。

上面讨论的是 N 型半导体样品产生的霍尔效应，其霍尔灵敏度 $K_H = \frac{1}{nqd}$ 为负值，霍尔电压 U_H 也为负值，即 A' 侧面电位比 A 侧面高；对于 P 型半导体样品，由于形成电流的载流子是带正电荷的空穴，与 N 型半导体的情况相反，A 侧面积累正电荷，A' 侧面积累负电荷，霍尔元件灵敏度 $K_H = \frac{1}{nqd}$ 为正值。由此可知，根据霍尔电压的正负，即根据 A、A' 两端电位的高低，就可以判断半导体材料的导电类型是 P 型还是 N 型。

由式 (2-14-4) 可知，如果霍尔元件的灵敏度 K_H 已知，测得了控制电流 I 和产生的霍尔电压 U_H，则可测定霍尔元件所在处的磁感应强度 B：
$$B = \frac{U_H}{I_S K_H} \tag{2-14-5}$$

二、霍尔电压 U_H 的测量方法

在产生霍尔电压的同时，总伴随着多种副效应，这些副效应产生的附加电压叠加在霍

尔电压 U_H 上。下面分析这些副效应产生的附加电压及处理办法。

1. 不等位电势差 U_0

接通控制电流后，如果霍尔电极 A、A' 位于同一等位面上，则当不存在磁场时，两霍尔电极间应不存在电势差。但是实际上由于霍尔片本身材料不均匀，导电性能稍有差异，加上两霍尔电极 A、A' 焊接点难以做到几何位置完全对称，故一般两霍尔电极不位于同一等位面上，因此即使不加磁场，只要霍尔片上通以电流，则两电压引线间就有一个电势差 U_0，称为不等位电势差。U_0 的正负随控制电流的换向而改变，与磁场方向无关。

2. 爱廷豪森效应产生温差电动势 U_E

由于半导体内载流子（电子或空穴）的漂移运动速度服从统计分布规律，有快有慢，速度小的载流子受到的洛仑兹力小于霍尔电场的作用力，将向霍尔电场作用力方向偏转；速度大的载流子受到的磁场作用力大于霍尔电场作用力，将向洛仑兹力方向偏转，使得一侧高速载流子较多，温度亦较高，而另一侧低速度载流子较多，温度也较低，这种横向的温差就产生温差电动势 U_E，这个现象称为爱廷豪森效应。U_E 的大小与 IB 的值成正比，其正负与工作电流方向有关，也与磁场方向有关。

3. 能斯脱效应产生附加电势差 U_N

由于工作电流引线的两个焊接点的接触电阻不同，通过电流时发热的程度不相同，两纵向端温度不同，于是就产生了热扩散电流，在磁场作用下，在 A、A' 之间产生类似霍尔电压的横向电势差 U_N，这个效应称为能斯脱效应。U_N 的正负仅与磁场方向有关，与工作电流的方向无关。

4. 里纪—勒杜克效应产生附加温差电势 U_R

与工作电流引起爱廷豪森效应而产生的温差电势 U_E 相类似，上述纵向热扩散电流也引起附加温差电势 U_R，其正负与磁场方向有关，与工作电流方向无关。

显然，在确定的工作电流和磁场的情况下，实际测得的横向电压 U，不仅包括 U_H，还同时包括了上述四种副效应产生的附加电压 U_0、U_E、U_N、U_R，是这五种电压的代数和，即：

$$U = U_H + U_0 + U_E + U_N + U_R$$

根据以上分析，这些副效应引起的附加电压的正负与电流或磁场的方向有关，我们可以采用电流和磁场换向的对称测量法，来消除 U_0、U_E、U_N、U_R，具体做法如下：

（1）给样品加（$+B$，$+I$）时，测得 A、B 两端横向电压为：
$$U_1 = +U_H + U_0 + U_E + U_N + U_R$$

（2）给样品加（$+B$，$-I$）时，测得 A、B 两端横向电压为：
$$U_2 = -U_H - U_0 - U_E + U_N + U_R$$

（3）给样品加（$-B$，$-I$）时，测得 A、B 两端横向电压为：
$$U_3 = +U_H - U_0 + U_E - U_N - U_R$$

（4）给样品加（$-B$，$+I$）时，测得 A、B 两端横向电压为：
$$U_4 = -U_H + U_0 - U_E - U_N - U_R$$

由以上四式可得：
$$U_1 - U_2 + U_3 - U_4 = 4U_H + 4U_E$$

$$U_H = \frac{1}{4}(U_1 - U_2 + U_3 - U_4) - U_E$$

通常 U_E 比 U_H 小得多，可以略去不计，因此霍尔电压为：

$$U_H = \frac{1}{4}(U_1 - U_2 + U_3 - U_4) \quad (2-14-6)$$

三、载流长直螺线管内的磁感应强度

螺线管是由绕在圆柱面上的导线构成的，对于密绕的螺线管，可以看成是一列有共同轴线的圆形线圈的并排组合，因此一个载流长直螺线管轴线上某点的磁感应强度，可以从对各圆形电流在轴线上该点所产生的磁感应强度进行积分求和得到，对于一有限长的螺线管，在距离两端等远的中心点，磁感应强度为最大，为：

$$B = \mu_0 N I_M \quad (2-14-7)$$

式中：$\mu_0 = 4\pi \times 10^{-7} H/m$，为真空的磁导率；$N$ 为螺线管单位长度的匝数；I_M 为螺线管中的电流。

根据理论计算，长直螺线管两端的磁感应强度为内腔中部磁感应强度的 1/2。

【实验仪器】

TH-S 型螺线管磁场测定实验仪。

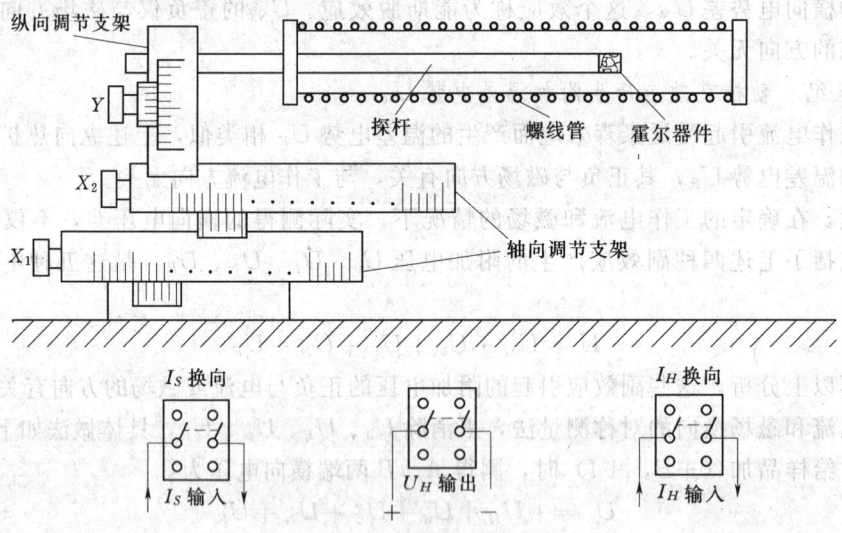

图 2-14-2 实验仪示意图

【实验内容】

一、霍尔器件输出特性测量

1. 绘制 $U_H \sim I_S$ 曲线

转动霍尔器件探杆支架的旋钮 X_1、X_2，慢慢将霍尔器件移到螺线管的中心位置（即 $X_1 = 14.0 cm$，$X_2 = 0.0 cm$ 或者 $X_1 = 0.0 cm$，$X_2 = 14.0 cm$）。取 $I_M = 0.600 A$，测试过程

中保持不变。取 I_S 分别为 4mA、5mA、6mA、7mA、8mA、9mA、10mA。按对称测量法测出各相应位置的霍尔电压 U_1、U_2、U_3、U_4 值，记录于表 2-14-1 中，并测绘 $U_H \sim I_S$ 曲线。

2. 绘制 $U_H \sim I_M$ 曲线

转动霍尔器件探杆支架的旋钮 X_1、X_2，慢慢将霍尔器件移到螺线管的中心位置（即 $X_1=14.0$cm，$X_2=0.0$cm 或者 $X_1=0.0$cm，$X_2=14.0$cm）。取 $I_S=8.00$mA，测试过程中保持不变。取 I_M 分别为 0.1A、0.2A、0.3A、0.4A、0.5A、0.6A。按对称测量法测出各相应位置的霍尔电压 U_1、U_2、U_3、U_4 值，记录于表 2-14-2 中，测绘 $U_H \sim I_M$ 曲线。

二、绘螺线管轴线上磁感应强度的分布

取 $I_S=8.00$mA，$I_M=0.600$A，测试过程中保持不变。

（1）以相距螺线管两端口等远的中心位置为原点，霍尔器件探头离中心位置 $X=14-X_1-X_2$，调节旋钮 X_1、X_2。先调节 X_1 旋钮，保持 $X_2=0.0$cm，使 X_1 分别停留在 0.0cm、0.5cm、1.0cm、1.5cm、2.0cm、5.0cm、8.0cm、11.0cm、14.0cm 等读数处，再调节 X_2 旋钮，保持 $X_1=14.0$cm，使 X_2 停留在 3.0cm、6.0cm、9.0cm、12.0cm、12.5cm、13.0cm、13.5cm、14.0cm 等读数处，按对称测量法测出各相应位置的 U_1、U_2、U_3、U_4 值，并计算相对应的 U_H、B 值，记入数据表 2-14-3 中。

（2）绘制 $B \sim X$ 曲线，验证螺线管端口的磁感应强度为中心位置磁感应强度的 1/2。（可以不考虑温度对 U_H 的修正）测绘 $B \sim X$ 曲线时，螺线管两端口附近磁场强度变化大，应多测几点。霍尔灵敏度 K_H 值和 K_H 温度系数平均值 a 以及螺线管单位长度线圈匝数 N 均标在实验仪器上。

（3）将螺线管中心的 B 值与理论值进行比较，求出相对误差。（需要考虑温度对 U_H 值的影响。）

【数据记录与处理】

表 2-14-1　　　　　　　　$I_M=0.600$A 时数据记录表

I_S (mA)	U_1 (mV) $(+I_S+B)$	U_2 (mV) $(+I_S-B)$	U_3 (mV) $(-I_S-B)$	U_4 (mV) $(-I_S+B)$	U_H (mV)
4.00					
5.00					
6.00					
7.00					
8.00					
9.00					
10.00					

以 U_H 值为纵坐标，I_S 值为横坐标，运用 Excel 软件测绘 $U_H \sim I_S$ 曲线，阐述规律。

表 2-14-2　　　　　　　　　　$I_S = 8.00\text{mA}$ 时数据记录表

I_M (A)	U_1 (mV) ($+I_S+B$)	U_2 (mV) ($+I_S-B$)	U_3 (mV) ($-I_S-B$)	U_4 (mV) ($-I_S+B$)	U_H (mV)
0.200					
0.300					
0.400					
0.500					
0.600					
0.700					

以 U_H 值为纵坐标，I_M 值为横坐标，运用 Excel 软件测绘 $U_H \sim I_M$ 曲线，阐述规律。

表 2-14-3　　　　　　$I_S = 8.00\text{mA}$，$I_M = 0.600\text{A}$ 时数据记录表

X_1 (cm)	X_2 (cm)	X (cm)	U_1 (mV) ($+I_S+B$)	U_2 (mV) ($+I_S-B$)	U_3 (mV) ($-I_S-B$)	U_4 (mV) ($-I_S+B$)	U_H (mV)	B (KGS)
0.0	0.0							
0.5	0.0							
1.0	0.0							
1.5	0.0							
2.0	0.0							
5.0	0.0							
8.0	0.0							
11.0	0.0							
14.0	0.0							
14.0	3.0							
14.0	6.0							
14.0	9.0							
14.0	12.0							
14.0	12.5							
14.0	13.0							
14.0	13.5							
14.0	14.0							

以 X 值为横坐标，B 值为纵坐标，运用 Excel 软件测绘 $B \sim X$ 曲线，阐述磁场分布规律。

实验十四 霍尔效应法测定通电螺线管轴向磁感应强度分布

【思考题】

1. 当磁场 B 方向与霍尔元件 lb 平面不完全正交时,实验所得磁场比实际值大还是小?为什么?
2. 为什么霍尔元件采用半导体材料而不用导体材料?
3. 采用霍尔元件测磁场时,会产生哪些副效应,实验中如何操作才能消除副效应产生的影响?
4. 分析霍尔效应法测量磁场的误差来源。

● 实验十五 薄透镜焦距的测定

透镜是光学仪器中最基本的元件,反映透镜特性的一个主要参量是焦距,它决定了透镜成像的位置和性质(大小、虚实、倒立)。对于薄透镜焦距测量的准确度,主要取决于透镜光心及焦点(像点)定位的准确度。本实验在光具座上采用几种不同方法分别测定凸、凹两种薄透镜的焦距,以便了解透镜成像的规律,掌握光路调节技术,比较各种测量方法的优缺点,为今后正确使用光学仪器打下良好的基础。

【实验目的】

(1) 学会调节光学系统使之共轴。
(2) 掌握测量薄会聚透镜和发散透镜焦距的方法。
(3) 验证透镜成像公式,并从感性上了解透镜成像公式的近似性。

【实验原理】

一、共轭法测量凸透镜焦距

透镜物、像共轭对称成像的性质测量凸透镜焦距的方法,叫共轭法。所谓"物象共轭对称"是指物与像的位置可以互移,如图 2-15-1 中处于物点 S_0 的物体 Q 经凸透镜 L 在像点 p 处成像 P,物距为 u,像距为 v。若把物点 S_0 移到图 2-15-1 中 p 的点,那么该物体经同一凸透镜 L 成像于原来的物点,即像点 p 将移到图 2-15-1 中的 S_0 点。于是,图 2-15-2 中的物距 u' 和像距 v' 分别是图 2-15-1 中的像距 v 和物距 u,即物距 $u'=v$,像距 $v'=u$。这就是"物像共轭对称"。设 $u+v=u'+v'=D$(物屏 Q 和像屏 P 之间的距离为 D)。

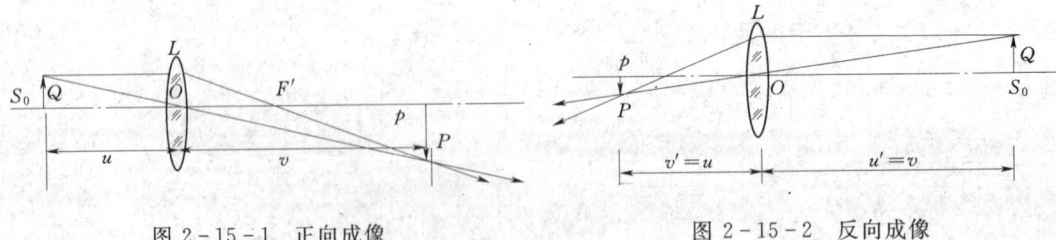

图 2-15-1 正向成像   图 2-15-2 反向成像

根据上面的共轭法,如果物与像的位置不调换,那么,物放在 S_0 处,凸透镜 L 放在 X_1 处,所成一倒立放大实像在 p 处;将物不动,凸透镜放在 X_2 处,所成倒立缩小的实像也在 p 处,如图 2-15-3 所示。由图可知,$u'-u=d$ 或 $v-u=d$。于是可得方程组:

$$\begin{cases} D = u+v \\ d = v-u \\ \dfrac{1}{u}+\dfrac{1}{v}=\dfrac{1}{f} \end{cases}$$

解方程组得:

$$\begin{cases} v = \dfrac{D+d}{2} \\ u = \dfrac{D-d}{2} \\ f = \dfrac{D^2-d^2}{4D} \end{cases} \quad (2-15-1)$$

该式是共轭法测量凸透镜焦距的公式。由于 f 是通过移动透镜两次成像而求得的,所以,这种方法又称二次成像法。

另外,从方程组中消去 u,得:

$$\frac{1}{D-v} + \frac{1}{v} = \frac{1}{f}$$

$$v^2 - Dv + Df = 0$$

$$v = \frac{D \pm \sqrt{D^2 - 4fD}}{2}$$

当 v 有实根必须有:

$$D^2 - 4fD \geqslant 0 \quad (2-15-2)$$

即:

$$D \geqslant 4f$$

也就是说,物屏与像屏之间的距离大于或等于四倍的焦距,物才能通过凸透镜二次成像。

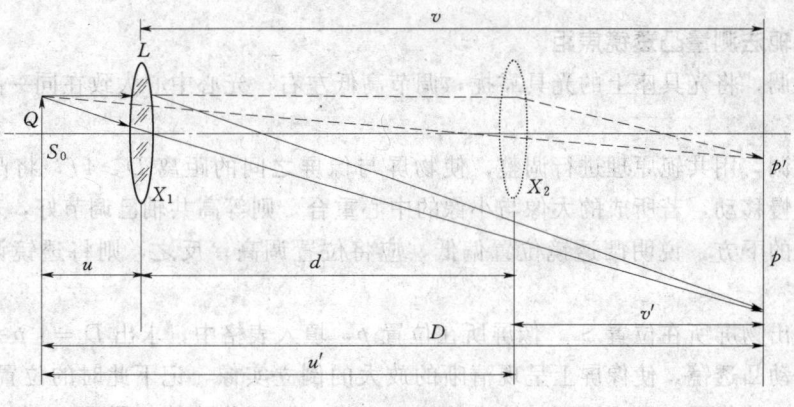

图 2-15-3 共轭法原理图

二、自准直法测量凸透镜焦距

如图 2-15-4 所示,当以狭缝光源 P 作为物放在透镜 L 的第一焦平面上时,由 P 发出的光经透镜 L 后将形成平行光。如果在透镜后面放一个与透镜光轴垂直的平面反射镜 M,则平行光经 M 反射,将沿着原来的路线反方向进行,并成像在狭缝平面上。狭缝 P 与透镜 L 之间的距离,就是透镜的第二焦距 f。这个方法是利用调节实验装置本身,使之产生平行光以达到调焦的目的,所以称自准直法。

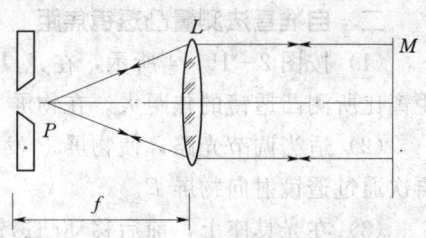

图 2-15-4 自准直法测量凸透镜焦距

三、用物距与像距法测量凹透镜焦距

由于对实物，凹透镜成虚像，所以无法直接测量凹透镜的物距、像距，只能借助与凸透镜成一个倒立的实像作为凹透镜的虚物，虚物的位置可以测出。凹透镜能对虚物成实像，实像的位置可以测出。于是，就可以用高斯公式 $\frac{1}{u}+\frac{1}{v}=\frac{1}{f}$ 求出凹透镜的焦距 f，如图 2-15-5 所示。

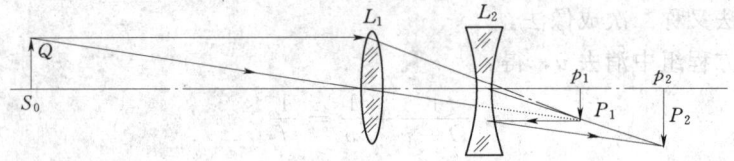

图 2-15-5　高斯公式法测量凹透镜焦距

【实验仪器】

光具座，底座及支架，薄凸透镜，薄凹透镜，平面镜，物屏（可调狭缝组、有透光箭头的铁皮屏或一字针组），像屏（白色，有散射光的作用）。

【实验内容】

一、共轭法测量凸透镜焦距

（1）粗调，将光具座上的光具靠拢，调节高低左右；光心中心大致在同一高度和一直线上。

（2）细调，用共轭原理进行调整，使物屏与像屏之间的距离 $D \geqslant 4f$，将凸透镜从物屏向像屏缓慢移动，若所成的大像与小像的中心重合，则等高共轴已调节好，若大像中心在小像中心的下方，说明凸透镜位置偏低，应将位置调高；反之，则将透镜调低；左右亦然。

（3）读出物屏所在位置 S_0，像屏所在位置 p，填入表格中，求出 $D=|p-S_0|$。

（4）移动凸透镜，使像屏上呈现清晰的放大的倒立实像，记下此时的位置 X_1，继续移动凸透镜，使像屏上呈现清晰的缩小的倒立实像，记下此时的位置 X_2，求出 $d=|X_2-X_1|$。

重复上述步骤共测量 5 次，将所测数据填入表 2-15-1 中，用式（2-15-1）计算出每组的 f 值，求出 f 的平均值。

二、自准直法测量凸透镜焦距

（1）按图 2-15-4 所示，在光具座上放置狭缝光源 P、平面镜 M，并使它们之间的距离比所测凸透镜的焦距大。在物屏 P 和平面镜 M 之间放上被测的凸透镜 L。

（2）适当调节光路，使物屏 P 发出的光通过透镜 L 后，由平面镜 M 再反射回去，并再次通过透镜射向物屏 P。

（3）在光具座上，前后移动凸透镜，使物屏上产生倒立、等大、清晰的实像，当共轴很好时，物与像完全重合，用纸片遮住平面镜，清晰的像应该消失。记下凸透镜在导轨上

的位置 l。

重复步骤（3）5次，记录物 P 及透镜 L 所在的位置于表2-15-2中，计算出 f 的平均值。

三、用物距与像距法测量凹透镜焦距

（1）按图2-15-5固定物屏的位置于 S_0 处，并在其后的导轨上放置一凸透镜 L_1，移动像屏使屏上成一倒立缩小的实像。记下像屏 P 位置 p_1。（S_0 通过凸透镜也可成一个倒立放大的实像，但所成的缩小实像亮度、清晰度高，易准确定位；另外，由于光具座尺寸的限制，所以，实验中只能成缩小的实像。）

（2）移动像屏的位置，重复（1）步骤5次，将测量5次所得的 p_1 位置填入表2-15-3中。

（3）在凸透镜 L_1 与像屏 P 之间放上凹透镜 L_2，L_2 的位置应靠近 p_1 一些，此时 P 上倒立缩小的实像可能模糊不清，可将像屏向后移动，直至在 p_2 处又出现清晰的像。重复找出 p_2、L_2 的位置5次，填入表2-15-3中。

（4）利用高斯公式计算出凹透镜的焦距。（$u = L_2P_2$，$V = L_2P_1$，代入 $\frac{1}{u} - \frac{1}{v} = \frac{1}{f}$ 计算。）

【数据记录与处理】

表 2-15-1　　　　　共轭法测量凸透镜焦距数据记录表

次数 \ 测量值	u	v	D	d	f_i	$\overline{f}$	$\Delta f_i = \lvert f_i - \overline{f} \rvert$	$\overline{\Delta f} = \frac{1}{5}\sum_{i=1}^{5} \lvert \Delta f_i \rvert$
1								
2								
3								
4								
5								

$$f = \overline{f} \pm \overline{\Delta f}$$

表 2-15-2　　　　　自准直法测量凸透镜焦距数据记录表

测量值 \ 次数	1	2	3	4	5
L					
P					
f_i					
$\overline{f}$					
$\Delta f_i = \lvert \overline{f} - f_i \rvert$					

$$f = \overline{f} \pm \overline{\Delta f}$$

表 2-15-3　　　用物距与像距法测量凹透镜焦距数据记录表

测量值 \ 次数	1	2	3	4	5
p_1					
p_2					
L_2					
u					
v					
f_i					
$\overline{f}$					
Δf_i					

$$f = \overline{f} \pm \overline{\Delta f}$$

【思考题】

(1) 为什么要调节光学系统共轴？调节共轴有哪些要求？怎样调节？

(2) 为什么实验中常用白屏作为成像的光屏？可否用黑屏、透明平玻璃、毛玻璃，为什么？

(3) 为什么实物经会聚透镜两次成像时，必须使物体与像屏之间的距离 D 大于透镜焦距的 4 倍？实验中如果 D 选择不当，对 f 的测量有何影响？

(4) 在薄透镜成像的高斯公式中，u、v、f 在具体应用时其正、负号如何规定？

【附录】

一、有关"薄透镜"的部分术语

(1) 薄透镜：若透镜的厚度与其球面的曲率半径相比，小得可以忽略不计，则称为薄透镜。

(2) 主光轴：连接透镜两球面曲率中心的直线，称为透镜的主光轴。

(3) 光心：透镜主截面上的中心点，通过该点的光线，不改变原来的方向，称这点为光心。

(4) 副光轴：通过光心的任一直线称为薄透镜的副光轴。

(5) 主截面：能过光心而垂直于主光轴的平面称为透镜的主截面。

(6) 物空间：规定入射光束在其中进行的空间称为物空间。

(7) 像空间：折射光束在其中进行的空间称为像空间。

(8) 像焦点 F'（第二焦点）：平行于光轴的光束，经透镜折射后，会聚于主光轴上的一点称像焦点。

(9) 像焦距 f'（第二焦距）：从透镜的光心到像焦点 F' 的距离称为薄透镜的像焦距 f'。

(10) 物焦点（第一焦点）：主光轴上发光点发出的光经薄透镜折射后成为一束平行光，此点称物焦点 F。

(11) 物焦距 f（第一焦距）：从透镜光心 O 到 F 的距离称为薄透镜的物焦距。

(12) 副焦点：平行于任一副光轴的平行光，通过透镜后会聚于这副光轴上的一点，这一点称为副焦点。

(13) 焦平面：焦平面就是由许许多多副焦点的集合构成的平面；或定义为过焦点而垂直于主光轴的平面，也称焦平面。

(14) 实像：自物点发出的光线经透镜折射后，实际汇聚于一点的像。

(15) 虚像：自物点发出的光线经透镜折射后，光线发散，而其光线的反向延长线汇聚一点的像。

(16) 实物：发散的入射光束的顶点，称实物。

(17) 虚物：汇聚的入射光束的顶点，称虚物。

(18) 光具组共轴：光源、像屏、透镜等各种光具，具有共同的主轴或它们的中心在主光轴上称之共轴。

二、薄透镜成像公式

薄透镜成像公式有两种形式，其中一种称为高斯公式，其形式是 $\frac{1}{u}+\frac{1}{v}=\frac{1}{f}$。这个公式只适用于近轴光线的近似关系，以数学家高斯（Karl F. Gauss）的名字命名，静电学中的高斯定律也是这位科学家发现的。

实验十六 分光计的调整和使用

分光计是精确测定光线偏转角的仪器,也称为测角仪。光学中的许多基本量如波长、折射率等都可以直接或间接地表现为光线的偏转角,许多光学仪器(棱镜光谱仪、光栅光谱仪、分光光度计、单色仪等)的基本结构也是以它为基础的,所以分光计是光学实验中的基本仪器之一。使用分光计时必须经过一系列精细的调节才能得到准确的结果,它的调节技术是光学实验中的基本技术之一,应该正确掌握。

【实验目的】

(1) 了解分光计的结构和功能。
(2) 学习分光计的调节方法。
(3) 掌握三棱镜顶角的反射测量法。

【实验原理】

分光计在光学实验中使用很普遍,而且在光学仪器中具有一定的代表性。因此熟悉分光计的基本结构和掌握它的调节方法,对调整和使用其他光学仪器有普遍的指导作用。

一、分光计的结构

分光计的型号和规格很多,但基本结构都是相同的。图 2-16-1 是分光计的结构图,

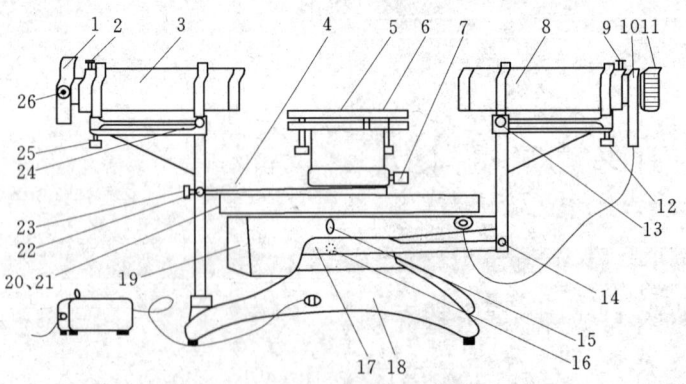

图 2-16-1 分光计结构图

1—狭缝装置;2—狭缝装置锁紧螺丝;3—平行光管;4—止动架(二);5—载物台;6—载物台调节螺丝(共3只);7—载物台与游标盘间锁紧螺丝;8—望远镜;9—目镜筒锁紧螺丝;10—阿贝式自准目镜;11—目镜调焦手轮;12—望远镜光轴倾斜调节螺丝;13—望远镜光轴左右偏斜度调节螺丝;14—望远镜微动螺丝;15—望远镜和度盘间锁紧螺丝;16—望远镜止动螺丝(另侧);17—止动架(一);18—底座;19—转座;20—刻度盘;21—游标盘;22—游标盘微动螺丝;23—游标盘止动螺丝;24—平行光管光轴左右偏斜度调节螺丝;25—平行光管光轴倾斜调节螺丝;26—狭缝宽度调节螺丝

它主要由自准直望远镜、平行光管、载物台和读数装置组成。现分别介绍如下。

1. 自准直望远镜

望远镜的作用是接收平行光以确定该光的传播方向。自准直望远镜的结构如图2-16-2所示，由目镜系统和物镜组成，为了调节和测量，物镜和目镜之间还装有分划板，它们分别置于内管、外管和中管内。望远镜的自准目镜采用阿贝目镜（有的采用高斯目镜）结构。在玻璃分划板靠目镜的一边表面上胶粘着一块斜角为45°的全反射小棱镜，并在其黏着面上镶有不透光的膜层，膜层上刻有一个透光的小十字，即十字窗口，它和调节用叉丝相对于测量用叉丝对称。图2-16-2中画出了视场中看到的分划板像。照明灯泡发出的光经棱镜反射后，由十字窗口射出，以便进行自准调节。在中管的分划板下方紧贴一块45°全反射小棱镜，棱镜与分划板的粘贴部分涂成黑色，仅留一个绿色的小十字窗口。光线从小棱镜的另一直角边入射，从45°反射面反射到分划板上，透光部分便形成一个在分划板上的明亮的十字窗。

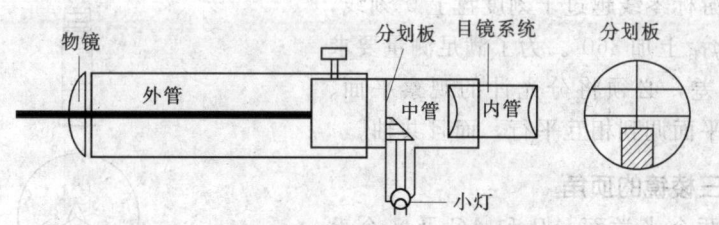

图2-16-2 望远镜结构及分划板像示意图

2. 平行光管

平行光管的作用是产生平行光，如图2-16-1中3所示，它的右端装有消色差的复合物镜，另一端是套筒，套筒末端有一宽度可调的狭缝装置。前后移动套筒可改变狭缝和物镜之间的距离。当狭缝位于物镜的焦平面时，从狭缝入射的光束经物镜后成为平行光束。整个平行光管与分光计的底座连接在一起，是不能转动的。

3. 载物平台

载物台是用来放置平面镜、棱镜、光栅等光学元件的。它下面有三个调节螺丝，用来调节载物台的倾斜，使载物台上的元件达到测量状态的要求。载物台和游标盘一起可绕仪器轴旋转。载物台还可沿轴向升降，以适应不同高度的待测元件。

4. 读数装置

读数装置有内外两层盘，外盘为刻度盘（简称度盘），它通过螺丝15锁紧后，可与望远镜相连，并能随望远镜一起绕轴转动。度盘上有把圆周等分为720份的刻线，格值为30′。内层为游标盘，游标上刻有30等份刻线，角宽为14.5°，格值为29′，因此精度为1′。圆游标的读数规则与游标卡尺的读数规则相同，如图2-16-3所示，读数为116°13′。

为了消除分光计的度盘中心与仪器转轴不重合而产生的偏心差，在游标盘某一直径的两端对称地设置了两个读数游标。

为了测定望远镜转过的角度，应在望远镜的初始位置记下两游标读数 $\varphi_{1左}$ 和 $\varphi_{1右}$，再

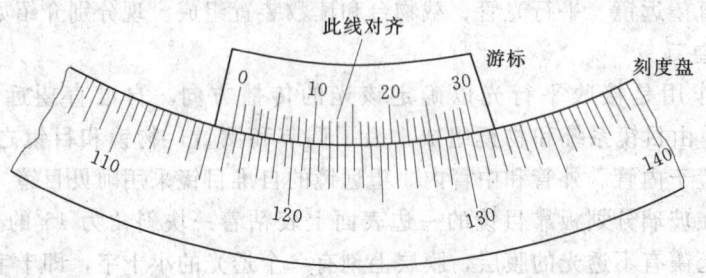

图 2-16-3 分光计的读数盘示意图

记下望远镜在末位置时两游标的读数 $\varphi_{2左}$ 和 $\varphi_{2右}$，则望远镜转过的角度为：

$$\frac{1}{2}[(\varphi_{1左}-\varphi_{2左})+(\varphi_{1右}-\varphi_{2右})] \qquad (2-16-1)$$

若转动时游标零线越过了刻度盘上 0°刻线，则应在 $\varphi_{1左}$ 或 $\varphi_{1右}$ 上加 360°。为了满足测量要求和减小测量误差，必须将分光计的观察平面、光路面和读数平面调到相互平行，而且共轴。

二、测量三棱镜的顶角

三棱镜由两个光学面 AB 和 AC 及一个毛玻璃面 BC 构成。三棱镜的顶角是指 AB 与 AC 的夹角 α，测量三棱镜顶角的方法有反射法和自准法两种。

1. 反射法

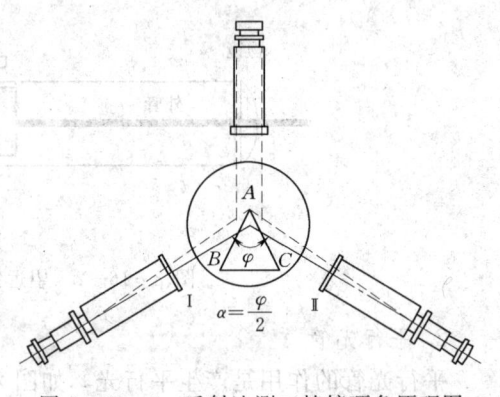

图 2-16-4 反射法测三棱镜顶角原理图

如图 2-16-4 所示为反射法测三棱镜顶角原理图。将三棱镜放在载物台上，并使棱镜顶角对准平行光管，平行光管射出的光束照在棱镜的两个反射面上。注意三棱镜顶点应放在靠近载物台中心。从棱镜左侧面反射的光，可将望远镜转至Ⅰ处观测，调望远镜微动螺丝12，使测量叉丝竖线跟狭缝像重合，两游标读数分别为 $\varphi_{1左}$ 和 $\varphi_{1右}$。将望远镜转至Ⅱ处观测从棱镜右侧面反射的光，调微动螺丝使叉丝竖线跟狭缝像重合，两游标读数分别为 $\varphi_{2左}$ 或 $\varphi_{2右}$。由图 2-16-4 可得顶角为：

$$\alpha=\frac{\varphi}{2}=\frac{1}{4}[(\varphi_{1左}-\varphi_{2左})+(\varphi_{1右}-\varphi_{2右})] \qquad (2-16-2)$$

2. 自准法

自准值法就是用自准值望远镜光轴与 AB 面垂直，如图 2-16-5 所示，使三棱镜 AB 面反射回来的小十字像位于准线 mn 中央，由分光仪的度盘和游标盘读出这时望远镜光轴相对于某一个方位 OO' 的角位置 θ_1；再把望远镜转到与三棱镜的 AC 面垂直，由分光仪度盘和游标盘读出这时望

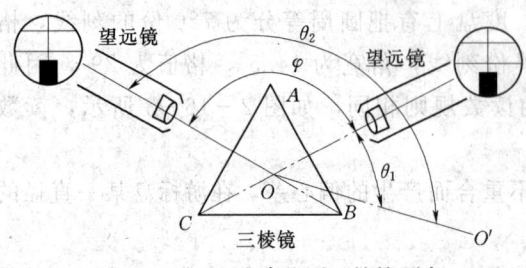

图 2-16-5 准直法测三棱镜顶角

远镜光轴相对于 OO' 的方位角 θ_2，于是望远镜光轴转过的角度为 $\varphi=\theta_2-\theta_1$，三棱镜顶角为：

$$\alpha = 180° - \varphi$$

由于分光仪在制造上的原因，主轴可能不在分度盘的圆心上，可能略偏离分度盘圆心。因此望远镜绕过的真实角度与分度盘上反映出来的角度有偏差，这种误差叫偏心差，是一种系统误差。为了消除这种系统误差，分光仪分度盘上设置了相隔 180°的两个读数窗口，而望远镜的方位 θ 由两个读数窗口读数的平均值来决定，而不是由一个窗口来读出，即：

$$\theta_1 = \frac{(\theta_{1\pm} + \theta_{1\pm})}{2} \quad (2-16-3)$$

$$\theta_2 = \frac{(\theta_{2\pm} + \theta_{2\pm})}{2}$$

于是，望远镜光轴转过的角度应该是：

$$\varphi = \theta_2 - \theta_1 = \frac{|\theta_{2\pm} - \theta_{1\pm}| + |\theta_{2\pm} - \theta_{1\pm}|}{2}$$

$$\alpha = 180° - \frac{|\theta_{2\pm} - \theta_{1\pm}| + |\theta_{2\pm} - \theta_{1\pm}|}{2} \quad (2-16-4)$$

【实验仪器】

分光仪，三棱镜（等边），汞灯。

【实验内容】

一、调整分光计

（一）调节分光计的要求

由分光计的调节原理可知各部件应满足：①目镜的位置应使眼睛通过目镜能清晰地看到分划板像；②望远镜能接收平行光，即望远镜中分划板的位置刚好位于物镜的焦平面上；③平行光管能发射平行光，即狭缝的位置刚好位于平行光管物镜的焦平面上；④望远镜光轴、平行光管光轴和载物台平面都应与仪器转轴垂直。

（二）调节前的准备

了解分光计的基本结构和各部件的功能，特别弄清几个常用螺丝的作用。对照图 2-16-1 将各个螺丝逐一轻轻扭动，弄清其作用，可转动部分逐一松开—转动—锁紧—微动，注意不要用力过大。了解各部分功能后，方可进行正式调节。

（三）分光计的目测粗调

用目测的方法，对望远镜、平行光管和载物台进行调节，使望远镜光轴、平行光管光轴和载物台平面大致垂直于仪器转轴。粗调这一环节很重要，这一步调好了，就可大大减小后面进行细调的盲目性。

（四）望远镜和载物台的调节

望远镜和载物台调节的步骤如下。

1. 目镜调焦

接通电源，点亮照明灯。从目镜中观察分划板像，旋转目镜调焦手轮11，使眼睛通过目镜能清晰地看见视场下方绿色背景中的一个小黑十字像和整个视场的双十字线，如图 2-16-2 所示。调好后不再旋转目镜调焦手轮。

2. 物镜调焦

如图 2-16-6 所示，在载物台中央放上平行平板双面反射镜，平面镜的倾斜度只与螺丝 6-a 和 6-b 有关，转动载物台使镜面与望远镜光轴基本垂直。从目镜中观察，并缓慢转动载物台，可找到平面镜反射回的一亮绿斑。松开目镜筒锁紧螺丝9，前后移动目镜筒，使反射十字像清晰，并调到无视差。这时分划板已位于物镜焦平面上。同时看分划板十字叉丝是否水平（横线）和竖直（竖线），转动目镜筒可使叉丝调正。最后将锁紧螺丝9旋紧。

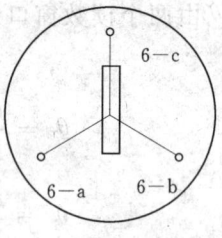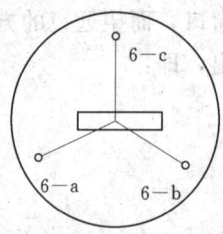

图 2-16-6 平面镜放置图

3. 望远镜光轴与仪器转轴垂直的调节

如果望远镜光轴垂直于仪器转轴，且反射镜镜面平行于仪器转轴，这时望远镜中的反射十字像和调节叉丝重合，如图 2-16-7 所示。将载物台转过180°，望远镜中观察到平面镜另一面的反射十字像也与调节叉丝重合。但调好之前，两反射十字像不一定都分别和调节叉丝重合。导致不重合有两种特殊情况：①望远镜光轴和仪器转轴不垂直，但反射镜镜面与仪器转轴平行，这时载物台转过180°前后两反射十字像分别都在调节叉丝的上方（或下方），而且偏离调节叉丝的距离相等，此时应调望远镜光轴倾斜调节螺丝12，使调节叉丝与十字像重合；②望远镜光轴与仪器转轴垂直，而反射镜镜面与仪器转轴不平行。这时载物台转过180°前后两反射十字像分别在调节叉丝上下对称的地方，调载物台调节螺丝 6-a 或 6-b，使反射十字像与调节叉丝重合。

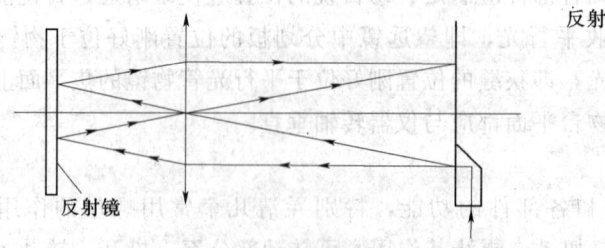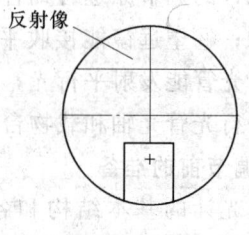

图 2-16-7 十字叉丝反射光路

通常情况是望远镜光轴不垂直于仪器转轴，反射镜镜面也不平行于仪器转轴，这时两反射十字像分别在调节叉丝的上下（或在同一方）成不对称分布，甚至只能看到一个面的反射像。如果从望远镜中找不到某个镜面的反射十字像，千万不要无目的地调节，应对载物台进一步目测粗调，使载物台基本与仪器转轴垂直。如果仍找不到十字像，请将载物台稍微转动一点，用眼睛在望远镜旁边直接从反光镜中观察，上下左右灵活扫描，这样容易在反射镜中发现望远镜和望远镜中的十字像，然后以望远镜光轴线为标准，看十字像在光轴线的上方还是下方，然后将载物台和望远镜各调一半（称半调法），即调节载物台调节螺丝 6-a 或 6-b，使十字像与望远镜光轴线的距离（或角距离）减小一半，再调节望远镜光轴倾斜调节螺丝 12，使十字像与望远镜光轴线重合。此调节方法可用在下一步中。半调法的好处就是使另一面的反射十字像相对调节叉丝的位置保持不变。此时从望远镜中能分别找到两个面的反射十字像。转动载物台，观察两个面的反射十字像，注意估计两像之间的距离 H，然后调节望远镜倾斜调节螺丝，使调节叉丝横线落在两像中间，并到某一反射十字像的距离为 $\frac{H}{2}$，另一反射十字像到调节叉丝的距离也为 $\frac{H}{2}$，两像成对称分布。再调节载物台螺丝 6-a 或 6-b，使某一反射十字像与调节叉丝重合，另一反射十字像也与调节叉丝重合。也可先调载物台使两像分别落在同一位置，再调望远镜使调节叉丝与某一十字像重合，另一十字像也应重合。由于 H 是估计的，转动载物台重复以上步骤几次（或用半调法调节），使两个面的反射十字像严格与调节叉丝重合。这时再也不要调动望远镜的倾斜度和载物台的调节螺丝 6-a 和 6-b。

4. 载物台平面与仪器轴垂直的调节

将平行平板双面反射镜的位置改成如图 2-16-6 所示位置。旋转载物台，使镜面垂直于望远镜光轴，从望远镜中找到反射十字像，调节载物台螺丝 6-c，使反射十字像与调节叉丝重合，另一面的反射十字像与调节叉丝也会是重合的，这时载物台平面与仪器转轴垂直，关掉小照明灯。

（五）平行光管的调节

平行光管调节的步骤如下。

1. 调节平行光管使其产生平行光

点燃钠光灯，照亮狭缝。转动望远镜对准平行光管找到狭缝，松开狭缝套筒锁紧螺丝 2，前后移动狭缝套筒，以使从望远镜中看到清晰的狭缝像，并调到无视差。调节狭缝宽度调节螺丝 26，使狭缝又窄又亮。

2. 调节平行光管光轴与仪器转轴垂直

将狭缝转为水平状态，调节平行光管倾斜调节螺丝 25，使狭缝的像与测量用叉丝的横线重合，再将狭缝转为竖直状态，然后将狭缝套筒锁紧螺丝旋紧。

二、棱镜顶角的测量

将三棱镜放在载物台上，并使棱镜顶角对准平行光管，平行光管射出的光束照在棱镜的两个反射面上。注意三棱镜顶点应放在靠近载物台中心，否则棱镜反射面的反射光不能进入望远镜。从棱镜左侧面反射的光，可将望远镜转至Ⅰ处观测，调望远镜微动螺丝 12，使测量叉丝竖线跟狭缝像重合，读出两游标读数 $\varphi_{1左}$ 和 $\varphi_{1右}$。将望远镜转至Ⅱ处观测从棱镜右侧面反射的光，调微动螺丝使叉丝竖线跟狭缝像重合，读出两游标读数 $\varphi_{2左}$ 或 $\varphi_{2右}$。

由图 2-16-4 可得顶角为：

$$\alpha = \frac{\varphi}{2} = \frac{1}{4}[(\varphi_{1左} - \varphi_{2左}) + (\varphi_{1右} - \varphi_{2右})] \qquad (2-16-5)$$

稍微变动棱镜的位置，重复多次测量，把数据记录在数据表 2-16-1 中。

【数据记录与处理】

表 2-16-1　　　　　　　　　测棱镜顶角数据表

记录次数	$\varphi_{1左}$	$\varphi_{1右}$	$\alpha = \dfrac{\varphi}{2} = \dfrac{1}{4}[(\varphi_{1左}-\varphi_{2左})+(\varphi_{1右}-\varphi_{2右})]$
1			
2			
3			
平均值			

【注意事项】

(1) 三棱镜要轻拿轻放，要注意保护光学表面，不要用手触摸折射面。

(2) 用反射法测顶角时，三棱镜顶角应靠近载物台中央放置（即离平行光管远一些），否则反射光不能进入望远镜。

(3) 在计算望远镜转角时，要注意望远镜转动过程中是否经过刻度盘零点，如经过零点，应在相应读数加上 360°（或减去 360°）后再计算。

【思考题】

(1) 分光仪主要由哪几部分组成？各部分作用是什么？

(2) 望远镜调焦至无穷远是什么含义？为什么当在望远镜视场中能看见清晰且无视差的绿十字像时，望远镜已调焦至无穷远？

(3) 望远镜对准三棱镜 AB 面时，A 窗口读数是 293°21′30″，写出这时 B 窗口的可能读数和望远镜对准面 AC 时，A、B 窗口的可能读数值。

(4) 为什么当平面镜反射回的绿十字像与调节用叉丝重合时，望远镜主光轴必垂直于平面镜？为什么当双面镜两面所反射回的绿十字像均与调节用叉丝重合时，望远镜主光轴就垂直于分光计主轴？

(5) 分光计的调整要求是什么？调整时应注意什么？

实验十七　光的干涉——牛顿环

1675 年，牛顿在制作天文望远镜时，偶然将望远镜的物镜放在平板玻璃上，发现了许多同心圆环条纹花样，后人称此为"牛顿环"。由于牛顿主张光的微粒学说，因而未能对此现象做出正确的解释。牛顿环是一种光的干涉现象，光的干涉是光的波动性的一种表现。若将同一点光源发出的光通过分振幅将其分成两束，让它们各经不同路径后再会聚在一起，当光程差小于光源的相干长度，这时就会产生干涉现象。干涉现象在科学研究和工业技术上有着广泛的应用，如测量光波的波长，精确地测量长度、厚度和角度，检验试件表面的光洁度，研究机械零件内应力的分布以及在半导体技术中测量硅片上氧化层的厚度等。牛顿环、劈尖是其中十分典型的例子，它们属于用分振幅的方法产生的干涉现象，也是典型的定域等厚干涉条纹。

【实验目的】

（1）观察和研究等厚干涉现象及其特点。
（2）学习用等厚干涉法测量平凸透镜曲率半径。
（3）熟练使用读数显微镜。
（4）进一步学习用逐差法处理实验数据的方法。

【实验原理】

一块曲率半径较大的平凸透镜的凸面放在一光学平板玻璃上，如图 2-17-1 所示，在透镜的凸面和玻璃之间形成一个以接触点向四周逐渐增厚的空气薄膜，当一束平行单色光垂直射到透镜上时，空气薄膜上、下表面反射相同频率光在空间相遇，产生干涉，形成以触点为圆心的一系列明暗相间的同心圆环，如图 2-17-2 所示。这称为牛顿环。由于各明（暗）圈处空气薄层厚度相等，故属于等厚干涉。

与 k 级条纹对应的两束相干光的光程差为：

$$\delta = 2e + \frac{\lambda}{2} \qquad (2-17-1)$$

式中：e 为第 k 级条纹对应的空气膜的厚度；$\frac{\lambda}{2}$ 为半波损失。

由干涉条件可知，当 $\delta = (2k+1)\frac{\lambda}{2}$（$k=0,1,2,\cdots$）时，干涉条纹为暗条纹，即：

$$2e + \frac{\lambda}{2} = (2k+1)\frac{\lambda}{2}$$

得

$$e = \frac{k}{2}\lambda \qquad (2-17-2)$$

设透镜的曲率半径为 R，与接触点 O 相距为 r 处空气层的厚度为 e，由图 2-17-2 所示几何关系可得：

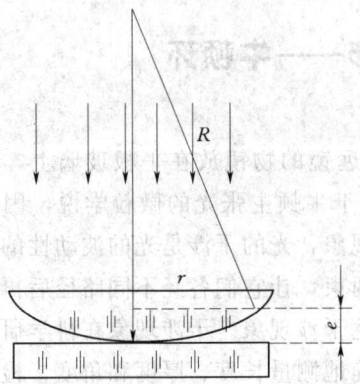

图 2-17-1 牛顿环装置　　　　图 2-17-2 干涉圆环

$$R^2 = (R-e)^2 + r^2 = R^2 - 2Re + e^2 + r^2$$

由于 $R \gg e$，则 e^2 可以略去，故得：

$$e = \frac{r^2}{2R} \qquad (2-17-3)$$

由式（2-17-2）和式（2-17-3）可得第 k 级暗环的半径为：

$$r_k^2 = 2Re = 2R\frac{k}{2}\lambda = kR\lambda \qquad (2-17-4)$$

由式（2-17-4）可知，如果已知单色光源的波长 λ，只需测出第 k 级暗环的半径 r_k，即可算出平凸透镜的曲率半径 R；反之，如果 R 已知，测出 r_k 后，就可计算出入射单色光波的波长 λ。但是由于凸透镜的凸面和光学玻璃平面不可能是理想的点接触，接触压力会引起局部弹性形变，使接触处成为一个圆形平面，干涉环中心为一暗斑；或者空气间隙层中有了尘埃等因素的存在使得在暗环公式中附加了一项光程差，假设附加厚度为 a（有灰尘时 $a>0$，受压变形时 $a<0$），则光程差为：

$$\delta = 2(e+a) + \frac{\lambda}{2}$$

由暗纹条件：

$$2(e+a) + \frac{\lambda}{2} = (2k+1)\frac{\lambda}{2}$$

得

$$e = \frac{k}{2}\lambda - a \qquad (2-17-5)$$

将式（2-17-5）代入式（2-17-4）得：

$$r^2 = 2Re = 2R\left(\frac{k}{2}\lambda - a\right) = kR\lambda - 2Ra \qquad (2-17-6)$$

式（2-17-6）中的 a 不能直接测量，但可以取两个暗环半径的平方差来消除它，例如第 m 环和第 n 环对应半径平方为：

$$r_m^2 = mR\lambda - 2Ra$$

$$r_n^2 = nR\lambda - 2Ra$$

两式相减可得：
$$r_m^2 - r_n^2 = R(m-n)\lambda$$
所以透镜的曲率半径为：
$$R = \frac{r_m^2 - r_n^2}{(m-n)\lambda} \tag{2-17-7}$$

又因为暗环的中心不易确定，故取暗环的直径计算：
$$R = \frac{D_m^2 - D_n^2}{4(m-n)\lambda} \tag{2-17-8}$$

由式（2-17-8）可知，只要测出 D_m 与 D_n（分别为第 m 与第 n 条暗环的直径），就能算出 R 或 λ。

【实验仪器】

钠光灯，读数显微镜，牛顿干涉环。

【实验内容】

（1）将牛顿环放置在读数显微镜工作台毛玻璃中央，并使显微镜镜筒正对牛顿环装置中心，点燃钠光灯，使其正对读数显微镜物镜。

（2）调节读数显微镜。

1）调节目镜。使分划板上的十字刻线清晰可见；并转动目镜，使十字刻线的横刻线与显微镜筒的移动方向平行。

2）调节反射镜。使显微镜视场中亮度最大，这时基本满足入射光垂直于待测透镜的要求。

3）转动手轮。使显微镜筒平移至标尺中部，并调节调焦手轮，使物镜接近牛顿环装置表面。

4）对读数显微镜调焦。缓缓转动调焦手轮，使显微镜筒由下而上移动进行调焦，直至从目镜视场中清楚地看到牛顿环干涉条纹且无视差为止；然后再移动牛顿环装置，使目镜中十字叉丝交点与牛顿环中心大致重合。

（3）观察条纹的分布特征。各级条纹的粗细是否一致，条纹间隔是否一样，并作出解释。观察牛顿环中心是亮斑还是暗斑，若为亮斑，如何解释？

（4）测量牛顿环的直径。由于中心圆环较模糊，不易测准，所以中央几级暗环直径不要测，只需数出其圈数，转动测微鼓轮向右（或左）侧转动到第 14 条暗纹，再退回到第 13 条，并使十字叉丝与准第 13 条暗纹边缘相切，记下读数，再依次测第 12 条、第 11 条至第 4 条暗纹边缘，再移至左（或右）侧从第 4 条暗纹边缘测至第 14 条暗纹边缘；再反方向重复上述测量。记录数据于表 2-17-1。正式测试时测微鼓轮只能向一个方向转动，中途不能进进退退，否则会引起空回测量误差。

（5）计算各暗环直径及两次测量平均值。

（6）用逐差法进行数据处理即第 13 圈对第 8 圈，第 12 圈对第 7 圈，……。其级差 $n=5$，用式（2-17-8）计算 R 及偏差。

【数据记录与处理】

表 2-17-1　　　　　　　　　牛顿环直径测量记录表

圈数	第一次读数（mm）		第二次读数（mm）		牛顿环直径平均值 D （mm）
	左	右	左	右	
4					
5					
6					
7					
8					
9					
10					
11					
12					
13					

表 2-17-2　　　　　　　　　实验数据处理结果记录表

$n+5 \sim n$	$D_{n+5}^2 - D_n^2$	$R_i = \dfrac{D_{n+5}^2 - D_n^2}{20\lambda}$	$\Delta R_i = \mid \overline{R} - R_i \mid$
9～4			
10～5			
11～6			
12～7			
13～8			
平均		$\overline{R}=$	$\overline{\Delta R}=$
结果表达		$R = \overline{R} \pm \overline{\Delta R}$	

【注意事项】

(1) 牛顿环仪、透镜和显微镜的光学表面不清洁，要用专门的擦镜纸轻轻揩拭。

(2) 读数显微镜的测微鼓轮在每一次测量过程中只能向一个方向旋转，中途不能反转。

(3) 当用镜筒对待测物聚焦时，为防止损坏显微镜物镜，正确的调节方法是使镜筒移离待测物（即提升镜筒）。

【思考题】

(1) 牛顿环干涉条纹产生的条件是什么？
(2) 你在实验中观察到的牛顿环中心是暗斑还是亮斑？为什么？
(3) 在测量时，若实际测量的是弦，而不是牛顿环的直径对结果是否有影响？请加以推论。
(4) 测量时，为何只能使测微鼓轮向一个方向转动？

【附录】

一、牛顿环

牛顿环是将曲率半径较大的待测平凸透镜和光学平板玻璃叠合在金属框架中而成。通过金属框架上的三颗螺钉可以调节透镜与平板玻璃之间的接触状态以改变干涉条纹的形状和位置；实验中应尽可能地将金属框架上的螺钉拧松，以免接触压力过大致使平凸透镜或平板玻璃的表面发生形变、甚至破裂。

二、劈尖

劈尖是由一侧夹入了一根金属细丝的两块光学平面玻璃叠合而成。

牛顿环、劈尖属易损光学元件，使用时要轻拿轻放，切勿挤压和碰撞，更不要掉在地上，不用时要及时放回盒中；取拿时，不能触及其光学表面，只能拿金属框架或玻璃的边缘部分，否则将污染甚至损坏光学表面；实验中发现元件表面有污物、灰尘或指印时，不要随便擦拭，应在老师的指导下用洁净的镜头纸或吹气拂去。

三、钠灯

钠灯是光学实验中常用的一种气体放电光源，其可见光谱主要是波长为 5890Å（1Å $=10^{-10}$ m）和 5896Å 的两条黄谱线，实验中将它视作波长为 5893Å 的单色光源。钠灯由金属电极和金属钠封闭在抽空后充有辅助气体（氩）的特种玻璃管内而成，它利用钠蒸汽在强电场激发下发生弧光放电而发光。通电时，管内氩气首先被电离、放电，此后灯管温度逐渐升高，金属钠开始升华，升华后的钠蒸汽在强电场的激发下发生弧光放电；随着金属钠不断升华，弧光放电不断加剧，发光强度逐渐增强；直到金属钠完全升华，发光强度达到最大。这一过程使得钠灯启动大约需要 3～5min 才能正常发光。由于弧光放电具有负的伏安特性，使用钠灯时必须接镇流器限流，否则不断增长的电流将烧坏灯管。

四、读数显微镜

图 2-17-3 所示的读数显微镜是物理实验中常用的一种既可作长度测量又可作观察用的光学仪器，用于观测近距离的微小物体。虽然读数显微镜的型号和规格很多，但基本结构相同，主要由显微镜和长度测量装置组成。

显微镜是一种常用的用于放大待测物体对人眼所张视角的助视光学仪器，也常被组合在其他光学仪器中（比如干涉显微镜就是由显微镜和干涉仪组合而成）。如图 2-17-4 所示，显微镜主要由焦距较长的目镜 L_E 和焦距很短的物镜 L_O 组成；作测量用的显微镜，为了测量或对准物像，在其目镜的物方焦点附近偏向目镜的一侧还有一个刻有叉丝或标尺的分划板 C_S。工作时，待测物体先通过物镜在分划板上成一个倒立放大的实像，然后由目镜将此实像和叉丝一并在观察者的明视距离 D（因人眼而定，一般为 25cm）处成放大的虚像。显微镜的横向放大率 β 与视角放大率 M 相同，都等于物镜的放大率 M_O 与目镜的放大率 M_E 之积，即：

$$\beta = M = M_O M_E = \frac{\Delta}{f'_1} \frac{D}{f_2}$$

式中：f'_1 是物镜的像方焦距；f_2 是目镜的物方焦距；Δ 是物镜像方焦点 F'_1 到目镜物方焦点 F_2 之间的距离（又称显微镜的光学间隔，一般取 16~19cm）。

由于显微镜的光学间隔 Δ 一般具有确定的值，给定物镜和目镜后，显微镜的筒长 L（$L = f'_1 + \Delta + f_2$）、工作距离（能观测的物体到物镜的距离）也随之确定；观测时，需要调节待测物体到物镜的距离（将显微镜对物体进行调焦）才能看到清晰的物像。

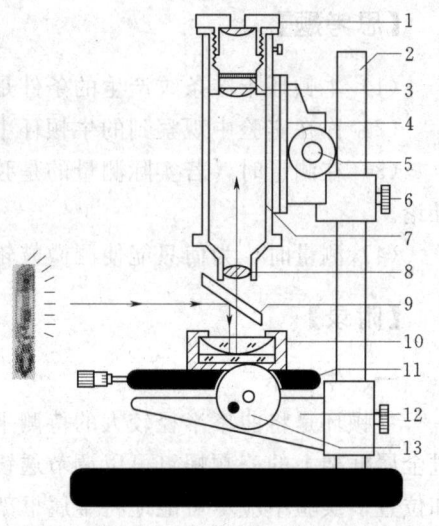

图 2-17-3　读数显微镜结构示意图
1—目镜；2—立柱；3—叉丝分划板；4—镜筒支架；5—调焦螺旋；6—支架固定螺旋；7—显微镜筒；8—物镜；9—反射玻片；10—待测物体；11—载物台；12—固定支架；13—测微螺旋

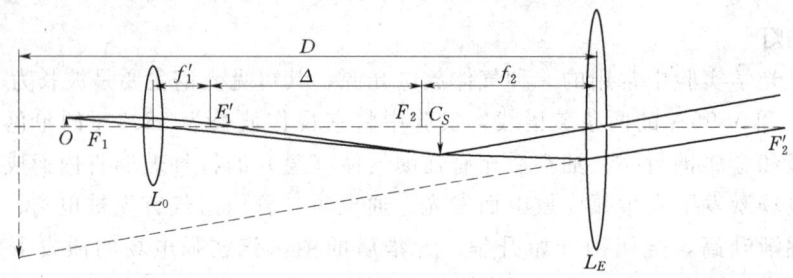

图 2-17-4　显微镜成像示意图

显微镜的调节步骤如下：

(1) 将待测物体放在载物台上，待测部分对准显微镜的物镜。

(2) 旋转目镜，调节目镜到叉丝分划板的距离，直到通过目镜能看到清晰的叉丝。

(3) 旋转调焦螺旋，调节待测物体到物镜的距离，直到物镜所成物像与分划板完全重合，通过目镜能同时看到清晰的物像和叉丝，并且眼睛晃动时物像和叉丝之间不存在视差。

所谓视差是指两静止物体之间的位置关系随观察位置变化而改变的一种视觉差异现象。如图 2-17-5 所示，当被测物体 CD 与标尺不共面时，不论人眼在 A 点测得的物高 $A'O$（$<y$）还是在 B 点测得的物高 $B'O$（$>y$）都不正确；只有当被测物与标尺共面、C

点与 C' 点重合时，所测结果 $C'O(=y)$ 才不随人眼的观测位置而改变，即不存在视差。显微镜的视差是指通过目镜观察到的物像与叉丝之间的位置关系随人眼晃动而改变的现象，它是由物像与叉丝不在同一平面引起的，消除它的方法是仔细调焦（仔细调节待测物体到物镜的距离，使物体通过物镜所成的像恰好落在叉丝分划板上）。

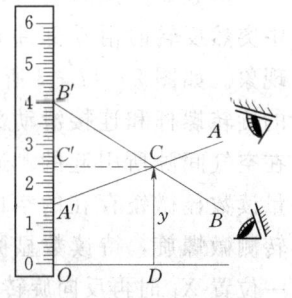

图 2-17-5 视差现象示意图

调焦时，为了避免显微镜的物镜与反射玻璃或被测物体相接触，损坏显微镜物镜、反射玻璃或被测物体，可先从显微镜外侧观察，旋转调焦螺旋使显微镜尽可能的降到最低位置，然后通过目镜观察，同时反向旋转调焦螺旋使显微镜自下而上移动，直到能同时看到清晰的物像和叉丝并且两者之间不存在视差。需要调节镜筒支架在立柱上的位置时，必须用手托住镜筒支架，才能拧松支架的固定螺旋，避免显微镜径直下落、损坏仪器。

读数显微镜的长度测量装置或根据螺旋测微原理制成，或根据游标原理制成，用来精确测量读数显微镜滑动部件横向或纵向移动的距离。图 2-17-6 是根据螺旋测微原理制成的读数显微镜的长度测量装置，它由量程为 50mm 的毫米刻度尺（又称主尺）和被分为 100 等份的测微螺旋（又称螺尺）组成，测微螺旋每旋转一周将带动读数显微镜的滑动部件在固定支架上移动 1mm，其最小分度为 0.01mm、仪器误差取 0.004mm。读数时，先读滑动部件上主尺读数基准线所在的主尺读数（只读到毫米位），再读固定支架上螺尺读数基准线所在的螺尺读数（估读一位），图 2-17-6 所示读数为 27+0.485 = 27.485mm。

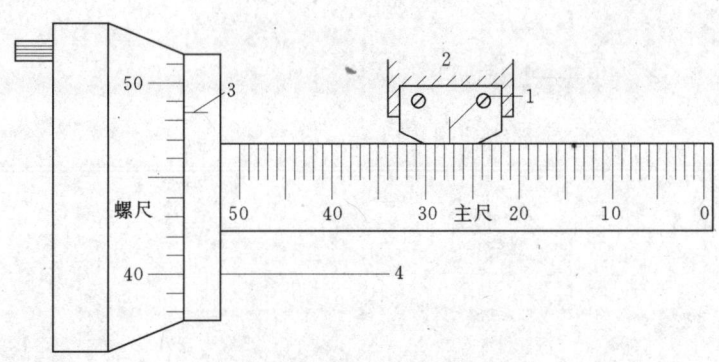

图 2-17-6 读数显微镜的长度测量装置
1—主尺读数基准线；2—滑动部件；3—螺尺读数基准线；4—固定支架

具体测量时，先转动测微螺旋使叉丝刻线与待测物体相切于某点 A，记录读数 X_A，再沿同一方向转动测微螺旋使叉丝刻线与待测物体相切于另一点 B，记录读数 X_B，两次读数之差 $|X_A - X_B|$ 即为 A、B 两点之间的距离。测量时，所有相关点的位置读数必须在测微螺旋往某个方向的某次转动过程中逐个读出，以消除读数显微镜长度测量装置存在的系统误差——空回误差。

读数显微镜的空回误差是指测微螺旋正转途中突然反转时滑动部件并不立即随之反向移动的现象。如图 2-17-7 所示，它是由连接测微螺旋的旋转螺杆和连接滑动部件的滑动螺母耦合时存在空气间隙所引起的。通过下述方法可粗略地测量读数显微镜存在的空回误差：先往某个方向旋转测微螺旋，待读数显微镜的滑动部件移动到某一位置 X_1 时再反向旋转测微螺旋，记录下滑动部件刚要反向移动时的读数 X_2，两读数之差 $|X_2-X_1|$ 即为仪器的空回误差。消除空回误差的方法是在测微螺旋往某个方向的某次转动过程中逐个读出所有相关联的数据。

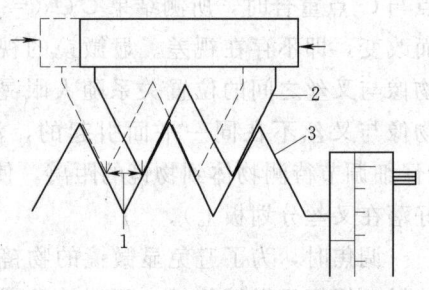

图 2-17-7　读数显微镜空回误差的测量
1—空回误差；2—滑动螺母；3—旋动螺杆

实验十八 迈克尔逊干涉仪

迈克尔逊干涉仪是用分振幅的方法实现干涉的光学仪器，设计十分巧妙。迈克尔逊干涉仪，最初用于著名的以太漂移实验。这个著名的实验为近代物理学的诞生和兴起开辟了道路，1907年获诺贝尔奖。后来，他又被首次用于系统研究光谱的精细结构以及将镉（Cd）的谱线的波长与国际米原器进行比较。迈克尔逊干涉仪在基本结构和设计思想上给科学工作以重要启迪，为后人研制各种干涉仪打下了基础。迈克尔逊干涉仪在物理学中有十分广泛的应用，如用于研究光源的时间相干性，测量气体、固体的折射率和进行微小长度测量等。

【实验目的】

(1) 了解迈克尔逊干涉仪的结构、原理和调节方法。
(2) 了解光的干涉现象及其形成条件。
(3) 观察等倾干涉条纹，测量氦氖激光器的波长。

【实验原理】

一、迈克尔逊干涉仪的主体结构

迈克尔逊干涉仪的主体结构如图2-18-1所示，由下面5个部分组成。

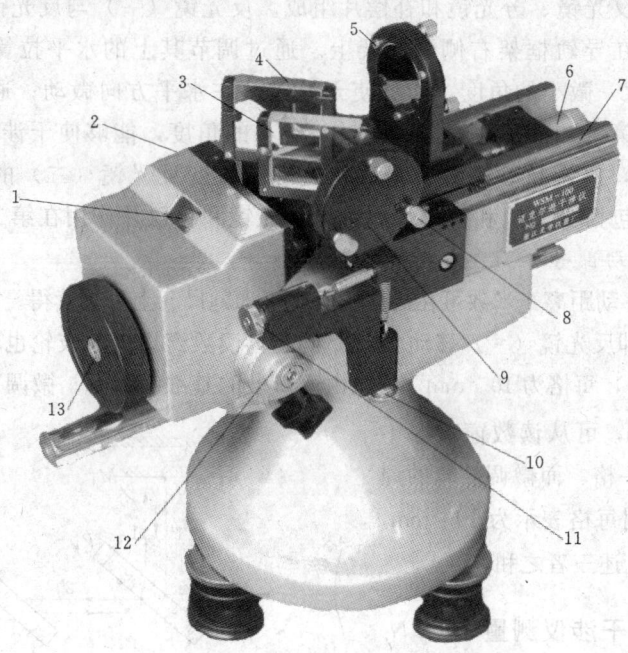

图2-18-1 迈克尔逊干涉仪的主体结构

1—度数窗；2—直尺（图后）；3—补偿片；4—分光镜；5—反光镜（一）；6—转轴；7—导轨；
8—反光镜调节螺钉（各3个）；9—反光镜（二）；10—垂直拉杆调节螺钉；
11—水平拉杆调节螺钉；12—微调转轮；13—大转轮

1. 底座

底座由生铁铸成，较重，确保了仪器的稳定性。由3个调平螺丝支撑，调平后可以拧紧锁紧圈以保持座架稳定。

2. 导轨

导轨由两根平行的长约280mm的框架和精密丝杆组成，被固定在底座上，精密丝杆穿过框架正中，丝杆螺距为1mm，如图2-18-2所示。

3. 拖板部分

拖板是一块平板，反面做成与导轨吻合的凹槽，装在导轨上，下方是精密螺母，它与丝杆精密配合，当丝杆旋转时，拖板能前后移动，带动固定在其上的移动镜（即反射镜）在导轨面上滑动，实现粗动。反射镜是一块很精密的平面镜，表面镀有金属膜，具有较高的反射率，垂直地固定在拖板上，它的法线严格地与丝杆平行。倾角可分别用镜背后面的3颗滚

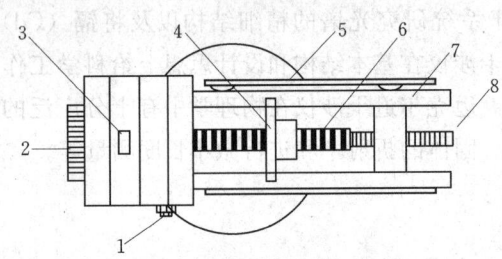

图 2-18-2 迈克尔逊干涉仪结构图
1—微调手轮；2—大转轮；3—读数窗口；4—反射镜；
5—毫米刻尺；6—精密丝杆；7—导轨；8—转轴

花螺丝来调节，各螺丝的调节范围是有限度的，如果螺丝向后顶得过松，在移动时可能因震动而使镜面有倾角变化，如果螺丝向前顶得太紧，致使条纹不规则，严重时，有可能将螺丝丝口打滑或平面镜破损。

4. 光学系统部分

光学系统由两块反光镜、分光镜和补偿片组成。反光镜（一）与反光镜（二）是相同的一块平面镜，固定在导轨框架右侧的支架上。通过调节其上的水平拉簧螺钉使反光镜（二）在水平方向转过一微小的角度，能够使干涉条纹在水平方向微动；通过调节其上的垂直拉簧螺钉使反光镜（二）在垂直方向转过一微小的角度，能够使干涉条纹上下微动；与3颗滚花螺丝相比，水平拉簧螺钉、垂直拉簧螺钉改变反光镜（二）的镜面方位小得多。光学系统部分还包括分光镜和补偿片。关于分光镜和补偿片作用在第二部分介绍。

5. 读数系统和传动部分

反光镜（一）的移动距离毫米数可在机体侧面的毫米刻尺5上直接读得。粗调手轮旋转一周，拖板移动1mm，即反光镜（一）移动1mm，同时，读数窗口内的鼓轮也转动一周，鼓轮的一圈被等分为100格，每格为10^{-2}mm，读数由窗口上的基准线指示。微调手轮1每转过一周，拖板移动0.01mm，可从读数窗口3中可看到读数鼓轮移动一格，而微调鼓轮的周线被等分为100格，则每格表示为10^{-4}mm。所以，最后读数应为上述三者之和。

二、用迈克尔逊干涉仪测量 $H_e \sim N_e$ 激光波长

迈克尔逊干涉仪的工作原理如图2-18-3所示，M_1、M_2为两垂直放置的

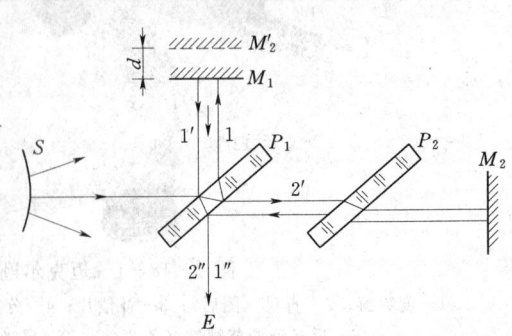

图 2-18-3 迈克尔逊干涉仪的工作原理

平面反光镜，分别固定在两个垂直的臂上。P_1、P_2平行放置，与M_2固定在同一臂上，且与M_1和M_2的夹角均为45°。M_1由精密丝杆控制，可以沿臂轴前后移动。P_1的第二面上涂有半透明、半反射膜，能够将入射光分成振幅几乎相等的反射光$1'$、透射光$2'$，所以P_1称为分光镜。$1'$光经M_1反射后由原路返回再次穿过分光板P_1后成为$1''$光，到达观察点E处；$2'$光到达M_2后被M_2反射后按原路返回，在P_1的第二面上形成$2''$光，也被返回到观察点E处。由于$1'$光在到达E处之前穿过P_1三次，而$2'$光在到达E处之前穿过P_1一次，为了补偿$1'$、$2'$两光在玻璃中的光程差，便在M_2所在的臂上再放一个与P_1平行且厚度、折射率严格相同的P_2平面玻璃板，满足$1'$、$2'$两光在到达E处时在玻璃中无光程差，所以称P_2为补偿片。由于$1'$、$2'$光均来自同一光源S，在到达P_1后被分成$1'$、$2'$两光，并经不同路径后汇集，所以两光是相干光。

综上所述，光线$2''$是在分光镜P_1的第二面反射得到的，这样使M_2在M_1的附近（上部或下部）形成一个平行于M_1的虚像M_2'，因而，在迈克尔逊干涉仪中，自M_1、M_2的反射相当于自M_1、M_2'的反射。也就是，在迈克尔逊干涉仪中产生的干涉相当于厚度为d的空气薄膜所产生的干涉，可以等效为距离为$2d$的两个虚光源S_1和S_2'发出的相干光束。即M_1和M_2'反射的两束光程差为：

$$\delta = 2d\cos i \tag{2-18-1}$$

两束相干光明暗条件为：

$$\delta = 2d\cos i = \begin{cases} k\lambda & 亮 \\ \left(k+\dfrac{1}{2}\right)\lambda & 暗 \end{cases} \quad (k=1,2,3,\cdots) \tag{2-18-2}$$

式中：i为反射光$1'$在平面反射镜M_1上的反射角；λ为激光的波长；d为薄膜厚度。

凡i相同的光线光程差相等，并且得到的干涉条纹随M_1和M_2'的距离d而改变。当$i=0$时光程差最大，在O点处对应的干涉级数最高。由式（2-18-2）得：

$$2d\cos i = k\lambda \Rightarrow d = \frac{k}{\cos i}\frac{\lambda}{2} \tag{2-18-3}$$

$$\Delta d = \Delta N \frac{\lambda}{2} \tag{2-18-4}$$

由式（2-18-4）可得，当d改变一个$\lambda/2$时，就有一个条纹"涌出"或"陷入"，所以在实验时只要数出"涌出"或"陷入"的条纹个数ΔN，读出d的改变量Δd就可以计算出光波波长λ的值：

$$\lambda = \frac{2\Delta d}{\Delta N} \tag{2-18-5}$$

【实验仪器】

迈克尔逊干涉仪，$H_e \sim N_e$激光器。

【实验内容】

一、迈克尔逊干涉仪的调整

(1) 按图2-18-3所示安装$H_e \sim N_e$激光器和迈克尔逊干涉仪。打开$H_e \sim N_e$激光器的电源开关，光强度旋钮调至中间，使激光束水平地射向干涉仪的分光镜 P_1。

（2）调整激光光束对分光镜 P_1 的水平方向入射角为 45°。如果激光束对分光镜 P_1 在水平方向的入射角为 45°，那么正好以 45°的反射角向动镜 M_1 垂直入射，原路返回。这个像斑重新进入激光器的发射孔，调整时，先用一张纸片将定镜 M_2 遮住，以免 M_2 反射回来的像干扰视线，然后调整激光器或干涉仪的位置，使激光器发出的光束经 P_1 折射和 M_1 反射后，原路返回到激光出射口，这已表明激光束对分光板 P_1 的水平方向入射角为 45°。

（3）调整定臂光路。将纸片从 M_2 上拿下，遮住 M_1 的镜面。发现从定镜 M_2 反射到激光发射孔附近的光斑有 4 个，其中光强最强的那个光斑就是要调整的光斑。为了将此光斑调进发射孔内，应先调节 M_2 背面的 3 个螺钉，改变 M_2 的反射角度。微小改变 M_2 的反射角度时，调节水平拉簧螺钉和垂直拉簧螺钉，使 M_2 转过一微小的角度。特别注意，在未调 M_2 之前，这两个细调螺钉必须旋放在中间位置。

（4）拿掉 M_1 上的纸片后，要看到两个臂上的反射光斑都应进入激光器的发射孔，且在毛玻璃屏上的两组光斑完全重合，若无此现象，应按上述步骤反复调整。

（5）用扩束镜使激光束产生面光源，按上述步骤反复调节，直到毛玻璃屏上出现清晰的等倾干涉条纹，如图 2-18-4 所示。

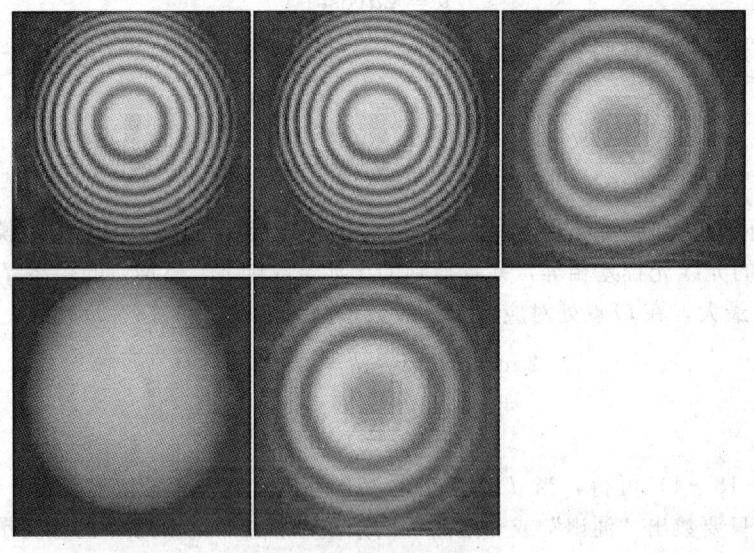

图 2-18-4 干涉图样

二、观察等倾干涉条纹，测量氦氖激光波长

（1）在氦氖激光器内置一个扩束镜（短焦距凸透镜），使平行光聚焦为点光源并扩散开。此时在屏上可以看到圆形干涉条纹。然后双向转动 M_1 的微调鼓轮，观察条纹冒出和缩进现象，判定 M_1 和 M_2' 之间的距离 $|d|$ 是增大还是减小；观察条纹粗细、疏密情况，判断 $|d|$ 是较大还是较小。旋转光屏 E，使之不平行于 M_1 和 M_2'，可以观察到椭圆条纹。如果干涉条纹很细，不利于随后的测量，可旋转粗调手轮使 $|d|$ 大幅度减小，从而使条纹变疏变粗。

（2）固定一个方向转动微调鼓轮直至条纹变化稳定。然后记下圆环冒出或缩进 20 个

的读数 d_1。继续向这个方向转动鼓轮，观察屏上的圆环冒出或缩进 $N=40$ 个，再记录一次读数 d_2。按照表 2-18-1 的数据要求测定 d_3，d_4，…

(3) 利用逐差法计算级差 $\Delta N=200$ 个时，Δd 变化大小。求出 Δd 的平均值。

(4) 用公式（2-18-5）计算波长，将其与标准波长值 $\lambda_0=632.8\text{nm}$ 比较，计算相对误差。

【实验数据记录与处理】

表 2-18-1　　　　　　测量氦氖激光波长

序号	圈数 N	位置 d (mm)	$N_{n+5}-N_n$	$\Delta d=\lvert d_{n+5}-d_n\rvert$
1	20		200	
2	60		200	
3	100		200	
4	140		200	
5	180		200	
6	220			
7	260			
8	300		$\overline{\Delta d}$	
9	340			
10	380			

实验结果：　　　　　　$\lambda = \dfrac{2\Delta d}{\Delta N} =$

相对误差：　　　　　　$\dfrac{\lvert \lambda - \lambda_0 \rvert}{\lambda_0} \times 100\% =$

【注意事项】

(1) 实验中，请勿正视激光光源，以免损伤眼睛。
(2) 仪器上的光学元件精度极高，不要用手抚摸或让脏物沾上。
(3) 传动机构相当精密，使用时要轻缓小心。
(4) 测量过程中，由于仪器存在空程误差，一定要条纹的变化稳定后才能开始测量。而且，测量一旦开始，微调鼓轮的转动方向就不能中途改变。

【思考题】

(1) 迈克尔逊干涉仪的主要部件有哪些？分别起什么作用？
(2) 光的干涉形成的条件，以及相关结论是什么？
(3) 为什么在测量过程中，测位鼓轮的转动方向不能中途改变？
(4) 简述本实验所用干涉仪的读数方法。

实验十九 光栅衍射测量

光栅是利用光的衍射原理使光波发生色散的光学元件。以衍射光栅为色散元件组成的摄谱仪和单色仪是物质光谱分析的基本仪器之一。光栅衍射原理也是晶体 X 射线结构分析和近代光谱分析以及光学信息处理的基础。

【实验目的】

（1）理解分光计的结构和调节方法。
（2）观察光栅衍射现象，加深对光栅衍射理论的理解。
（3）测定汞光在可见光范围内几条光谱线的波长。

【实验原理】

一、衍射光栅、光栅常数

光栅是由一组数目很多的相互平行、等宽、等间距的狭缝（或刻痕）构成的，是单缝的组合体，其示意图如图 2-19-1 所示。原制光栅是用金刚石刻刀在精制的平面光学玻璃上平行刻划而成。光栅上的刻痕起着不透光的作用，两刻痕之间相当于透光狭缝。原制光栅价格昂贵，常用的是复制光栅和全息光栅。图 2-19-1 中的 a 为刻痕的宽度，b 为狭缝间宽度，$d=a+b$ 为相邻两狭缝上相应两点之间的距离，称为光栅常数。它是光栅基本常数之一。光栅常数 d 的倒数 $1/d$ 为光栅密度，即光栅的单位长度上的条纹数，如某光栅密度为 1000 条/mm，即每毫米上刻有 1000 条刻痕。

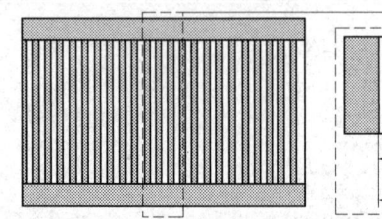 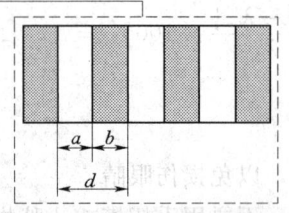 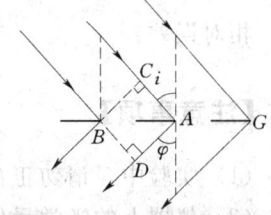

图 2-19-1　光栅片示意图　　　　　　　图 2-19-2　光栅衍射示意图

二、光栅方程、光栅光谱

设有一光栅常数 $d=\overline{AB}$ 的光栅。有一束平行光与光栅法线成角度 i 入射于光栅上，根据夫琅和费衍射理论，光波将在各个狭缝处发生衍射，所有狭缝的衍射又彼此发生干涉。这种干涉定域于无穷远处，若在光栅后面用一会聚透镜，则衍射后相互平行的光会聚于一点，例如图 2-19-2 中，与光栅法线所成夹角为 φ 的一束平行的衍射光，若在其后放置一凸透镜，则经过透镜后会聚于某点。从 B 点作 BC 垂直于入射线 CA，则光程差 $CA + AD = d(\sin\varphi \pm \sin i)$。

如果在这个方向上由于光振动的加强在某处产生了一个明条纹，则光程差必等于波长的整数倍，即：
$$d(\sin\varphi \pm \sin i) = k\lambda \quad (k = 0, \pm 1, \pm 2, \cdots) \quad (2-19-1)$$

入射光线和衍射光线都在法线的同侧时，式（2-19-1）等号左边括号内取正号；两者分别在法线的两侧时取负号。

在光线垂直入射的情形下，即 $i=0$（图 2-19-3），则（2-19-1）变成：
$$d\sin\varphi_k = k\lambda \quad (k = 0, \pm 1, \pm 2, \cdots) \quad (2-19-2)$$
式中：k 为衍射光谱的级次；φ_k 为第 k 级谱线的衍射角。

式（2-19-2）就是入射光线垂直入射光栅面的光栅方程。据此，可用分光计测出衍射角 φ_k，如果已知波长 λ 可求出光栅常数 d；反之，如果已知光栅常数 d，可求出波长 λ。

如果入射光波是包含有几种不同波长的复色光，则经光栅衍射后，不同波长的衍射光的同一级（k）明条纹将按一定次序排列，形成以中央明纹为中心的两边对称分布的彩色谱线，称为该入射光线的衍射光谱。在同一级光谱中，波长短的谱线靠内侧，波长长的靠外侧。图 2-19-3 是普通低压汞灯的第一级衍射光谱。对应于 $k=0$，衍射角 $\varphi_k=0$，各种波长的光都满足式（2-19-2），形成极强的零级光谱（中央明纹）。对应于 $k=\pm 1$，不同波长的光因衍射角不同，在零级两侧分别形成各自的谱线。这些谱线按波长排列，称做一级光谱。同样，$k=\pm 2$，形成左右对称的

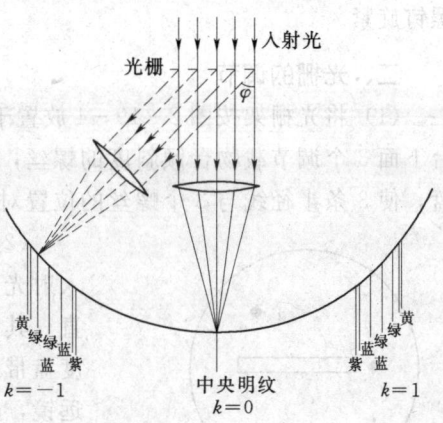

图 2-19-3 光栅衍射光谱示意图

二级光谱，依次类推。它每一级衍射光谱中有 4 条特征谱线：紫色 $\lambda_1 = 435.8\text{nm}$；绿色 $\lambda_2 = 546.1\text{nm}$；黄色两条 $\lambda_3 = 577.0\text{nm}$ 和 $\lambda_4 = 579.1\text{nm}$。

【实验仪器】

分光计，平面镜，光栅，汞灯，放大镜。

【实验内容】

一、分光计的调节

1. 目镜的调焦

先将目镜视度调手轮（图 2-16-1）旋出，然后一边旋进，一边从目镜中观察，直至分划板刻线成像清晰。

2. 物镜调焦

在载物台中央放上平行平板双面反射镜，转动载物台使镜面与望远镜光轴基本垂直。从目镜中观察，此时可以看到一亮斑，旋转调焦手轮对望远镜进行调焦，使反射十字叉丝像清晰，并调到无视差。

3. 调整望远镜的光轴与仪器转轴垂直

调整望远镜光轴上下位置调节螺钉使反射回来的亮十字像和调节叉丝重合。将载物台

转动180°，望远镜中观察到平面镜的另一面的反射十字像也与调节叉丝重合。

转动载物台重复以上步骤数次，使平面镜两个面的反射十字像严格与调节叉丝重合。此时再也不要调动望远镜的倾斜度和载物台的调节螺钉。

4. 平行光管调节

(1) 调节平行光管使其产生平行光。点燃汞灯，照亮狭缝。转动望远镜对准平行光管找到狭缝，旋转调焦手轮实现前后移动狭缝装置，使从望远镜中看到清晰的狭缝像，并调到无视差。

(2) 调节平行光管光轴与仪器转轴垂直。将狭缝转为水平状态，调节平行光管俯仰螺钉、使狭缝的像和测量用叉丝的横线重合，再将狭缝转为竖直状态。然后将狭缝套筒紧固螺钉旋紧。

二、光栅的调节

(1) 将光栅架按图 2-19-4 放置于已调好的分光计的载物台上。图中 a、b、c 是载物台下面 3 个调节载物台倾斜度的螺丝，上面的活动小圆盘上有 3 条半径线，转动这个小圆盘，使 3 条半径线与 3 个螺丝的位置对齐，然后将光栅片按图中位置放好。

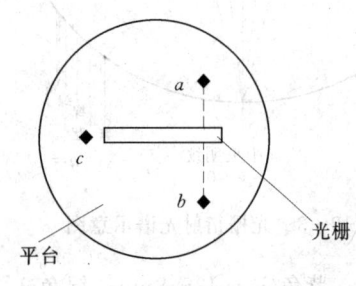

图 2-19-4 载物台

(2) 调节光栅平面与入射光线垂直。调节光栅平面与入射光垂直也就是调节光栅平面与分光平行光管的光轴垂直。其调节方法是：先用眼睛直接观察，转动分光计的刻度盘带动载物台，使光栅面与平行光管垂直；然后转动望远镜，使望远镜中的分划板上的竖线与平行光管光栅刻线与分光计主轴不平行时，观察到谱线射过来的狭缝亮线相重合，此时，望远镜的光轴与平行光管的光轴相同，随之拧紧"望远镜固定螺丝"（底座右边）将望远镜的位置固定，再仔细转动刻度盘带动载物台，并结合调节载物台的两个螺丝 a 或 b，直到光栅面反射回来的小绿"+"字像位于分划板上叉丝交点上。此时，入射光即垂直光栅面了。随即拧紧载物台固定螺丝，以保持光栅的位置不动。

(3) 调节光栅刻线与分光计主轴平行。在调节前可先作一定性观察。如果光栅刻线与分光计主轴不平行，将会发现左右衍射光线是倾斜的，如图 2-19-5 所示。为此，可通过调节平台下面的倾角螺丝使左右衍射光线在水平方向高度相同。

三、定性观察汞光的衍射光谱

定性观察汞光各条衍射谱线的分布情况，衍射角的大小（位置）与波长的关系，加深对光栅衍射理论的理解。

四、测量汞光谱线的衍射角

测量汞光第一级（$k=1$）某谱线的衍射角：先将望远镜移到一边（如左边），使分划板上的叉丝竖线对准该谱线，读出两个游标读数；然后将望远镜移到右边，再次对准该谱线，读出另两个

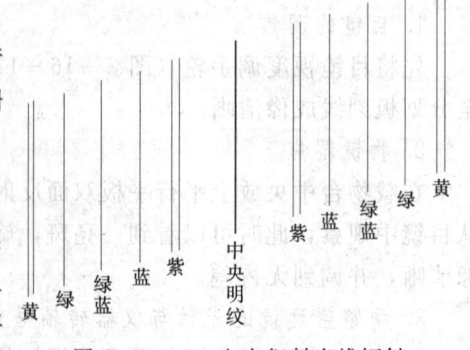

图 2-19-5 左右衍射光线倾斜

游标读数。

转动望远镜，从左边第一条谱线黄 2 开始向右，依次测出 $k=-1$ 级的黄 2、黄 1、绿、紫 4 条谱线和 $k=+1$ 级的紫、绿、黄 1、黄 2、四条谱线的角坐标。在叉丝接近谱线时，要微动望远镜使竖叉丝线与谱线中心重合，然后读数。对同一波长的谱线，$k=-1$ 时两个游标盘 A 和 B 的读数分别记为 φ_{-1A} 和 φ_{-1B}；$k=+1$ 时两个游标盘 A 和 B 的读数分别记为 φ_{+1A} 和 φ_{+1B}。数据记入表 2-19-1 中。

五、测量光栅常数

（1）以汞灯光谱中绿光波长（$\lambda=546.07$nm）为已知，将已知 Ⅰ 级光谱中绿光衍射角测出。要求测五次，将数据填入自拟表格。

（2）根据式（2-19-1）计算光栅常数，并计算其绝对误差及相对误差。

【数据记录和处理】

用下面的公式计算各游标测得的衍射角 φ_{1A} 或 φ_{1B}：

$$\varphi_1 = \frac{|\varphi_{+1} - \varphi_{-1}|}{2}$$

取平均值：

$$\varphi_1 = \frac{\varphi_{1A} + \varphi_{1B}}{2}$$

则待测的波长：

$$\lambda = \frac{1}{N}\sin\varphi_1$$

计算各谱线的波长。

表 2-19-1 汞光谱的测量数据

汞谱线	游标	分光计读数		φ_{1A} 或 φ_{1B}	φ_1	λ (nm)	标准波长 λ_S (nm)
		φ_{-1}	φ_{+1}				
黄 2	A						579.07
	B						
黄 1	A						576.96
	B						
绿	A						546.07
	B						
紫	A						435.83
	B						

【注意事项】

（1）对光学仪器及光学元件表面，不能用手摸，小心使用勿打破。

（2）使用分光计时，一切紧固用的螺钉，该紧固时应紧固该松开时应松开。如当止动螺钉未紧固时，调微动螺钉则不起作用。转动望远镜时，若没有松开紧固螺钉而用力转动，将使分光计的中心轴产生伤痕，而这种损伤在外表都看不到。

（3）使用分光计时，注意角游标的读数，游标经过 360°（即 0°）时，读数应加 360°。因此当望远镜对准平行光管时，可把刻度盘的读数调在 90°及 270°左右。

【思考题】

（1）光栅方程成立的条件是什么？在实验中如何使这一条件得到满足？

（2）复色光经过光栅衍射后形成的光谱有什么特点？

（3）如用波长 $\lambda=589.3$nm 的钠光，垂直照射到 1mm 内有 500 条刻线的光栅上，这时最多能看到几级光谱？

实验二十 偏振现象的观察和分析

光的偏振性质证实了光波是横波，即光的振动方向垂直于它的传播方向。对光波偏振性质的研究，不仅使人们加深了对光的传播规律和光与物质相互作用规律的认识，而且在光学计量、光弹性技术、薄膜技术等领域有着重要的应用。

【实验目的】

1. 通过观察光的偏振现象，加深对光波传播规律的认识。
2. 掌握产生和检验偏振光的原理和方法。

【实验原理】

一、偏振光的概念

光波是一种电磁波，它的电矢量 E 和磁矢量 H 相互垂直，并垂直于光的传播方向 C。通常人们用电矢量 E 代表光的振动方向，并将电矢量 E 和光的传播方向 C 所构成的平面称为光的振动面。在传播过程中，电矢量的振动方向始终在某一确定方向的光称为平面偏振光或线偏振光，如图 2-20-1 (a) 所示。振动面的取向和光波电矢量的大小随时间作有规律的变化，光波电矢量末端在垂直于传播方向的平面上的轨迹呈椭圆或圆时，称为椭圆偏振光或圆偏振光，如图 2-20-1 (c) 所示。通常光源发出的光波振动方向与光波传播方向相垂直，没有一个方向的振动比其他方向更占

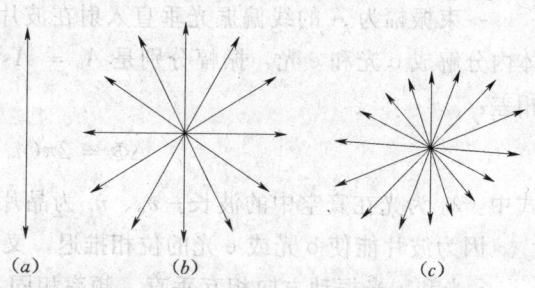

图 2-20-1 平面偏振光、自然光和部分偏振
(a) 平面偏振光；(b) 自然光；(c) 椭圆偏振光

优势。这种光源发射的光对外不显现偏振的性质，称为自然光，如图 2-20-1 (b) 所示。将自然光变成偏振光的器件称为起偏器，用来检验偏振光的器件称为检偏器。实际上，起偏器和检偏器是互为通用的。

二、获得线偏振光的方法

自然光变成偏振光称为起偏，可以起偏的器件分为反射和透射两种形式。

1. 反透射式起偏器

自然光在两种媒质的界面处反射和折射，当入射角 φ_b 满足 $\tan\varphi_b = n_1/n_2$ 时，反射光成为振动方向垂直于入射面的线偏振光，这个规律称布儒斯特定律，φ_b 称为布儒斯特角或起偏角，而折射光为部分偏振光。

如果自然光以入射角 φ_b 投射在多层的玻璃堆上，经过多次反射后，透射出的光也接近于线偏振光，其振动面平行于入射面。

2. 透射式起偏器

利用某些晶体的双折射现象可以获得较高质量的线偏振光，如尼科尔棱镜，这类偏光器件价格昂贵。称之为晶体起偏器。

偏振片：一般用具有网状分子结构的高分子化合物——聚乙烯醇薄膜作为片基，将这种薄膜浸染具有强烈二向色性的碘，经过硼酸水溶液的还原稳定后，再将其单向拉伸4～5倍以上而制成。这种偏振片称 H 偏振片。

三、马吕斯定律

自然光通过偏振片变成光强为 I_0，振幅为 A 的线偏振光，再垂直入射到另一块偏振片上，出射光强为：

$$I = I_0 \cos^2 \theta$$

式中：θ 为两偏振片透振方向之间的夹角。

这就是马吕斯定律。

四、波片的偏光作用

单轴晶体制成厚度为 L，表面平行于光轴的晶体片，称波片。波片有正晶体或负晶体之分。

一束振幅为 A 的线偏振光垂直入射在波片表面上，且振动方向与光轴夹角为 θ，在晶体内分解成 o 光和 e 光，振幅分别是 $A_o = A\sin\theta$，$A_e = A\cos\theta$。经过波片后，二光产生位相差：

$$\Delta \Phi = 2\pi(n_o - n_e)L/\lambda_0$$

式中：λ_0 为光在真空中的波长；n_o、n_e 为晶片对 o 光和 e 光的折射率。

因为波片能使 o 光或 e 光的位相推迟，又称为位相推迟器。

o 光和 e 光振动方向相互垂直，频率相同，位相差恒定，由振动合成可得：

$$\frac{x^2}{A_e^2} + \frac{y^2}{A_o^2} - \frac{2xy}{2A_e A_o}\cos^2\Delta\varphi = \sin^2\Delta\varphi$$

这是椭圆方程式，代表椭圆偏振光。

当 $\Delta\varphi = 2k\pi(k = 1, 2, 3, \cdots)$ 及 $A_o = A_e$ 时，合成振动为圆偏振光。

【实验仪器】

偏振片（两个），单色玻片，1/4 波片，光具座，光电管，白色光屏，电源（30V），数字万用表和光源等。

【实验内容】

一、自然光和平面偏振光的检验

（1）将平行光直接射到偏振片上，以其传播方向为轴转动偏振片一周，用眼睛直接观察透射光强度的变化。

（2）在第一个偏振片的后面放上第二个偏振片，再转动偏振片一周（转动任意一个都可以），用眼睛直接观察透射光强度变化情况。将两次观察结果记入表 2-20-1 进行比较，并作出结论。

二、验证马吕斯定律

（1）按图 2-20-2 将光电管、灵敏电流计等接成光电检测电路。光电管在透射光照射下，电路中产生的饱和光电流与透射光强成正比，故通过对光电流的测量可反映透射光强度的变化。

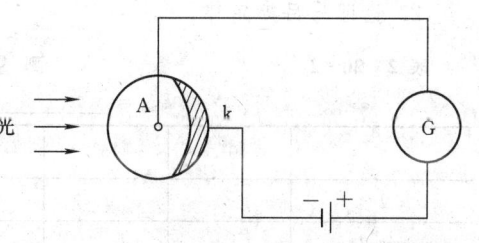

图 2-20-2　验证马吕斯定律线路图

（2）如图 2-20-3 所示的实验装置，将检偏器 P_2 转至 90°位置后，转动起偏器 P_1 到消光位置，固定 P_1。实验时，P_1 和 P_2 要尽量靠近，光电管套筒要贴近 P_2，以减小杂散光线对实验结果的影响。

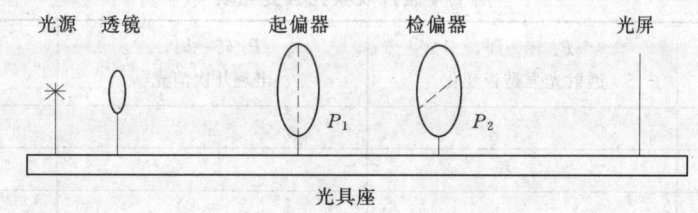

图 2-20-3　平面偏振光的产生与检验

（3）将 P_2 转到 0°（此时光电流为最大值）开始测量，每转 15°测量一次光电流的数值。将测量结果记入数据表格。

三、圆偏振光和椭圆偏振光的产生与检验

（1）在光源和 P_1 间插入一片单色玻片，使入射光成为单色光。转动 P_2，用眼睛直接观察光强变化到光斑最暗（这时 P_1 和 P_2 透光方向垂直）。

（2）保持 P_1 和 P_2 不动，在 P_1 和 P_2 间插入 1/4 波片。转动波片，再使光斑最暗（用眼睛直接观察）。以此时波片光轴位置为起点，转动 1/4 波片；使其光轴与起始位置的夹角依次为 0°、15°、30°、45°、60°、75°、90°时，分别将 P_2 转动一周，根据你看到的光斑明暗变化情况，记入下面的表格中，并对 P_2 的入射光偏振态分别作出判断。

【数据记录与处理】

1. 自然光和平面偏振光的检验

表 2-20-1　　　　　　　观 察 光 波 变 化 表

偏振片	P 转一周，透射光强是否变化？	P 转动一周，出现几次消光？	入射光偏振态
放一个			
放两个			

2. 验证马吕斯定律

表 2-20-2　　　　　　　　测 量 数 据 表 格

I_{max} = ＿＿＿＿＿；　　I_{min} = ＿＿＿＿＿。

θ	0°	15°	30°	45°	60°	75°	90°
I							
$\cos^2\theta$							
$I - I_{min}$							

以 $I - I_{min}$ 为纵坐标，$\cos^2\theta$ 为横坐标作图。如果图线为通过坐标原点的直线，则表明马吕斯定律已被验证。

3. 圆偏振光和椭圆偏振光的产生与检验情况（表 2-20-3）

表 2-20-3　　　　　　用 1/4 波片观察光强变化表

1/4 波片转角	P_2 转一周，透射光强是否变化	P_2 转一周，出现几次消光	入射光偏振态
0°			
15°			
30°			
45°			
60°			
75°			
90°			

【思考题】

（1）两偏振片用支架安置于光具座上，正交后消光，一片不动，另一片的两个表面转换 180°，会有什么现象？如有出射光，是什么原因？

（2）两片正交偏振片中间再插入一偏振片会有什么现象？怎样解释？

（3）波片的厚度与光源的波长是什么关系？

第三章 综合性实验

本章实验在同一个实验中涉及力学、热学、电磁学、光学、近代物理等多个知识领域，综合应用多种方法和技术的实验。实验的目的是巩固基础性实验阶段的学习成果，开阔眼界和思路，提高对实验方法和实验技术的综合运用能力。

本章安排的实验有：

实验一　密立根油滴实验

实验二　弗兰克—赫兹实验

实验三　光电效应法测定普朗克常数

实验四　声速的测定

实验五　核磁共振实验

实验六　音频信号光纤传输技术实验

实验七　全息照相

第三章 综合性实验

● 实验一 密立根油滴实验

美国物理学家密立根（R. A. Millikan）在 1909～1917 年通过实验测量微小油滴上所带电荷的电量，证明任何带电物体所带的电量 q 为基本电荷 e 的整数倍，明确了电荷的不连续性，并精确地测定出基本电荷 e 的数值。由于密立根油滴实验设计巧妙、原理清楚、设备简单、结果准确，所以它是物理学史上一个著名而有启发性的物理实验。1923 年密立根因在基本电荷和光电效应研究方面作出杰出贡献而荣获诺贝尔物理学奖。

【实验目的】

（1）通过对带电油滴在重力场和静电场中运动的测量，证明电荷的不连续性，并测量基本电荷 e 的大小。

（2）通过实验中对仪器的调整，油滴的选择、跟踪、测量及数据处理，培养学生科学实验的方法和态度。

（3）了解现代测量技术在实验中的应用。

【实验原理】

用喷雾器将油滴喷入两块相距为 d 的水平放置的平行板之间，如图 3-1-1 所示。由于喷射时的摩擦，油滴一般带有电量 q。

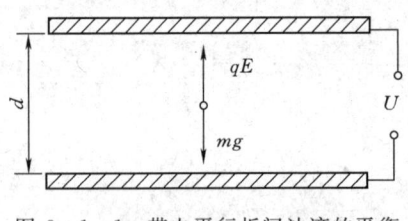

图 3-1-1 带电平行板间油滴的平衡

当平行板间加有电压 U，产生电场 E，油滴受电场力作用。调整电压的大小，使油滴所受的电场力与重力相等，油滴将静止地悬浮在极板中间。此时：

$$mg = qE = q\frac{U}{d}$$

或

$$q = \frac{mgd}{U} \quad (3-1-1)$$

U、d 是容易测量的物理量，如果进一步测量出油滴的质量 m，就能得到油滴所带的电量。但如此微小的油滴，难以直接测其质量。需要特殊方法测定：

设油滴的密度为 ρ，油滴半径为 r（由于表面张力的原因，油滴近似呈球状），油滴的质量 m 可用式（3-1-2）表示：

$$m = \frac{4}{3}\pi r^3 \rho \quad (3-1-2)$$

去掉平行板间电压，油滴受重力而下降，同时受到空气的黏滞性对油滴所产生的阻力，黏滞力与下降速度成正比，即服从斯托克斯定律：

$$f_r = 6\pi r \eta v \quad (3-1-3)$$

式中：η 是空气黏滞系数；r 是油滴半径；v 是油滴下落速度。

油滴受重力：

$$G = \frac{4}{3}\pi r^3 \rho g \qquad (3-1-4)$$

当油滴在空气中下降一段距离时，黏滞阻力增大，达到二力平衡，油滴开始匀速下降：

$$\frac{4}{3}\pi r^3 \rho g = 6\pi r \eta v \qquad (3-1-5)$$

解出油滴半径：

$$r = \sqrt{\frac{9\eta v}{2\rho g}} \qquad (3-1-6)$$

对于半径小到 10^{-6} m 的油滴，空气介质不能认为是均匀连续的，因而需将空气的黏滞系数 η 修正为：

$$\eta' = \frac{\eta}{1+\dfrac{b}{pr}}$$

式中：b 为一修正系数；p 为大气压强。于是可得：

$$r = \sqrt{\frac{9\eta v}{2\rho g} \frac{1}{1+\dfrac{b}{pr}}} \qquad (3-1-7)$$

$$m = \frac{4}{3}\pi \left[\frac{9\eta v}{2\rho g}\frac{1}{1+\dfrac{b}{pr}}\right]^{3/2} \rho \qquad (3-1-8)$$

式（3-1-8）根号中还包含油滴半径 r，但因它是处于修正项中，不需十分精确，故可将式（3-1-6）带入式（3-1-8）进行计算。

考虑到油滴匀速下降的速度 v 等于匀速下降的距离 l 与经过这段距离所需时间 t 的比值，即 $v=l/t$。得到：

$$m = \frac{4}{3}\pi \left[\frac{9\eta l}{2\rho g t}\frac{1}{1+\dfrac{b}{pr}}\right]^{3/2} \rho \qquad (3-1-9)$$

将式（3-1-9）代入式（3-1-1）可得：

$$q = ne = \frac{18\pi}{\sqrt{2\rho g}}\left[\frac{\eta l}{t\left(1+\dfrac{b}{pr}\right)}\right]^{3/2} \frac{d}{U} \qquad (3-1-10)$$

式（3-1-10）及式（3-1-6）就是本实验所用的基本公式。

实验发现，油滴的电量是某最小恒量的整数倍，即 $q=ne$，$n=\pm 1, \pm 2, \cdots$。这样就证明了电荷的不连续性，并存在着最小的电荷单位，即电子的电荷值 e。

【实验仪器】

密立根油滴仪，实验油，喷雾器，监视器。

【实验内容】

1. 仪器调节

(1) 将仪器放平稳，调节调平螺丝，使水准仪指示水平，这时平行板处于水平位置。

(2) 打开油滴仪和监视器电源开关，先使仪器预热一段时间。

(3) 将"平衡电压"和"升降电压"两开关均置于"0"位置，将油从油雾室的喷雾口喷入（喷一次即可），微调测量显微镜的调焦手轮，这时视场中将出现大量清晰的油滴，有如夜空繁星。

2. 测量练习

(1) 练习控制油滴。平行极板加上 240V 左右的平衡电压（"+"或"-"随意），可见到多数油滴很快升降而消失，选择一个因加电压而运动缓慢的油滴，仔细调节平衡电压使油滴平衡。利用升降电压使它上升，然后将电压全部去掉，让油滴自由降落。如此反复升降，多次练习，掌握控制和观察油滴的方法。

(2) 练习选择油滴。选择一个大小适当、带电量适中的油滴，是本实验中每次测量的关键一环。油滴太大，自由降落太快，测量时速度尚未达到匀速，必然误差大，而且油滴须带电较多才易于平衡，由于电量的绝对误差会接近于电子电量，使结果不易测准。油滴太小，又会因热扰运动和布朗运动，使测量时涨落太大。为此，可在刚出现的"繁星"自由降落时，选定几个运动较慢又不过分缓慢的油滴，再将 240V 左右的平衡电压加上去，设法留住其中一个。

(3) 练习测量油滴运动的时间。利用平衡电压及升降电压，把选中的油滴调到电场最上方，然后去掉全部电压，待油滴速度稳定并通过某一条刻线时按动秒表，记录降落一段距离所需要的时间，并及时把油滴控制在视场内不要丢失。反复几次，以掌握测量时间的方法。

3. 正式测量

由式（3-1-10）可知，进行本实验要测量的只有两个量，一个是平衡电压 U，另一个是油滴匀速下降一段距离 l 所需要的时间 t。测量平衡电压必须经过仔细调节，将油滴悬于分划板上某条横线附近，以便准确判断出这颗油滴是否平衡。

测量油滴匀速下降一段距离 l 所需的时间 t 时，为保证油滴下降时速度均匀，应先让它下降一段距离后再测量时间。选定测量的一段距离应该在平行极板之间的中央部分，若太靠近上极板，小孔附近有气流，电场也不均匀，会影响测量结果。太靠近下极板，油滴容易丢失，影响重复测量。一般取分划板中央部分 $l=0.200\text{cm}$ 比较合适。

由于实验的统计涨落现象显著，对于同一颗油滴应进行 6~10 次测量，而且每次测量都要重新调整平衡电压，并记录此电压值。同时还应该分别对 6~10 颗油滴进行反复的测量。

【数据记录与处理】

油的密度 $\rho=981\text{kg/m}^3$；空气黏滞系数 $\eta=1.83\times10^{-5}\text{kg/(m·s)}$；

重力加速度 $g=9.80\text{m/s}^2$；油滴匀速下降的距离 $l=2.00\times10^{-3}\text{m}$；

修正常数 $b=6.17\times10^{-6}\text{m·cmHg}$；大气压强 $p=76.0\text{cmHg}$；

平行极板间距 $d=5.00\times10^{-3}$ m。

将以上数据代入公式得：

$$q = \frac{1.43\times10^{-14}}{[t(1+0.02\sqrt{t})]^{3/2}} \frac{1}{U_n}$$

为了证明电荷的不连续性和所有电荷都是基本电荷 e 的整数倍，并得到基本电荷 e 值，我们应对实验测得的各个电量 q 求最大公约数。这个最大公约数就是基本电荷，也就是电子的电荷值。但是对于初学者可以用"倒过来验证"的办法进行数据处理。即用公认的电子电荷值 $e=1.602\times10^{-19}$ C 去除实验测得的电量 q，得到很接近于某一个整数的数值，然后取其整数，这个整数就是油滴所带的基本电荷数目 n'。再用这个 n 去除实验测得的电量，即得电子的电荷值 e'，求出 $\overline{e'}$ 并与公认值比较。

表 3-1-1　　　　　　　　实验处理结果记录表

项目 \ 次数	1	2	3	4	5	6
T (s)						
U (V)						
q (C)						
n						
n'						
e'						
$\overline{e'}$ (C)						
S （标准偏差）(C)			E_x （相对误差）			
结果表达：$\overline{e'}\pm s$						

【注意事项】

(1) 使用喷雾器往油雾室喷油时，不要连续喷多次，一般喷一下即可，以防堵塞极板上的小孔。

(2) 正确控制选中的油滴，不要跑出显示器的屏幕。要求每个油滴测量6～10次。

(3) 在测量过程中，不断校准平衡电压，每一次测量都要记录平衡电压值。若发现平衡电压有明显改变，则应作为一颗新的油滴记录其测量数据。

【思考题】

(1) 对实验结果造成影响的主要因素有哪些？

(2) 如何判断油滴盒内两平行极板是否水平？不水平对实验结果有何影响？

(3) 如何判断油滴是否处在平衡状态？

(4) 实验中如何选择合适的油滴进行测量？

(5) 实验中测量油滴匀速运动的时间 t 时，如何保证油滴作匀速运动？

● 实验二 弗兰克—赫兹实验

1913年，丹麦物理学家波尔（N. Bohr）提出了一个氢原子模型，并指出原子存在能级。该模型在预言氢光谱的观察中取得了显著的成功。根据波尔的原子理论，原子光谱中的每根谱线表示原子从某一个较高能态向另一个较低能态跃迁时的辐射。1914年，德国物理学家弗兰克（J. Franck）和赫兹（G. Hertz）对勒纳用来测量电离电位的实验装置作了改进，他们同样采取慢电子（几个到几十个电子伏特）与单元素气体原子碰撞的办法，但着重观察碰撞后电子发生什么变化（勒纳则观察碰撞后离子流的情况）。通过实验测量，电子和原子碰撞时会交换某一定值的能量，且可以使原子从低能级激发到高能级。实验直接证明了原子发生跃变时吸收和发射的能量是分立的、不连续的，即原子能级是存在的，从而证明了波尔理论的正确。弗兰克和赫兹共同分享了1925年度的诺贝尔物理学奖。

弗兰克—赫兹实验至今仍是探索原子结构的重要手段之一，实验中用的"拒斥电压"筛去小能量电子的方法，已成为广泛应用的实验技术。

【实验目的】

(1) 通过测定汞原子或氩原子等元素的第一激发电势来了解和证明原子能级的存在。
(2) 根据已知的元素的第一激发电势表判断弗兰克—赫兹管中的气体元素。

【实验原理】

波尔提出的原子理论指出：

(1) 原子只能较长地停留在一些稳定状态（简称为定态）。原子在这些状态时，不发射或吸收能量；各定态有一定的能量，其数值是彼此分离的。原子的能量不论通过什么方式发生改变，它只能从一定态跃迁到另一定态。

(2) 原子从一个定态跃迁到另一个定态而发射或吸收辐射时，辐射频率是一定的。如果用 E_m 和 E_n 分别代表有关两定态的能量的话，辐射的频率 ν 决定于如下关系：

$$h\nu = E_m - E_n \qquad (3-2-1)$$

式中：普朗克常数 $h = 6.63 \times 10^{-34} \mathrm{J \cdot s}$。

为了使原子从低能级向高能级跃迁，可以通过具有一定能量的电子与原子相碰撞进行能量交换的办法来实现。

在正常的情况下原子所处的定态是低能态，称为基态，其能量为 E_1。当原子以某种形式获得能量时，它可由基态跃迁到较高的能量的定态，称为激发态。激发态能量为 E_2 的称为第一激发态，从基态跃迁到第一激发态所需的能量称为临界能量，数值上等于 $E_2 - E_1$。

通常在两种情况下可让原子状态改变：①当原子吸收或发射电磁辐射时；②用其他粒子碰撞原子而交换能量时。用电子轰击原子实现能量交换最方便，因为电子的能量 eU，可通过改变加速电势 U 来控制。弗兰克—赫兹实验就是用这种方法证明原子能级的存在。

如果电子的能量 eU 很小,电子和原子只能发生弹性碰撞,几乎不发生能量交换;设初速度为零的电子在电位差为 U_0 的加速电场作用下,获得能量 eU_0。当具有这种能量的电子与稀薄气体原子(比如十几个氩原子)发生碰撞时,电子与原子发生非弹性碰撞,实现能量交换。如以 E_1 代表氩原子的基态能量,E_2 代表氩原子的第一激发态能量,那么当氩原子吸收从电子传递来的能量恰好为:

$$eU_0 = E_2 - E_1 \qquad (3-2-2)$$

这时,氩原子就会从基态跃迁到第一激发态。而且相应的电位差称为氩的第一激发电位(或称氩的中肯电位)。测定出这个电位差 U_0,就可以根据式(3-2-2)求出氩原子的基态和第一激发态之间的能量差(其他元素气体原子的第一激发电位亦可依此法求得)。弗兰克—赫兹实验的原理图如图 3-2-1 所示。

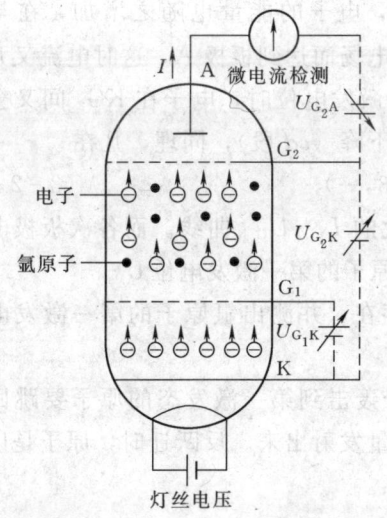
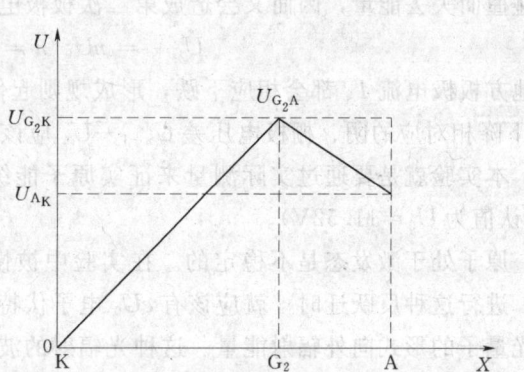

图 3-2-1 弗兰克—赫兹原理图　　图 3-2-2 弗兰克—赫兹管管内空间电位分布

在充氩的弗兰克—赫兹管中,电子由热阴极出发,阴极 K 和第二栅极 G_2 之间的加速电压 U_{G_2K} 使电子加速。在板极 A 和第二栅极 G_2 之间加有反向拒斥电压 U_{G_2A}。管内空间电位分布如图 3-2-2 所示。当电子通过 KG_2 空间进入 G_2A 空间时,如果有较大的能量(不小于 eU_{G_2A}),就能冲过反向拒斥电场而达板极形成板流,为微电流计表检出。如果电子在 KG_2 空间与氩原子碰撞,把自己一部分能量传给氩原子而使后者激发的话,电子本身所剩余的能量就很小,以致通过第二栅极后已不足以克服拒斥电场而被折回到第二栅极,这时,通过微电流计表的电流将显著减小。

实验时,使 U_{G_2K} 电压逐渐增加并仔细观察电流计的电流指示,如果原子能级确实存在,而且基态和第一激发态之间存在确定的能量差的话,就能观察到如图 3-2-3 所示的 $I_A \sim U_{G_2K}$ 曲线。图 3-2-3 所示的曲线反映了氩原子在 KG_2 空间与电子进行能量交换的情况。当 KG_2 空间电压逐渐增加时,电子如图 3-2-3 充氩的弗兰克—赫兹管 $I_A \sim U_{G_2}$ 曲线在 U_{G_2K} 空间被加速而取得越来越大的能量。但起始阶段,由于电压较低,电子的能量较少,即使在运动过程中它与原子相碰撞也只有微小的能量交换(为弹性碰撞)。穿过第二栅极的电子所形成的板流 I_A 将随第二栅极电压 U_{G_2K} 的增加而增大。如图 3-2-3 的

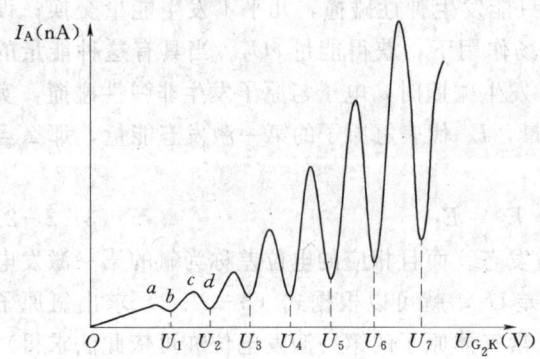

图 3-2-3 弗兰克—赫兹管 $I_A \sim U_{G_2K}$ 曲线

oa 段，当 KG_2 间的电压达到氩原子的第一激发电位 U_0 时，电子在第二栅极附近与氩原子相碰撞，将自己从加速电场中获得的全部能量交给后者，并且使后者从基态激发到第一激发态。而电子本身由于把全部能量交给了氩原子，即使穿过了第二栅极也不能克服反向拒斥电场而被折回第二栅极（被筛选掉）。所以板极电流将显著减小（如图 3-2-3 所示 ab 段）。随着第二栅极电压的增加，电子的能量也随之增加，在与氩原子相碰撞后还留下足够的能量，可以克服反向拒斥电场而达到板极 A，这时电流又开始上升（bc 段）。直到 KG_2 间电压是两倍氩原子的第一激发电位时，电子在 KG_2 间又会二次碰撞而失去能量，因而又会造成第二次板极电流的下降（cd 段），同理，凡在

$$U_{G_2K} = nU_0 (n = 1, 2, 3, \cdots) \quad (3-2-3)$$

的地方板极电流 I_A 都会相应下跌，形成规则起伏变化的 $I_A \sim U_{G_2K}$ 曲线。而各次板极电流 I_A 下降相对应的阴、栅极电压差 $U_{n+1} - U_n$ 应该是氩原子的第一激发电位 U_0。

本实验就是要通过实际测量来证实原子能级的存在，并测出氩原子的第一激发电位（公认值为 $U_0 = 11.52$V）。

原子处于激发态是不稳定的。在实验中被慢电子轰击到第一激发态的原子要跳回基态，进行这种反跃迁时，就应该有 eU_0 电子伏特的能量发射出来。反跃迁时，原子是以放出光量子的形式向外辐射能量。这种光辐射的波长为：

$$eU_0 = h\nu = h\frac{c}{\lambda} \quad (3-2-4)$$

对于氩原子：

$$\lambda = \frac{hc}{eU_0} = \frac{6.63 \times 10^{-34} \times 3.00 \times 10^8}{1.6 \times 10^{-19} \times 11.52} \text{m} = 1081 \text{Å}$$

如果弗兰克—赫兹管中充以其他元素，则可以得到它们的第一激发电位，见表 3-2-1。

表 3-2-1   几种元素的第一激发电位

元　素	钠（Na）	钾（K）	锂（Li）	镁（Mg）	汞（Hg）	氦（He）	氩（Ar）
第一激发电势 U_0（V）	2.12	1.63	1.84	3.20	4.90	21.2	11.5
λ（Å）	5898	7664	6707.8	4571	2500	584.3	1081

【实验仪器和装置】

弗兰克—赫兹实验仪，如图 3-2-4 所示。

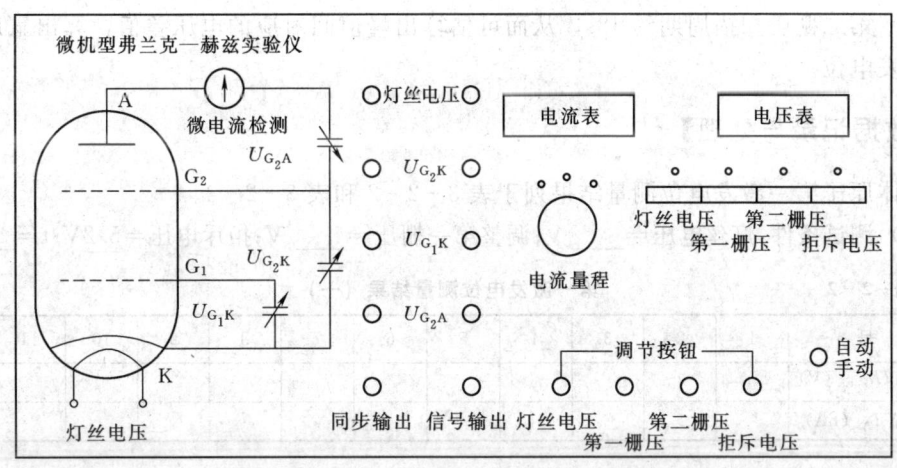

图 3-2-4 弗兰克—赫兹实验仪装置图

【实验内容】

1. 手动方式实验步骤

（1）将面板上的四对插座（灯丝电压；U_{G_2K}：第二栅压；U_{G_1K}：第一栅压；U_{G_2A}：拒斥电压）按面板上的接线图与电子管测试架上的相应插座用专用连接线连好，将"信号输出"及"同步输出"与示波器相连。微电流检测器已在内部连好。第一次实验时先将电子管小心地从插座上拔出。

（2）打到"手动"位置（弹出位置），加电五分钟以后可往下进行实验。

（3）调整灯丝电压，使其在 3.6～3.9V 之间，一般固定在 3.8V，灯丝电压调整好后，一般在中途不宜再改动。注意：灯丝电压不要超过 4.5V。

（4）调整第一栅压，使其在 2～3V 之间，一般固定在 2.1V。

（5）调整拒斥电压，使其在 5～7V 之间，一般固定在 5.2V。

（6）上述电压正常后，将电压表置于第二栅压位置，将电子管小心地插在插座上（断电后插上电子管，再开机）。缓慢调节第二栅压（从 0～85V，步距可为 0.1～0.5V），记下相应的板极电流 I_A，作出 $U_{G_2K} \sim I_A$ 曲线。

（7）将拒斥电压增加 0.5V，重复步骤（6），作出另外一条 $U_{G_2K} \sim I_A$ 曲线，然后比较上述两条曲线。

（8）求出各峰值所对应的电压值，用逐差法求出氩原子第一激发电位，并与公认值 11.5V 相比较，求出相对误差。

2. 自动方式实验步骤

（1）按手动方式把实验连线连好，将灯丝电压、第一栅压、拒斥电压调整好。

（2）打到"自动"挡（按下位置），加电 5min 以后可往下进行实验。

（3）将电压表置于第二栅压位置，将电流量程置于 10^{-9}A 挡，这时可看到第二栅压从 0～82V 不断扫描，电流表的读数也不断在变化。

(4) 调整示波器的幅度及扫描旋钮,使其能在屏幕上实时地看到 6 个峰值。

(5) 第二栅压扫描周期约 48s,从而可估算出峰值间对应的电压差值,算出氩原子的第一激发电位。

【数据记录与处理】

气体原子第一激发电位测量结果列于表 3-2-2 和表 3-2-3。

(1) 测试条件:灯丝电压=____V;调整第一栅压=____V;拒斥电压=5.2V;t=____℃。

表 3-2-2 第一激发电位测量结果(一)

序 号	1	2	3	4	5	6	7	8	9	10	11	⋯
第二栅压 U_{G_2K} (V)												
板极电流 I_A (nA)												

根据上面表格中的测量数据,用 Excel 画出 $U_{G_2K} \sim I_A$ 的曲线。

(2) 测试条件:灯丝电压=____V;调整第一栅压=____V;拒斥电压=5.7V;t=____℃。

表 3-2-3 第一激发电位测量结果(二)

序 号	1	2	3	4	5	6	7	8	9	10	11	⋯
第二栅压 U_{G_2K} (V)												
板极电流 I_A (nA)												

根据上面表格中的测量数据,用描 Excel 画出 $U_{G_2K} \sim I_A$ 的曲线;

(3) 求出各峰值所对应的电压值,用逐差法求出氩原子第一激发电位,并与公认值 11.5V 相比较,求出相对误差。

【注意事项】

(1) 使用前应正确连接好仪器面板至测试架的连线,连好后至少检查 3 遍。

(2) 第一次试验时最好先把电子管拔出后再通电,然后检查灯丝电压、第一栅压及拒斥电压,将其调到正确的值,然后再插上电子管。拔插电子管时要小心,不要损坏电子管。

(3) 灯丝电压不要超过 4.5V,第二栅压不要超过 85V。

(4) 尽量避免使各组电源线短路。

(5) 实验结束后,切断电流,保管好被测电子管。仪器长期放置不用后再次使用时,请先加电预热 30min 后使用。

【思考题】

(1) 弗兰克—赫兹实验中测定第一激发电势时,其第一峰值电压为何不是该气体的第一激发电势 U_0?

(2) F—H(弗兰克—赫兹)管内灯丝温度对实验结果有何影响?

(3) 对 F—H 管内所充的原子有何要求?

(4) 如何测定较高能级的激发电位或电离电位?

实验三 光电效应法测定普朗克常数

1887年赫兹在用两套电极做电磁波的发射与接收的实验中，发现当紫外光照射到接收电极的负极时，接收电极间更易于产生放电，赫兹的发现吸引许多人去做这方面的研究工作。斯托列托夫发现负电极在光的照射下会放出带负电的粒子，形成光电流，光电流的大小与入射光强度成正比，光电流是在照射开始时立即产生，无需时间上的积累。1899年，汤姆逊测定了光电流的荷质比，证明光电流是阴极在光照射下发射出的电子流。赫兹的助手勒纳德从1889年就从事光电效应的研究工作，1900年，他用在阴阳极间加反向电压的方法研究电子逸出金属表面的最大速度，发现光源和阴极材料都对截止电压有影响，但光的强度对截止电压无影响，电子逸出金属表面的最大速度与光强无关，这是勒纳德的新发现，勒纳德因在这方面的工作获得了1905年的诺贝尔物理奖。

1905年爱因斯坦发展了辐射能量E以$h\nu$（ν是光的频率）为不连续的最小单位的量子化思想，成功地解释了光电效应实验中遇到的问题。1916年密立根用光电效应法测量了普朗克常数h，确定了光量子能量方程式的成立。而今光电效应已经广泛地应用于各科技领域，利用光电效应制成的光电器件（如光电管、光电池、光电倍增管等）已成为生产和科研中不可缺少的器件。

【实验目的】

（1）了解光的量子性，光电效应的规律，加深对光的量子性的理解。
（2）测量光电管的弱电流特性，找出不同光频率下的截止电压。
（3）验证爱因斯坦方程，并测定普朗克常数h。
（4）学习用作图法处理数据。

【实验原理】

光电效应实验原理如图3-3-1所示，其中S为真空光电管，K为阴极，A为阳极，当无光照射阴极时，由于阳极与阴极是断路，所以检流计G中无电流流过，当用一波长比较短的单色光照射到阴极K上时，形成光电流，光电流随加速电位差U变化的伏安特

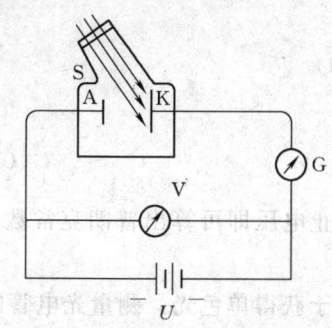

图3-3-1 光电效应实验原理图

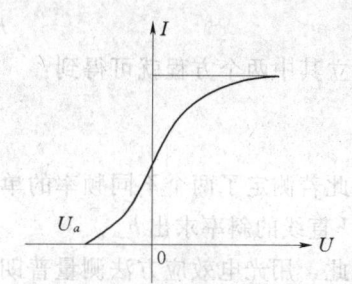

图3-3-2 光电管的伏安特性曲线

性曲线如图 3-3-2 所示。

一、光电流与入射光强度的关系

光电流随加速电位差 U 的增加而增加，加速电位差增加到一定量值后，光电流达到饱和值 I_H，饱和电流与光强成正比，而与入射光的频率无关。当 $U=U_A-U_K$ 变成负值时，光电流迅速减小。实验指出，有一个截止电压 U_a 存在，当电位差达到这个值时，光电流为零。

二、光电子的初动能与入射光频率之间的关系

光电子从阴极逸出时，具有初动能，在减速电压下，光电子逆着电场力方向由 K 极向 A 极运动，当 $U=U_a$ 时，光电子不再能到达 A 极，光电流为零，所以电子的初动能等于它克服电场力所做的功，即：

$$\frac{1}{2}mv^2 = eU_a \tag{3-3-1}$$

根据爱因斯坦关于光的本性的假设，光是一粒一粒运动着的粒子流，这些光粒子称为光子，每一光子的能量为 $E=h\nu$，其中 h 为普朗克常量，ν 为光波的频率，所以不同频率的光波对应光子的能量不同，光电子吸收了光子的能量 $h\nu$ 之后，一部分消耗于克服电子的逸出功 A，另一部分转换为电子动能，由能量守恒定律可知：

$$h\nu = \frac{1}{2}mv^2 + A \tag{3-3-2}$$

式（3-3-2）称为爱因斯坦光电效应方程。

由此可见，光电子的初动能与入射光频率 ν 呈线性关系，而与入射光的强度无关。

三、光电效应有光电阈存在

实验证明，当光的频率 $\nu<\nu_0$ 时，不论用多强的光照射到物质都不会产生光电效应，根据式（3-3-2），$\nu_0=\dfrac{A}{h}$，ν_0 称为红限。

爱因斯坦光电效应方程同时提供了测普朗克常数的一种方法：由式（3-3-1）和式（3-3-2）可得：$h\nu=e|U_0|+A$，当用不同频率（$\nu_1,\nu_2,\nu_3,\cdots,\nu_n$）的单色光分别作光源时，就有：

$$h\nu_1 = e|U_1| + A$$
$$h\nu_2 = e|U_2| + A$$
$$\vdots$$
$$h\nu_n = e|U_n| + A$$

任意联立其中两个方程就可得到：

$$h = \frac{e(U_i - U_j)}{\nu_i - \nu_j} \tag{3-3-3}$$

由此若测定了两个不同频率的单色光所对应的截止电压即可算出普朗克常数 h，也可由 $\nu-U$ 直线的斜率求出 h。

因此，用光电效应方法测量普朗克常数的关键在于获得单色光，测量光电管的伏安特性曲线和确定截止电压值。

实验中，单色光可由汞灯光源经过滤光片选择谱线产生，汞灯是一种气体放电光源，点燃稳定后，在可见光区域内有几条波长相差较远的强谱线，见表3-3-1，与滤光片联合作用后可产生需要的单色光。

表3-3-1　　　　　　　　　　　可见光区汞灯强谱线表

波长（nm）	频率（10^{14}Hz）	颜　色	波长（nm）	频率（10^{14}Hz）	颜　色
579.0	5.179	黄	435.8	6.879	蓝
577.0	5.196	黄	404.7	7.408	紫
546.1	5.490	绿	365.0	8.214	近紫外

为了获得准确的遏止电位差值，实验用的光电管应该具备下列条件：
(1) 对所有可见光谱都比较灵敏。
(2) 阳极包围阴极，这样当阳极为负电位时，大部分光电子仍能射到阳极。
(3) 阳极没有光电效应，不会产生反向电流。
(4) 暗电流很小。

但是实际使用的真空型光电管并不完全满足以上条件，由于存在阳极光电效应所引起的反向电流和暗电流（即无光照射时的电流），所以测得的电流值，实际上包括上述两种电流和由阴极光电效应所产生的正向电流三个部分，所以伏安曲线并不与U轴相切，由于暗电流是由阴极的热电子发射及光电管管壳漏电等原因产生，与阴极正向光电流相比，其值很小，且基本上随电位差U呈线性变化，因此可忽略其对遏止电位差的影响。阳极反向光电流虽然在实验中较显著，但它服从一定规律，据此，确定遏止电位差值，可采用以下两种方法。

1. 交点法

光电管阳极用逸出功较大的材料制作，制作过程中尽量防止阴极材料蒸发，实验前对光电管阳极通电，减少其上溅射的阴极材料，实验中避免入射光直接照射到阳极上，这样可使它的反向电流大大减少，其伏安特性曲线与图3-3-2十分接近，因此曲线与U轴交点的电位差值近似等于遏止电位差U_a，此即交点法。

2. 拐点法

光电管阳极反向光电流虽然较大，但在结构设计上，若使反向光电流能较快地饱和，则伏安特性曲线在反向电流进入饱和段后有着明显的拐点，如图3-3-3所示，此拐点的电位差即为遏止电位差。

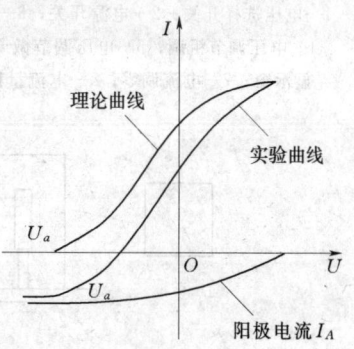

图3-3-3　存在反向电流的光电管伏安特性曲线

【实验仪器】

1. 光源

用高压汞灯作光源，配以专用镇流器，光谱范围为320.3～872.0nm，可用谱线为

365.0nm、404.7nm、435.8nm、546.1nm、577.0nm 共 5 条强线谱线。

2. 滤光片

滤光片的主要指标是半宽度和透过率。透过某种谱线的滤光片不允许其附近的谱线透过。高压汞灯发出的可见光中，强度较大的谱线有 5 条，仪器配以相应的 5 种滤光片。

3. 光电管暗盒

采用测 h 专用光电管，光不能直接照射到阳极，由阴极反射照到阳极的光也很少，暗电流很低（不大于 2×10^{-12} A），电压调节范围为 $-2\sim+2$V、$-2\sim+30$V 共两档，三位半数显，最小分辨率 0.01V，稳定度不大于 0.1%。

4. 微电流测量仪

在微电流测量中采用了高精度集成电路构成电流放大器，测量仪具有高灵敏度（电流测量范围 $10^{-13}\sim10^{-8}$A）分 6 档，三位半数显，高稳定性（零漂小于满刻度的 0.2%）。

5. 光电管工作电源

普朗克常数测试仪提供了两组光电管工作电源（$-2\sim+2$V，$-2\sim+30$V），连续可调，精度为 0.1%，最小分辨率 0.01V，电压值由三位半 LED 数显。普朗克常数测试仪如图 3-3-4～图 3-3-6 所示。

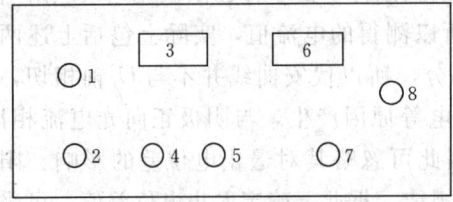

图 3-3-4 普朗克常数测试仪前面板图
1—电压选择开关；2—电源开关；3—电压显示窗；
4—电压调节粗调；5—电压调节微调；6—电流
显示窗；7—电流调零；8—电流量程选择开关

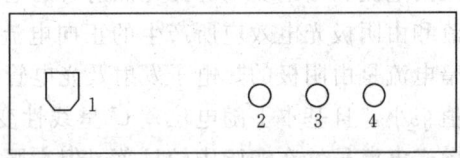

图 3-3-5 普朗克常数测试仪后面板图
1—电源插座；2—电压输出"+"；3—电压
输出"−"；4—微电流输入端

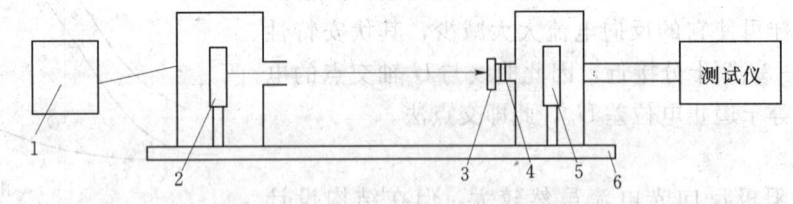

图 3-3-6 仪器整体结构图
1—汞灯电源；2—汞灯；3—滤光片；4—光阑；5—光电管；6—基准平台

【实验内容】

一、测试前准备

将测试仪及汞灯电源接通，预热 20min。

把汞灯及光电管暗箱遮光盖盖上，将汞灯暗箱光输出口对准光电管暗箱光输入口，调整光电管与汞灯距离为约 40cm 并保持不变。

用专用连接线将光电管暗箱电压输入端与测试仪电压输出端（后面板上）连接起来（红—红，蓝—蓝）。将"电流量程"选择开关置于所选档位，仪器在充分预热后，进行测试前调零，旋转"调零"旋钮使电流指示为"000.0"。

用高频匹配电缆将光电管暗箱电流输出端 K 与测试仪微电流输入端（后面板上）连接起来。

二、测光电管的伏安特性曲线

（1）将电压选择按键置于$-2\sim +30V$，根据光电流的大小，将"电流量程"选择开关置于 10^{-10}A 或 10^{-11}A 档；将直径 2mm 的光阑及 435.8nm 的滤色片装在光电管暗箱光输入口上。缓慢调节电压旋钮，令电压输出值缓慢由$-2V$ 增加到$+30V$，$-2\sim 0V$ 之间每隔 0.2V 记一个电流值，$0\sim 20V$ 之间每隔 3V 记一个电流值。但注意在电流值为零处记下截止电压值。数据记录到表 3-3-2 中。

注意：由于光电流会随光源、环境光以及时间的变化而变化，测量光电流时，选定 U_{AK} 后，应取光电流读数的平均值。

（2）在 U_{AK} 为 30V 时，根据光电流的大小，将"电流量程"选择开关置于 10^{-10}A 或 10^{-9}A 档，记录光阑分别为 2mm、4mm、8mm 时对应的电流值于表 3-3-3 中。换上直径 4mm 的光阑及 546.1nm 的滤色片，重复（1）、（2）测量步骤。

（3）选择合适的坐标，用表 3-3-3 的数据在坐标纸上分别作出两种光阑下的光电管伏安特性曲线 $U\sim I$。由于照到光电管上的光强与光阑面积成正比，用表 3-3-3 的数据验证光电管的饱和光电流与入射光强成正比。

三、测普朗克常数 h

（1）将电压选择按键开关置于$-2\sim +2V$ 档，将"电流量程"选择开关置于 10^{-13}A 档，将测试仪电流输入电缆断开，调零后重新接上。

（2）将直径为 4mm 的光阑和 365.0nm 的滤色片装在光电管暗箱输入口上。

（3）从高到低调节电压，用"零电流法"测量该波长对应的 U_0，并将数据记录于表 3-3-4 中。

（4）依次换上 404.7nm、435.8nm、546.1nm、577.0nm 的滤色片，重复步骤（1）、（2）、（3）。

【数据记录与处理】

1. 数据记录

表 3-3-2　　　　　　　　　　$I\sim U_{AK}$　关　系

滤色片 435.8nm 光阑 2nm	U_{AK}（V）						
滤色片 546.1nm 光阑 4nm	U_{AK}（V）						

第三章 综合性实验

表 3-3-3 $I_M \sim P$ 关系 $U_{AK} =$ V

滤色片 435.8nm	光阑孔 ϕ					
	I ($\times 10^{-10}$ A)					
滤色片 546.1nm	光阑孔 ϕ					
	I ($\times 10^{-10}$ A)					

表 3-3-4 $U_0 \sim \nu$ 关系 光阑孔 $\phi =$ mm

波长 λ (nm)	365.0	404.7	435.8	546.1	577.0
频率 ν ($\times 10^{14}$ Hz)	8.216	7.410	6.882	5.492	5.196
截止电压 U_0 (V)					

2. 数据处理

可用以下三种方法之一处理表 3-3-4 的实验数据，得出 $U_a \sim \nu$ 直线的斜率 k。

(1) 根据线性回归理论，$U_a \sim \nu$ 直线的斜率 k 的最佳拟合值为：

$$k = \frac{\overline{\nu U_a} - \overline{\nu} \cdot \overline{U_a}}{\overline{\nu^2} - \overline{\nu}^2}$$

其中：

$$\overline{\nu} = \frac{1}{n} \sum_{i=1}^{n} \nu_i$$

$$\overline{\nu^2} = \frac{1}{n} \sum_{i=1}^{n} \nu_i^2$$

$$\overline{U_a} = \frac{1}{n} \sum_{i=1}^{n} U_{ai}$$

$$\overline{\nu U_a} = \frac{1}{n} \sum_{i=1}^{n} \nu_i U_{ai}$$

式中：$\overline{\nu}$ 表示频率 ν 的平均值；$\overline{\nu^2}$ 表示频率 ν 的平方的平均值；$\overline{U_a}$ 表示截止电压 U_a 的平均值；$\overline{\nu U_a}$ 表示频率 ν 与截止电压 U_a 的乘积的平均值。

(2) 根据最佳拟合值：

$$k = \frac{\Delta U_a}{\Delta \nu} = \frac{U_{ai} - U_{aj}}{\nu_i - \nu_j}$$

可用逐差法从表 3-3-4 的后四组数据中求出两个 k，将其平均值作为所求 k 的数值。

(3) 可用表 3-3-4 的数据在坐标纸上作 $U_a \sim \nu$ 直线，由图求出直线斜率 k。求出直线斜率 k 后，可用 $h = ek$ 求出普朗克常数，并与 h 的公认值 h_0 比较求出相对误差：

$$E_x = \frac{|h - h_0|}{h_0} \times 100\%$$

式中：$e = 1.602 \times 10^{-19}$ C；$h_0 = 6.626 \times 10^{-34}$ J·s。

【注意事项】

(1) 汞灯关闭后，不要立即开启电源；必须待灯丝冷却后，再开启，否则会影响汞灯寿命。

（2）光电管应保持清洁，避免用手摸，而且应放置在遮光罩内，不用时禁止用光照射。

（3）滤光片要保持清洁，禁止用手摸光学面。

（4）在光电管不使用时，要断掉施加在光电管阳极与阴极间的电压，保护光电管，防止意外的光线照射。

【思考题】

（1）光电管为什么要装在暗盒中？为什么在非测量时，用遮光罩罩住光电管窗口？

（2）为什么当反向电压加到一定值后，光电流会出现负值？

（3）入射光的强度对光电流的大小有无影响？

实验四 声速的测定

声波是一种在弹性媒质中传播的纵波。对超声波（频率超过2万Hz的声波）传播速度的测量在超声波测距、测量气体温度瞬间变化等方面具有重大意义。超声波在媒质中的传播速度与媒质的特性及状态因素有关。因而，通过媒质中声速的测定，可以了解媒质的特性或状态变化。例如，测量氯气（气体）、蔗糖（溶液）的浓度、氯丁橡胶乳液的密度以及输油管中不同油品的分界面等问题，都可以通过测定这些物质中的声速来解决。可见，声速测定在工业生产上具有一定的实用意义。

【实验目的】

(1) 了解声速测量仪的结构和测试原理。
(2) 通过实验了解作为传感器的压电陶瓷的功能。
(3) 用共振干涉法、相位比较法测量声速，并加深有关共振、振动合成、波的干涉等理论知识的理解。
(4) 进一步掌握示波器、低频信号发生器的使用。

【实验原理】

根据声波各参量之间的关系可知：

$$u = \lambda \nu$$

式中：u 为波速；λ 为波长；ν 为频率。

在实验中，可以通过测定声波的波长 λ 和频率 ν 求声速。声波的频率 ν 可以直接从低频信号发生器（信号源）上读出，而声波的波长 λ 则常用相位比较法（行波法）和共振干涉法（驻波法）来测量。

一、相位比较法

声速测量仪如图 3-4-1 所示，置示波器功能于 $X—Y$ 方式。当 S1 发出的平面超声波通过媒质到达接收器 S2，在发射波和接收波之间产生相位差：

$$\Delta\varphi = \varphi_1 - \varphi_2 = 2\pi \frac{L}{\lambda} = 2\pi\nu \frac{L}{u} \quad (3-4-1)$$

因此可以通过测量 $\Delta\varphi$ 来求得声速。

$\Delta\varphi$ 的测定可用相互垂直振动合成的李萨如图形来进行。设输入 X 轴的入射波振动方程为：

$$x = A_1\cos(\omega t + \varphi_1) \quad (3-4-2)$$

输入 Y 轴的是由接收器 S2 接收到的波动，其振动方程为：

$$y = A_2\cos(\omega t + \varphi_2) \quad (3-4-3)$$

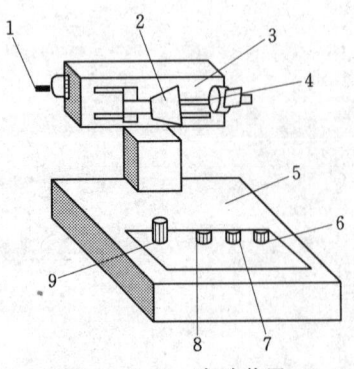

图 3-4-1 实验装置
1—手柄；2—接收换能器；3—螺旋平行移动机构；4—发射换能器；5—底座；6—信号输入插孔；7—信号直接输出插孔；8—接收换能器的信号输出插孔；9—信号直接输出调节

式中：A_1 和 A_2 分别为 X、Y 方向振动的振幅；ω 为角频率；φ_1 和 φ_2 分别为 X、Y 方向振动的初相位。

则合成振动方程为：

$$\frac{x^2}{A_1^2} + \frac{y^2}{A_2^2} - \frac{2xy}{A_1 A_2}\cos(\varphi_2 - \varphi_1) = \sin^2(\varphi_2 - \varphi_1) \quad (3-4-4)$$

此方程轨迹为椭圆，椭圆长、短轴和方位由相位差 $\Delta\varphi = \varphi_1 - \varphi_2$ 决定。当 $\Delta\varphi = 0$ 时，由式得 $y = \frac{A_2}{A_1}x$，即轨迹为处于第一象限和第三象限的一条直线，显然直线的斜率为 $\frac{A_2}{A_1}$，如图 3-4-2（a）所示；$\Delta\varphi = \pi$ 时，得 $y = -\frac{A_2}{A_1}x$，则轨迹为处于第二象限和第四象限的一条直线，如图 3-4-2（e）所示。

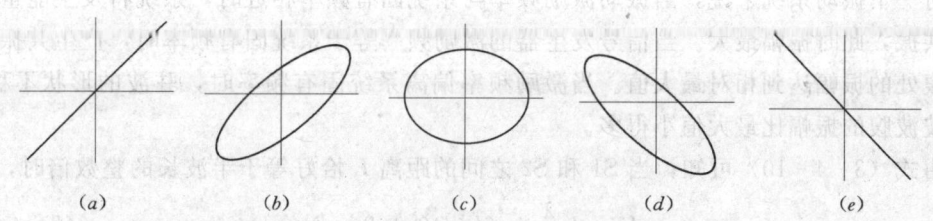

图 3-4-2 合成振动

改变 S1 和 S2 之间的距离 L，相当于改变了发射波和接收波之间的相位差，荧光屏上的图形也随 L 不断变化。显然，当 S1、S2 之间的距离改变半个波长 $\Delta L = \lambda/2$，则 $\Delta\varphi = \pi$。随着振动的相位差从 $0 \sim \pi$ 的变化，李萨如图形从斜率为正的直线变为椭圆，再变到斜率为负的直线。因此，每移动半个波长，就会重复出现斜率符号相反的直线，测得了波长 λ 和频率 ν，根据式 $u = \lambda\nu$ 即可计算出室温下声音在媒质中传播的速度。

二、共振干涉（驻波）法测声速

S1 和 S2 为压电陶瓷超声换能器。S1 作为超声源（发射头），低频信号发生器输出的正弦交变电压信号接到换能器 S1 上，使 S1 发出一平面波。S2 作为超声波接收头，把接收到的声压转换成交变的正弦电压信号后输入示波器观察。S2 在接收超声波的同时还反射一部分超声波。这样，由 S1 发出的超声波和由 S2 反射的超声波在 S1 和 S2 之间产生定域干涉，而形成驻波。

设沿 X 轴正向传播的入射波的波动方程为：

$$Y_1 = A\cos 2\pi\left(\nu t - \frac{x}{\lambda}\right) \quad (3-4-5)$$

设沿 X 轴负向传播的反射波的波动方程为：

$$Y_2 = A\cos 2\pi\left(\nu t + \frac{x}{\lambda}\right) \quad (3-4-6)$$

$$Y = Y_1 + Y_2 = \left(2A\cos 2\pi \frac{x}{\lambda}\right)\cos\omega t \quad (3-4-7)$$

由式（3-4-7）可知，当

$$2\pi \frac{x}{\lambda} = (2k+1)\frac{\pi}{2} \quad (k=0,1,2,\cdots) \tag{3-4-8}$$

即：

$$x = (2k+1)\frac{\lambda}{4} \quad (k=0,1,2,\cdots)$$

时，这些点的振幅始终为零，即为波节。当

$$2\pi \frac{x}{\lambda} = k\pi \quad (k=0,1,2,\cdots) \tag{3-4-9}$$

即：

$$x = k\frac{\lambda}{2} \quad (k=0,1,2,\cdots) \tag{3-4-10}$$

时，这些点的振幅最大，等于 $2A$，即为波腹。故知，相邻波腹（或波节）的距离为 $\lambda/2$。

对一个振动系统来说，当振动激励频率与系统固有频率相近时，系统将发生能量积聚产生共振，此时振幅最大。当信号发生器的激励频率等于系统固有频率时，产生共振，声波波腹处的振幅达到相对最大值。当激励频率偏离系统固有频率时，驻波的形状不稳定，且声波波腹的振幅比最大值小得多。

由式（3-4-10）可知，当 S1 和 S2 之间的距离 L 恰好等于半波长的整数倍时，即

$$L = k\frac{\lambda}{2} \quad (k=0,1,2,\cdots) \tag{3-4-11}$$

形成驻波，示波器上可观察到较大幅度的信号，不满足条件时，观察到的信号幅度较小。移动 S2，对某一特定波长，将相继出现一系列共振态，任意两个相邻的共振态之间，S2 的位移为：

$$\Delta L = L_{k+1} - L_k = (k+1)\frac{\lambda}{2} - k\frac{\lambda}{2} = \frac{\lambda}{2} \tag{3-4-12}$$

所以当 S1 和 S2 之间的距离 L 连续改变时，示波器上的信号幅度每一次周期性变化，相当于 S1 和 S2 之间的距离改变了 $\frac{\lambda}{2}$。此距离 $\frac{\lambda}{2}$ 可由读数标尺测得，频率 ν 由信号发生器读得，由 $u=\lambda\nu$ 即可求得声速。

【实验仪器】

声速测试仪，声速测试函数信号发生器，双踪示波器（20MHz）。

【实验内容】

一、声速测试仪系统的连接与调试

在接通市电后，信号源自动工作在连续波方式，选择的介质为空气的初始状态，预热 15min。连接声速测试仪和声速测试仪信号源及双踪示波器。

1. 测试架上的换能器与声速测试仪信号源之间的连接

信号源面板上的发射端换能器接口 S1，用于输出相应频率的功率信号，接至测试架左边的发射换能器 S1；仪器面板上的接收端的换能器接口 S2，连接至测试架右边的接收换能器 S2。

2. 示波器与声速测试仪信号源之间的连接

信号源面板上的发射端的发射波形 Y1，接至双踪示波器的 CH1（X），用于观察发射波形；信号源面板上的接收端的接收波形 Y2，接至双踪示波器的 CH2（Y），用于观察接收波形。

二、测定压电陶瓷换能器系统的最佳工作点

只有当换能器 S1 和 S2 发射面与接收面保持平行时才有较好的接收效果。为了得到较清晰的接收波形，应将外加的驱动信号频率调节到发射换能器 S1 谐振频率点处，才能较好地进行声能与电能的相互转换，提高测量精度，以得到较好的实验效果。

超声换能器工作状态的调节方法如下：各仪器都正常工作以后，首先调节声速测试仪信号源输出电压（100～500mV），调节信号频率（25～45kHz），观察频率调整时接收波的电压幅度变化，在某一频率点处（34.5～37.5kHz）电压幅度最大，此频率即是压电换能器 S1、S2 相匹配的频率点，记录频率 ν，改变 S1 和 S2 之间的距离，适当选择位置（即至示波器屏上呈现出最大电压波形幅度时的位置），再微调信号频率，如此重复调整，再次测定工作频率，共测 5 次，取平均值 $\bar{\nu}$。

三、用相位比较法（李萨如图形）测量波长

1. 调节声速测试仪信号源

将测试方法设置到连续波方式，连好线路，把声速测试仪信号源调到最佳工作频率 $\bar{\nu}_0$。

2. 调节示波器

(1) 打开示波器，先把"辉度"（INTEN）、"聚焦"（FOCUS）、"X 位移"（POSITION）和"Y 位移"（POSITION）旋扭旋至中间位置。

(2) "扫描方式"（SWEEP MODE）选择"自动"（AUTO）。

(3) "耦合"（COUPLING）选择"AC"。

(4) "触发源"（SOURCE）选择"INT"。

(5) 输入信号与垂直放大器连接方式（AC-GND-DC）选择"AC"。

(6) "内触发"（INT TRIG）选择"CH1-X-Y"。

(7) 按下"CH2—X—Y"按钮，使 S2 轻轻靠拢 S1，然后缓慢移离 S2，观察示波器的波形。当示波器所显示的李萨如图形如图 3-4-2（a）时，记下 S2 的位置 X_1。

(8) 依次移动 S2，记下示波器上波形由图 3-4-2（a）变为图 3-4-2（e）时，读数标尺位置的读数 X_2，X_3，X_4，⋯ 共 12 个值。

(9) 记下室温 t。

(10) 用逐差法处理数据。

四、干涉法（驻波法）测量波长

(1) 连接电路。

(2) 将测试方法设置到连续波方式，把声速测试仪信号源调到最佳工作频率 $\bar{\nu}$。"选择扫描时间"（TIME/DIV）旋至 2μs 处。在共振频率下，将 S2 移近 S1 处，缓慢移离 S2，当示波器上出现振幅最大时，记下读数标尺位置 X'_1。

(3) 依次移动 S2，记下各振幅最大时的 X'_2，X'_3，… 共 12 个值。
(4) 记下室温 t。
(5) 用逐差法处理数据。

【数据记录与处理】

室温 $t=$ _____ ℃

表 3-4-1　　　　　　　　陶瓷换能器系统最佳工作频率

次数 i	1	2	3	4	5	平均值 $\bar{\nu}$
ν (kHz)						

表 3-4-2　　　　　　　　相位比较法测量声速

标尺读数（mm）		相距 6 个 λ/2 的距离（mm）	标尺读数（mm）		相距 6 个 λ/2 的距离（mm）
$X_1=$	$X_7=$	$\Delta X_1=$	$X_4=$	$X_{10}=$	$\Delta X_4=$
$X_2=$	$X_8=$	$\Delta X_2=$	$X_5=$	$X_{11}=$	$\Delta X_5=$
$X_3=$	$X_9=$	$\Delta X_3=$	$X_6=$	$X_{12}=$	$\Delta X_6=$

$$\overline{\Delta X} = \frac{1}{6}\sum_{i=1}^{6}\Delta X_i = \qquad (\text{mm})$$

$$\overline{\lambda} = \frac{1}{3}\overline{\Delta X} = \qquad (\text{mm})$$

$$\overline{u} = \overline{\lambda}\,\overline{\nu} = \qquad (\text{m/s})$$

已知声速在标准大气压下与传播介质空气的温度关系为：

$$u_s = 331.45 + 0.59t \quad (\text{m/s})$$

$$\overline{\Delta u} = |\overline{u} - \overline{u_s}| = \qquad (\text{m/s})$$

$$E = \frac{\overline{\Delta u}}{u_s} \times 100\% =$$

表 3-4-3　　　　　　　共振干涉法测量声速（根据课时选做内容）

标尺读数（mm）		相距 6 个 λ/2 的距离（mm）	标尺读数（mm）		相距 6 个 λ/2 的距离（mm）
$X'_1=$	$X'_7=$	$\Delta X'_1=$	$X'_4=$	$X'_{10}=$	$\Delta X'_4=$
$X'_2=$	$X'_8=$	$\Delta X'_2=$	$X'_5=$	$X'_{11}=$	$\Delta X'_5=$
$X'_3=$	$X'_9=$	$\Delta X'_3=$	$X'_6=$	$X'_{12}=$	$\Delta X'_6=$

$$\overline{\Delta X'} = \frac{1}{6}\sum_{i=1}^{6}\Delta X'_i = \qquad (\text{mm})$$

$$\overline{\lambda'} = \frac{1}{3}\overline{\Delta X'} = \qquad (\text{mm})$$

$$\overline{u'} = \overline{\lambda'}\,\overline{\nu_0} = \qquad (\text{m/s})$$

$$u_s = 331.45 + 0.59t\,(\text{m/s})$$

$$\overline{\Delta u} = |\,\overline{u} - \overline{u_s}\,| = \qquad (\text{m/s})$$

$$E = \frac{\overline{\Delta u}}{u_s} \times 100\% =$$

【注意事项】

(1) 压电陶瓷超声换能器发射端与接收端间距一般要在5cm以上测量数据，距离近时可把信号源面板上的发射强度减小，随着距离的增大可适当增大。

(2) 示波器上图形失真时可适当减小发射强度。

(3) 测试最佳工作频率时，应把接收端放在不同位置处测量5次，取平均值。

【思考题】

(1) 测量声速可以采用哪几种方法？

(2) 如何判断测量系统是否处于共振状态？

(3) 如何确定最佳工作频率？

(4) 驻波中各质点振动时振幅与坐标有何关系？

(5) 实验中，风是否会影响声波的传播速度？

【附录】

一、声波

声波是一种频率介于20Hz~20kHz的机械振动在弹性媒质中激起而传播的机械纵波。波长、强度、传播速度等是声波的重要参数。测量声速的方法之一是利用声速u与振动频率ν和波长λ之间的关系（即$u=\lambda\nu$）求出，也可以利用$u=L/t$求出，式中，L为声波传播的路程，t为声波传播的时间。超声波的频率为20kHz~500MHz，它具有波长短、易于定向传播等优点。在同一媒质中，超声波的传播速度就是声波的传播速度，而在超声波段进行传播速度的测量比较方便，更何况在实际应用中，对于超声波测距、定位、成像、测液体流速、测材料弹性模量、测量气体温度瞬间变化和高强度超声波通过会聚作医学手术刀使用等方面都得到广泛的应用，超声波传播速度有其重要意义。我们通过媒质（气体、液体）中超声波传播速度测定来测量其声波的传播速度。

频率介于20Hz~20kHz的机械波振动在弹性介质中的传播就形成声波，介于20kHz~500MHz的称为超声波，超声波的传播速度就是声波的传播速度，而超声波具有波长短、易于定向发射和会聚等优点，声速实验所采用的声波频率一般都在20~60kHz之间。在此频率范围内，采用压电陶瓷换能器作为声波的发射器、接收器、效果最佳。

二、压电陶瓷换能器

声速测试仪主要由压电陶瓷换能器和读数标尺组成。压电陶瓷换能器是由压电陶瓷片和轻重两种金属组成。

压电陶瓷片是由一种多晶结构的压电材料（如石英、锆钛酸铅陶瓷等），在一定温度下经极化处理制成的。它具有压电效应，即受到与极化方向一致的应力 T 时，在极化方向上产生一定的电场强度 E 且具有线性关系 $E=CT$；当与极化方向一致的外加电压 U 加在压电材料上时，材料的伸缩形变 S 与 U 之间有简单的线性关系 $S=KU$，C 为比例系数，K 为压电常数，与材料的性质有关。由于 E 与 T、S 与 U 之间有简单的线性关系，因此我们就可以将正弦交流电信号变成压电材料纵向的长度伸缩，使压电陶瓷片成为超声波的波源。压电换能器可以把电能转换为声能作为超声波发生器，反过来也可以使声压变化转化为电压变化，即用压电陶瓷片作为声频信号接收器。因此，压电换能器可以把电能转换为声能作为声波发生器，也可把声能转换为电能作为声波接收器之用。

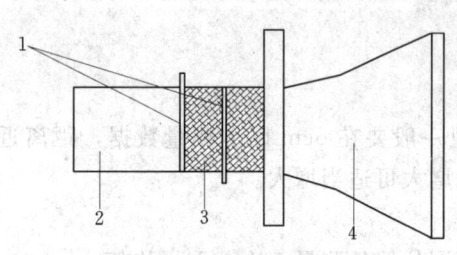

图 3-4-3 纵向换能器的结构
1—正负电极片；2—后盖反射板；
3—压电陶瓷片；4—辐射头

压电陶瓷换能器根据它的工作方式，可分为纵向（振动）换能器、径向（振动）换能器及弯曲振动换能器。图 3-4-3 所示为纵向换能器的结构简图。

三、超声应用技术介绍

（一）无损探伤

超声波与普通声波不同，它的频率高、波长短、衍射不严重且具有良好的定向性。利用超声波定向发射的性质，可以在深海测量中探测水中物体；在工业上可用超声波来探测工件内部的缺陷（例如气泡、裂缝等），称为超声探伤。超声探伤的优点是不损伤工件，而且超声波在金属中穿透力强，可穿透几十米，因而可探测大的工件。

图 3-4-4 是超声波探伤仪的工作示意图，该仪器由带有显示屏的主机和探头组成，探头是用来发射与接收超声波的，探头的主要部分是由锆钛酸铅（或钛酸钡）制成的薄晶片，厚度约 0.5mm，在薄片的两面镀上电极，电极通过引线与主机相连，当主机发射的几兆赫的电信号加在电极上时，晶片由于压电效应发射出超声波。探伤时，将探头放在工

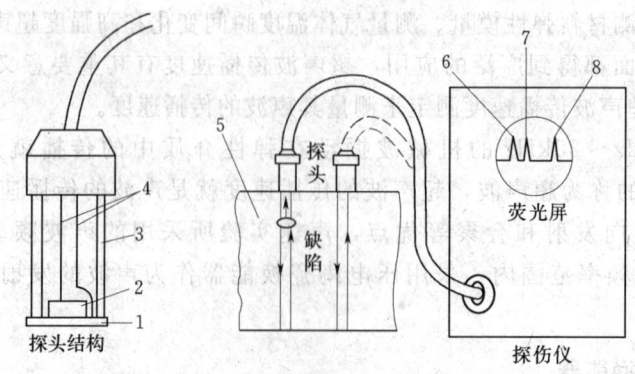

图 3-4-4 超声波探伤仪的工作示意图
1—保护膜；2—锆钛酸铅片；3—塑料外套；4—金属引线；5—被探工作；
6—反射脉冲；7—缺陷反射脉冲；8—底面反射脉冲

件的表面上，让探头发出一个超声脉冲，同时观测主机显示屏上脉冲出现的个数和幅度，判别工件内部是否有缺陷存在和缺陷的大小、部位。

1. 超声波穿透法探伤

参见图 3-4-5 所示，在探伤试样相对的两面上放置超声波发射和接收探头。如果试样内没有缺陷，则由发射探头发出的超声波除正常吸收外，小部分传播到接收探头，并以某种方式指示出来；如果在两探头之间存在着缺陷，超声波就会在缺陷处被反射，此时接收到的超声波信号很弱甚至为零，故显示器指示的信号很小或保持在零位。据此，就可确定缺陷的存在和大小。图 3-4-6 表明沿材料表面向右移动探头，依次发现了小缺陷、大缺陷的情况。穿透法的缺点在于：①两探头必须相互

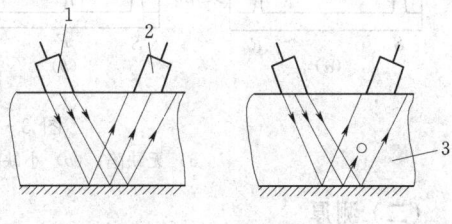

图 3-4-5 反射式穿透探伤示意
1—发射探头；2—接收探头；3—待测材料

对准，否则如稍有位移，探伤仪的指示随即变动，探头定位难；②探头与试样的接触状态使指示值受影响；③当两探头之间的距离为某一适当值时，偶然会出现共振现象而影响测量结果，因此穿透法探伤通常使用调频连续波。在实际工作中，往往会遇到不允许进行双探头双面探测的情况，这时要采用如图 3-4-6 所示的方法，其原理与图 3-4-5 所示相同。

2. 超声波脉冲反射法探伤

图 3-4-7 所示为脉冲反射式探伤仪原理。由脉冲发生器发出的电脉冲直接加到探头上，转换成声脉冲进入试样，这个电脉冲同时又输入到示波器，在荧光屏上出现一个发射脉冲，当超声波与试样背面或缺陷相遇时，会产生反射，声波返回探头又产生一个交变电信号输入到示波器形成荧光屏上的第二个脉冲。这个过程每秒钟要重复几次，在荧光屏上看到的是一系列连续的波形图。根据试样厚度、声速等对示波器扫描速度适当调节后，就能用荧光屏上的测距标度立即读出发射脉冲至回波脉冲的距离，也就是反射面至探头的距离。如图 3-4-8 是探伤图形中回波判别的简要图示，限于篇幅略述。

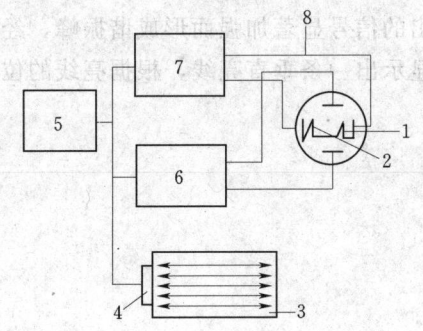

图 3-4-6 超声波穿透探伤示意
1—回波脉冲；2—发射脉冲；3—试样；4—探头；
5—脉冲发生器；6—接收放大器（垂直偏转）；
7—时基扫描（水平偏转）；8—阴极射线管
及荧光屏

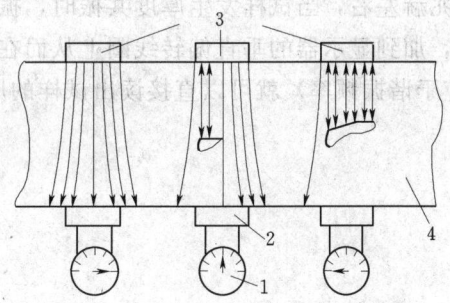

图 3-4-7 脉冲反射式探伤仪原理
1—指示器；2—接收探头；3—发射探头；
4—被探测材料

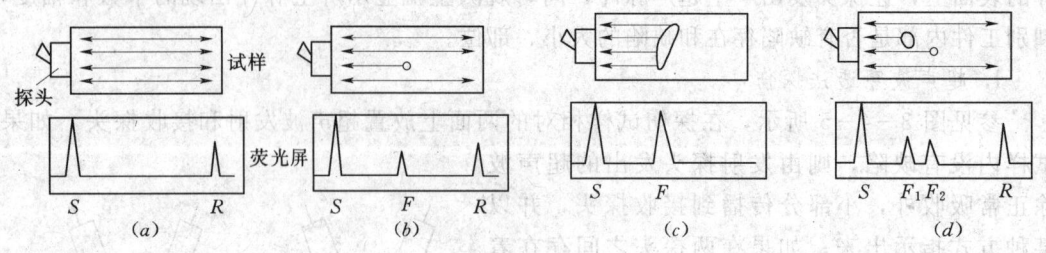

图 3-4-8 探伤图形
(a) 无缺陷；(b) 小缺陷；(c) 大缺陷；(d) 两个小缺陷

（二）测厚

在工业中，在非破坏的情况下精确测量结构和部件的厚度是极为重要的问题，如船舶壳体、各种高温高压容器以及原子能工业中的不锈钢管道等，在使用过程中由于经受腐蚀会使壁厚发生变化，必须定期进行检验以防止发生事故。近年来，在产品制造工艺中广泛采用厚度监控，并配合程序控制以保证产品厚度均匀。在这些方面，超声测厚技术都可以获得良好的效果，目前超声测厚已经发展成为一种重要的厚度检测手段。

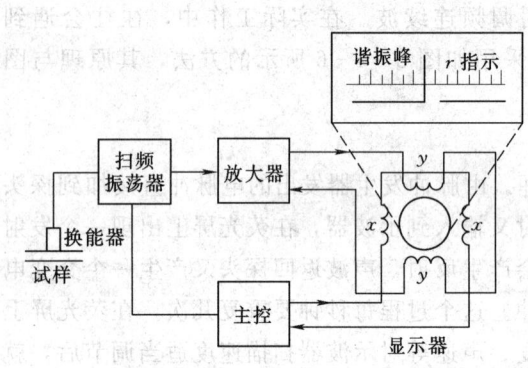

图 3-4-9 共振式厚度计结构原理

共振法测厚仪的类型很多，但是它们的结构和工作原理大同小异，现以常见的用显示器直接观察的共振式厚度计为例来加以介绍，这种厚度计的结构原理如图 3-4-9 所示。主控器发出 50Hz 的扫频电流作为调制信号。另一方面，扫频电流同时加到磁偏转显示器的水平偏转线圈上，使扫频范围与水平扫描同步。这样，显示器上的水平扫描线实际上就是频率刻度尺，超声换能器直接与扫频振荡器耦合，它通常用压电陶瓷制成，其厚度共振频率为几兆赫左右，当试样发生厚度共振时，振荡器输出的信号显著加强而形成谐振峰，经放大后，加到显示器的垂直偏转线圈上从而在光屏上显示出一条垂直亮线，根据亮线的位置（对应于谐振频率）就可以直接读出试样的厚度。

实验五 核磁共振实验

共振是一种普遍现象。在力学中,当外力的频率和物体的固有频率相同时,振幅最大;在电学中,电源的频率和线路的谐振频率相同时,电流最大;在光学中,入射光子的频率所对应的能量($E=h\nu$)与原子体系的能级差相同时,吸收最大;这些都是共振现象。

1896年,荷兰物理学家塞曼(Zeeman)发现在强磁场的作用下,光谱的谱线会发生分裂,这一现象称为"塞曼效应",塞曼因此获1902年的诺贝尔物理学奖。塞曼效应的本质是原子的能级在磁场中的分裂,因而人们后来把各种能级在磁场中的分裂都称为"塞曼分裂"。当入射电磁波的频率所对应的能量与由于磁场而引起塞曼分裂的能级差相同时,吸收最大,这种现象称为"磁共振"。

原子核的能量也是量子化的,也有核能级,这种核能级在磁场作用下也会发生塞曼分裂。当入射电磁波的频率所对应的能量与核能级的塞曼分裂的能级差相同时,该原子核系统对这种电磁波的吸收最大,这种现象称为"核磁共振"。拉比(I. I. Rabi)以及随后的伯塞尔(E. M. Purcell)和布洛赫(F. Bloch)因观察到此现象而分别获得1944年和1952年诺贝尔物理学奖。

近年来,随着科学技术的发展,核磁共振技术在物理、化学、生物、医学等方面得到了广泛的应用。它不但能用于测定核磁矩、研究核结构,也可以用于分子结构的分析;另外,利用核磁共振对磁场进行测量和分析也是目前公认的标准方法。如今,在研究物质的微观结构方面形成了一个科学分支——核磁共振波谱学。核磁共振成像技术已成为检查人体病变方面有利的武器,它的应用必将进一步发展。

【实验目的】

(1) 了解核磁共振的实验基本原理。
(2) 学习利用核磁共振校准磁场和测量 g 因子的方法。

【实验原理】

氢原子中电子的能量不能连续变化,只能取离散的数值。在微观世界中物理量只能取离散数值的现象很普遍。本实验涉及的原子核自旋角动量也不能连续变化,只能取离散值 $p=\sqrt{I(I+1)}\hbar$,其中 I 称为自旋量子数,只能取 0, 1, 2, 3, …整数值或 1/2, 3/2, 5/2, …半整数值。公式中的 $\hbar=h/2\pi$,而 h 为普朗克常数。对不同的核素,I 分别有不同的确定数值。本实验涉及的质子和氟核 ^{19}F 的自旋量子数 I 都等于 1/2。类似地,原子核的自旋角动量在空间某一方向,例如 z 方向的分量也不能连续变化,只能取离散的数值 $p_z=m\hbar$,其中量子数 m 只能取 I, $I-1$, …, $-I+1$, $-I$ 共 $(2I+1)$ 个数值。

自旋角动量不为零的原子核具有与之相联系的核自旋磁矩,简称核磁矩,其大小为:

$$\mu = g\frac{e}{2M}p \tag{3-5-1}$$

式中：e 为质子的电荷；M 为质子的质量；g 是一个由原子核结构决定的因子。对不同种类的原子核，g 的数值不同，称为原子核的 g 因子。值得注意的是 g 可能是正数，也可能是负数。因此，核磁矩的方向可能与核自旋角动量方向相同，也可能相反。

由于核自旋角动量在任意给定的 z 方向只能取 $(2I+1)$ 个离散的数值，因此核磁矩在 z 方向也只能取 $(2I+1)$ 个离散的数值；

$$\mu_z = g\frac{e}{2m}p \tag{3-5-2}$$

原子核的核矩通常用 $\mu_N = e\hbar/2M$ 作为单位，μ_N 称为核磁子。采用 μ_N 作为核磁矩的单位以后，μ_z 可记为 $\mu_z = gm\mu_N$。与角动量本身的大小为 $\sqrt{I(I+1)}\hbar$ 相对应，核磁矩本身的大小为 $g\sqrt{I(I+1)}\mu_N$。除了用 g 因子表征核的磁性质外，通常引入另一个可以由实验测量的物理量 γ，γ 定义为原子核的磁矩与自旋角动量之比：

$$\gamma = \mu/p = ge/2M \tag{3-5-3}$$

可写成 $\mu = \gamma p$，相应地有 $\mu_z = \gamma p_z$。

当不存在外磁场时，每一个原子核的能量都相同，所有原子核处在同一能级。但是，当施加一个外磁场 B 后，情况发生变化。为了方便起见，通常把 B 的方向规定为 z 方向，由于外磁场 B 与磁矩的相互作用能为：

$$E = -\mu B = -\mu_z B = -\gamma p_z B = -\gamma m\hbar B \tag{3-5-4}$$

因此量子数 m 取值不同，核磁矩的能量也就不同，从而原来简并的同一能级分裂为 $(2I+1)$ 个子能级。由于在外磁场中各个子能级的能量与量子数 m 有关，因此量子数 m 又称为磁量子数。这些不同子能级的能量虽然不同，但相邻能级之间的能量间隔 $\Delta E = \gamma\hbar B$ 却是一样的。而且，对于质子而言，$I = 1/2$，因此，m 只能取 $m = 1/2$ 和 $m = -1/2$ 两个数值，施加磁场前后的能级分别如图 3-5-1 所示。

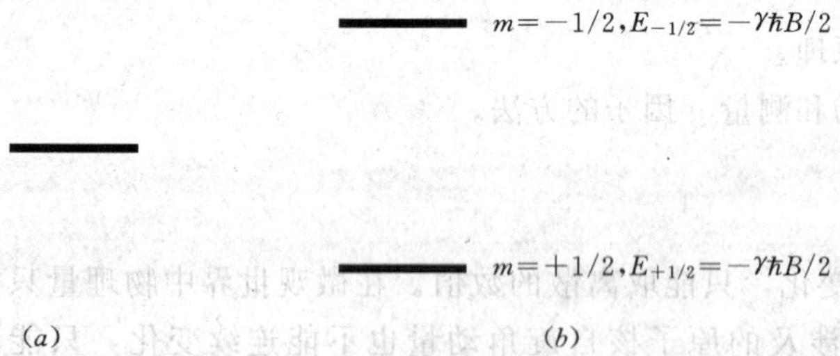

图 3-5-1 施加磁场前后的能级

当施加外磁场 B 后，原子核在不同能级上的分布服从玻尔兹曼分布，显然处在下能级的粒子数要比上能级的多，其差数由 ΔE 大小、系统的温度和系统的总粒子数决定。这时，若在与 B 垂直的方向上再施加一个高频电磁场，通常为射频场，当射频场的频率满足 $h\nu = \Delta E$ 时会引起原子核在上下能级之间跃迁，但由于一开始处在下能级的核比上能级的要多，因此净效果是往上跃迁的比往下跃迁的多，从而使系统的总能量增加，这相当于系统从射频场中吸收了能量。

$h\nu = \Delta E$ 时，引起的上述跃迁称为共振跃迁，简称为共振。显然共振时要求 $h\nu = \Delta E = \gamma\hbar B$，从而要求射频场的频率满足共振条件：

$$\nu = \frac{\gamma}{2\pi} B \qquad (3-5-5)$$

如果用角频率 $\omega = 2\pi\nu$ 表示，共振条件可写成：

$$\omega = \gamma B \qquad (3-5-6)$$

如果频率的单位用 Hz，磁场的单位用 T（特斯拉），对裸露的质子而言，经过大量测量得到 $\gamma/2\pi = 42.577469 \text{MHz/T}$，但是对于原子或分子中处于不同基团的质子，由于不同质子所处的化学环境不同，受到周围电子屏蔽的情况不同，$\gamma/2\pi$ 的数值将略有差别，这种差别称为化学位移。对于温度为 25℃ 球形容器中水样品的质子，$\gamma/2\pi = 42.577469 \text{MHz/T}$，本实验可采用这个数值作为很好的近似值。通过测量质子在磁场 B 中的共振频率 ν_H 可实现对磁场的校准，即

$$B = \frac{\nu_H}{\gamma/2\pi} \qquad (3-5-7)$$

反之，若 B 已经校准，通过测量未知原子核的共振频率 ν 便可求出原子核的 γ 值（通常用 $\gamma/2\pi$ 值表征）或 g 因子：

$$\frac{\gamma}{2\pi} = \frac{\nu}{B} \qquad (3-5-8)$$

$$g = \frac{\nu/B}{\mu_N/h} \qquad (3-5-9)$$

其中 $\mu_N/h = 7.6225914 \text{MHz/T}$。

通过上述讨论，要发生共振必须满足 $\nu = (\gamma/2\pi)B$。为了观察到共振现象通常有两种方法：一种是固定 B，连续改变射频场的频率，这种方法称为扫频方法；另一种方法，也就是本实验采用的方法，即固定射频场的频率，连续改变磁场的大小，这种方法称为扫场方法。如果磁场的变化不是太快，而是缓慢通过与频率 ν 对应的磁场时，用一定的方法可以检测到系统对射频场吸收信号，如图 3-5-2(a) 所示，称为吸收曲线，这种曲线具有洛仑兹型曲线的特征。但是，如果扫场变化太快，得到的将是如图 3-5-2(b) 所示的带有尾波的衰减振荡曲线。然而，扫场变化的快慢是相对具体样品而言的。例如，本实验采用的扫场为频率 50Hz、幅度为 $10^{-5} \sim 10^{-3}$ T 的交变磁场，对固态的聚四氟乙烯样品而言是变化十分缓慢的磁场，其吸收信号将如图 3-5-2(a) 所示，而对于液态的水样品而言却是变化太快的磁场，其吸收信号将如图 3-5-2(b) 所示，而且磁场越均匀，尾波中振荡的次数越多。

【实验仪器】

永久磁铁（含扫场线圈），探头两个（样品分别为水和聚四氟乙烯），数字频率计，示波器。

实验装置的方框图如图 3-5-3 所示，它包括永久磁铁、扫场线圈、DH2002 型核磁共振仪（含探头）、DH2002 型核磁共振仪电源、数字频率计、示波器。

永久磁铁：对永久磁铁的要求是有较强的磁场，足够大的均匀区且均匀性好。本实验所用的磁铁中心磁场 B_0 约 0.48T，在磁场中心 $(5\text{mm})^3$ 范围内，均匀性优于 10^{-5}。

扫场线圈：用来产生一个幅度在 $10^{-5} \sim 10^{-3}$ T 的可调交变磁场，用于观察共振信号。

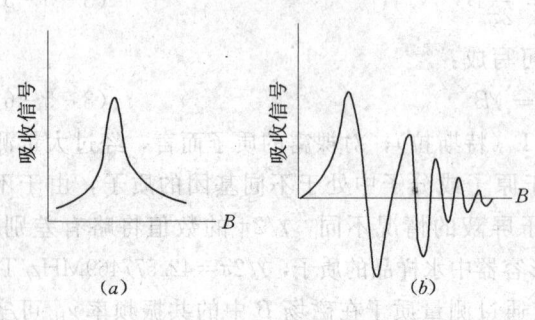
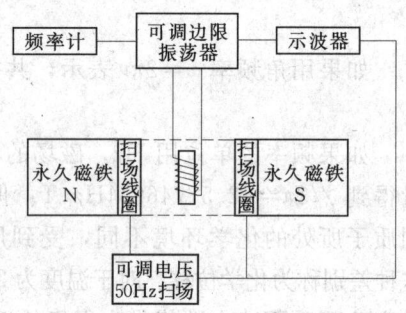

图 3-5-2　两种吸收信号　　　　　　图 3-5-3　实验装置方框图

扫场线圈的电流由变压器隔离降压后输出交流 6V 的电压。扫场幅度的大小可通过调节核磁共振仪电源面板上的扫场电流电位器调节。

探头：本实验提供两个探头，其中一个的样品为水（掺有硫酸铜），另一个为固态的聚四氟乙烯。

测试仪由探头和边限振荡器组成，液态 ^{1}H 样品装在玻璃管中，固态 ^{19}F 样品做成棍状。在玻璃管或棍状固态样品上绕有线圈，这个线圈就是一个电感 L，将这个线圈插入磁场中，线圈的取向与 B_0 垂直。线圈两端的引线与测试仪中处于反向接法的变容二极管（充当可变电容）并联构成 LC 电路并与晶体管等非线性元件组成振荡电路。当电路振荡时，线圈中即有射频场产生并作用于样品上。改变二极管两端反向电压的大小可改变二极管两个之间的电容 C，由此来达到调节频率的目的。这个线圈兼作探测共振信号的线圈，其探测原理如下：测试仪中的振荡器不是工作在振幅稳定的状态，而是工作在刚刚起振的边限状态（边限振荡器由此得名），这时电路参数的任何改变都会引起工作的变化。当共振发生时，样品要吸收射频场的能量，使振荡线圈的品质因数 Q 值下降，Q 值的下降将引起工作状态的改变，表现为振荡波形包络线发生变化，这种变化就是共振信号，经过检波、放大，经由"NMR 输出"端与示波器连接，即可从示波器上观察到共振信号。振荡器未经检波的高频信号经由"频率输出"端直接输出到数字频率计，从而可直接读出射频场的频率。

测试仪正面面板，由一个十圈电位器作为频率调节旋钮。此外，还有一个幅度调节旋钮（工作电流调节），适当调节这个旋钮可以使共振吸收的信号最大，但由于调节幅度旋钮时会改变振荡管的极间电容，从而对频率也有一定影响，"频率输出"与数字频率计连接，"NMR 输出"与示波器连接。"电压输入"与电源上的"电源输出"连接。

核磁共振仪电源前面板由"扫场电源开关"、"扫场调节"、"X 轴偏转调节"、"电源开关"组成，"扫场电源输出"与永久磁场底座上的扫场面输入连接，"电源输出"与测试仪上的"电压输入"连接，为了使示波器的水平扫描与磁场扫场同步，将扫场信号"X 轴偏转输出"与示波器上加到示波器的 X 轴（外接），以保证在示波器上观察到稳定的共振信号。

【实验内容】

一、校准永久磁铁中心的磁场 B_0。

把样品为水（掺有硫酸铜）的探头插入到磁铁中心，并使测试仪前端的探测杆与磁场在同一水平方向上，左右移动测试仪使它大致处于磁场的中间位置。将测试仪前面板上的"频率输出"和"NMR输出"分别与频率计和示波器连接。把示波器的扫描速度旋钮放在1ms/格位置，纵向放大旋钮放在0.5V/格或1V/格位置。"X轴偏转输出"与示波器上加到示波器的X轴（外接）连接，打开频率计、示波器和核磁共振仪电源的工作电源开关以及扫场电源开关，这时频率计应有读数。连接好"扫场电源输出"与磁场底座上的"扫场电源输入"打开电源开关并把输出调节在较大数值，缓慢调节测试仪频率旋钮，改变振荡频率（由小到大或由大到小）同时监视示波器，搜索共振信号。

什么情况下才会出现共振信号？共振信号又是什么样呢？

如今磁场是永久磁铁的磁场B_0和一个50Hz的交变磁场叠加的结果，总磁场为：
$$B = B_0 + B'\cos\omega't \quad (3-5-10)$$
式中：B'是交变磁场的幅度；ω'是市电的角频率。

总磁场在$(B_0-B') \sim (B_0+B')$的范围内按图3-5-4的正弦曲线随时间变化。由式（3-5-6）可知，只有ω/γ落在这个范围内才能发生共振。为了容易找到共振信号，要加大B'（即把扫场的输出调到较大数值），使可能发生共振的磁场变化范围增大；另一方面要调节射频场的频率，使ω/γ落在这个范围。一旦ω/γ落在这个范围，在磁场变化的某些时刻总磁场$B=\omega/\gamma$，在这些时刻就能观察到共振信号，如图3-5-4所示，共振发生在$B=\omega/\gamma$的水平虚线与代表总磁场变化的正弦曲线交点对应的时刻。如前所述，水的共振信号将如图3-5-2（b）所示，而且磁场越均匀尾波中的振荡次数越多，因此一旦观察到共振信号后，应进一步仔细调节测试仪在的左右位置，使尾波中振荡的次数最多，亦即使探头处在磁铁中磁场最均匀的位置。

由图3-5-4可知，只要ω/γ落在$(B_0-B') \sim (B_0+B')$范围内就能观察到共振信号，但这时ω/γ未必正好等于B_0，从图上可以看出：当$\omega/\gamma \neq B_0$时，各个共振信号发生的时间间隔并不相等，共振信号在示波器上的排列不均匀。只有当$\omega/\gamma = B_0$时，它们才均匀排列，这时共振发生在交变磁场过零时刻，而且从示波器的时间标尺可测出它们的时间间隔为10ms。当然，当$\omega/\gamma = B_0 - B'$或$\omega/\gamma = B_0 + B'$时，在示波器上也能观察到均匀排列的共振信号，但它们的时间间隔不是10ms，而是20ms。因此，只有当共

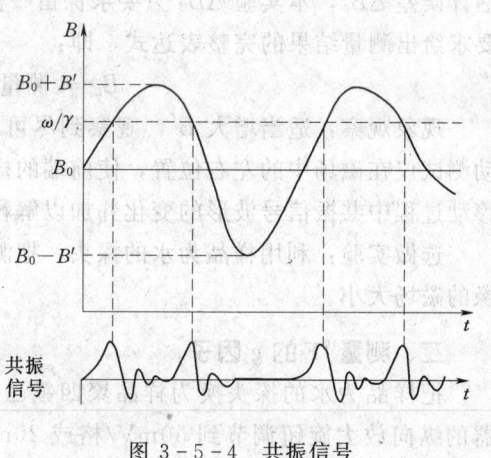

图3-5-4 共振信号

振信号均匀排列而且间隔为10ms时才有$\omega/\gamma = B_0$，这时频率计的读数才是与B_0对应的质子的共振频率。

作为定量测量，我们除了要求测出待测量的数值外，还关心如何减小测量误差并力图对误差的大小做出定量估计从而确定测量结果的有效数字。从图3-5-4可以看出，一旦观察到共振信号，B_0的误差不会超过扫场的幅度B'。因此，为了减小估计误差，在找到共振信号之后应逐渐减小扫场的幅度B'，并相应的调节射频场的频率，使共振

信号保持间隔为 10ms 的均匀排列。在能观察到和分辨出共振信号的前提下，力图把 B' 减小到最小程度，记下 B' 达到最小而且共振信号保持间隔为 10ms 均匀排列时的频率 ν_H，利用水中质子的 $\gamma/2\pi$ 值和式 (3-5-7) 求出磁场中待测区域的 B_0 值。顺便指出，当 B' 很小时，由于扫场变化范围小，尾波中振荡的次数也少，这是正常的，并不是磁场变得不均匀。

为了定量估计 B_0 的测量误差 ΔB_0，首先必须测出 B' 的大小。可采用以下步骤：保持这时扫场的幅度不变，调节射频场的频率，使共振先后发生在 (B_0+B') 与 (B_0-B') 处，这时图 3-5-4 中与 ω/γ 对应的水平虚线将分别与正弦波的峰顶和谷底相切，即共振分别发生在正弦波的峰顶和谷底附近。这时从示波器看到的共振信号均匀排列，但时间间隔为 20ms，记下这两次的共振频率 ν'_H 和 ν''_H，利用公式

$$B' = \frac{(\nu'_H - \nu''_H)/2}{\gamma/2\pi} \tag{3-5-11}$$

可求出扫场的幅度。

实际上 B_0 的估计误差比 B' 还要小，这是由于借助示波器上网格的帮助，共振信号排列均匀程度的判断误差通常不超过 10%，由于扫场大小是时间的正弦函数，容易算出相应的 B_0 的估计误差是扫场幅度 B' 的 80% 左右，考虑到 B' 的测量本身也有误差，可取 B' 的 1/10 作为 B_0 的估计误差，即取：

$$\Delta B_0 = \frac{B'}{10} = \frac{(\nu'_H - \nu''_H)/20}{\gamma/2\pi} \tag{3-5-12}$$

式 (3-5-12) 表明，由峰顶与谷底共振频率差值的 1/20，利用 $\gamma/2\pi$ 数值可求出 B_0 的估计误差 ΔB_0，本实验 ΔB_0 只要求保留一位有效数字，进而可以确定 B_0 的有效数字，并要求给出测量结果的完整表达式，即：

$$B_0 = 测量值 \pm 估计误差$$

现象观察：适当增大 B'，观察到尽可能多的尾波振荡，然后向左（或向右）逐渐移动测试仪在磁场中的左右位置，使前端的样品探头从磁铁中心逐渐移动到边缘，同时观察移动过程中共振信号波形的变化并加以解释。

选做实验：利用样品为水的探头，把测试仪移到磁场的最左（或最右），测量磁场边缘的磁场大小。

二、测量 ^{19}F 的 g 因子

把样品为水的探头换为样品聚四氟乙烯的探头，并把测试仪移到相同的位置。示波器的纵向放大旋钮调节到 50mV/格或 20mV/格，用与校准磁场过程相同的方法和步骤测量聚四氟乙烯中 ^{19}F 与 B_0 对应的共振频率 ν_F 以及在峰顶及谷底附近的共振频率 ν'_F 及 ν''_F，利用 ν_F 和公式 (3-5-9) 求出 ^{19}F 的 g 因子。根据式 (3-5-9)，g 因子的相对误差为：

$$\frac{\Delta g}{g} = \sqrt{\left(\frac{\Delta \nu_F}{\nu_F}\right)^2 + \left(\frac{\Delta B_0}{B_0}\right)^2} \tag{3-5-13}$$

其中：B_0 和 ΔB_0 为校准磁场得到的结果，与上述估计 ΔB_0 的方法类似，可取 $\Delta \nu_F = (\nu'_F - \nu''_F)/20$ 作为 ν_F 的估计误差。

求出 $\Delta g/g$ 之后可利用已算出的 g 因子求出绝对误差 Δg，Δg 也只保留一位有效数字并由它确定 g 因子测量结果的完整表达式。

观测聚四氟乙烯中氟的共振信号时，比较它与掺有硫酸铜的水样品中质子的共振信号波形的差别。

【数据记录与处理】

表 3-5-1　　　　　　　　　　　　质子的共振频率

ν_H	B_0	ν'_H	ν''_H	B'

$B_0 =$ 测量值 $\pm$ 估计误差

表 3-5-2　　　　　　　　　　　　测量聚四氟乙烯的 g 因子

ν_F	ν'_F	ν''_F	g	$\dfrac{\Delta g}{g}$	Δg

【思考题】

(1) 通读讲义，总结怎样才能更好地观察到核磁共振现象。
(2) 观察 NMR 吸收信号时要提供那几个磁场？各起什么作用？有什么要求？
(3) NMR 稳态吸收有哪两个物理过程？实验中怎样才能避免饱和现象出现？
(4) 通过阅读讲义和文献，简单谈谈核磁共振的应用。

【附录】

核磁共振调试步骤

一、连接图

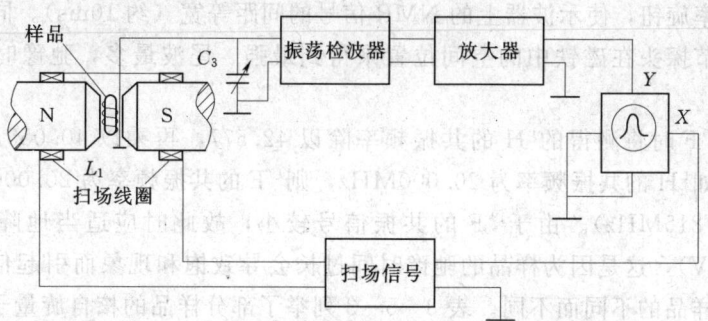

图 3-5-5　观察核磁共振信号原理图

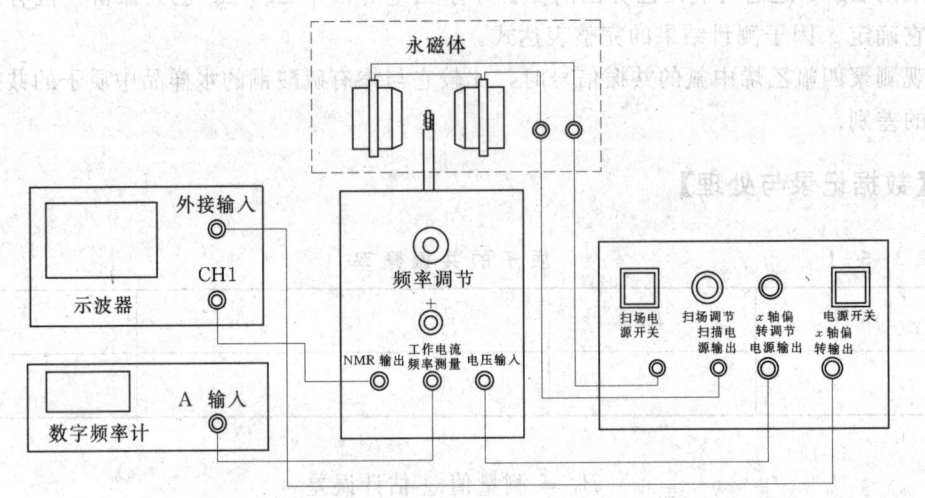

图 3-5-6 核磁共振实验连线图

二、调试步骤

（1）将"扫场电源"的"扫场输出"两个输出端，接磁铁底座上的扫场线圈扫场电源输入。

（2）将"边限振荡器"的"NMR 输出"用 Q9 线接示波器 CH1 通道或 CH2 通道。"频率输出"用 Q9 线接频率计的 A 通道（频率计的通道选择：A 通道，即 1Hz—100MHz；Fuction 选择：FA；GATE TIME 选择 1s）。

（3）"扫场电源"的"扫场调节旋钮"顺时针调至接近最大（旋至最大后，再往回旋半圈，因为最大时电位器电阻为零，输出短路可能对仪器有一定损伤），这样可以加大捕捉信号的范围。

（4）将硫酸铜样品放入探头中并将其置于磁铁中。调节"边限振荡器"的频率节电位器，将频率调节至磁铁标志的^{1}H 共振频率附近，在此附近捕捉信号；调节旋钮时要慢，因为共振范围非常小，很容易跳过。注：因为磁铁的磁场强度随温度的变化而变化（成反比关系），所以应在标志频率附近±1MHz 的范围进行信号的捕捉！

（5）调出共振信号后，适当逆时针转动扫场幅度，以降低扫描磁场的幅度，调节核磁共振仪上的频率旋钮，使示波器上的 NMR 信号的间距等宽（约 10ms）。同时通过移动核磁共振仪来调节探头在磁铁中的空间位置来得到最强、尾波最多、驰豫时间最长的共振信号。

（6）测量^{19}F 时将测得的^{1}H 的共振频率除以 42.577，再乘以 40.055，即得到^{19}F 的共振频率（比如^{1}H 的共振频率为 20.000MHz，则^{19}F 的共振频率为 20.000MHz÷42.577×40.055＝18.815MHz）。由于^{19}F 的共振信号较小，故此时应适当地降低其扫描幅度（一般不大于 3V），这是因为样品的驰豫时间过长会导致饱和现象而引起信号变小。一般射频幅度会随样品的不同而不同。表 3-5-3 列举了部分样品的核自旋量子数磁矩和回旋频率。

表 3-5-3　　　　　　　　核自旋量子数磁矩和回旋频率

核　素	自旋量子数 I	磁矩 μ/μ_N	回旋频率（MHz/T）
^{1}H	1/2	2.792/70	42.577
^{2}H	1	0.857/38	6.536
^{3}H	1/2	2.978/8	45.414
^{12}C	0		
^{13}C	1/2	0.702/16	10.705
^{14}N	1	0.403/57	3.076
^{15}N	1/2	−0.283/04	4.315
^{16}C	0		
^{17}O	5/2	−1.893/0	5.772
^{18}O	0		
^{19}F	1/2	2.627/3	40.055
^{31}P	1/2	1.130/5	17.235

● 实验六　音频信号光纤传输技术实验

随着 Internet 网络时代的到来，人们对通信的带宽、速度的要求不断提高，光纤通信具有宽频带、高速、不受电磁干扰影响等一系列优点，正在得到不断发展。音频信号光纤传输实验就是让学生熟悉了解信号光纤传输的基本原理。

【实验目的】

（1）学习音频信号光纤传输系统的基本结构及各部件选配原则。
（2）熟悉光纤传输系统中电光/光电转换器件的基本性能。
（3）训练如何在音频光纤传输系统中获得较好信号传输质量。

【实验原理】

光纤传输系统如图 3-6-1 所示，一般由三部分组成：光信号发送端，用于传送光信号的光纤，光信号接收端。光信号发送端的功能是将待传输的电信号经电光转换器件转换为光信号，目前，发送端电光转换器件一般采用发光二极管或半导体激光管。发光二极管的输出光功率较小，信号调制速率相对低，但价格便宜，其输出光功率与驱动电流在一定范围内基本上呈线性关系，比较适宜于短距离、低速、模拟信号的传输；激光二极管输出功率大，信号调制速率高，但价格较高，适宜于远距离、高速、数字信号的传输。光纤的功能是将发送端光信号以尽可能小的衰减和失真传送到光信号接收端，目前光纤一般采用在近红外波段 $0.84\mu m$、$1.31\mu m$、$1.55\mu m$ 有良好透过率的多模或单模石英光纤。光信号接收端的功能是将光信号经光电转换器件还原为相应的电信号，光电转换器件一般采用半导体光电二极管或雪崩光电二极管。组成光纤传输系统光源的发光波长必须与传输光纤呈现低损耗窗口的波段、光电检测器件的峰值响应波段匹配。本实验发送端电光转换器件采用中心发光波长为 $0.84\mu m$ 的高亮度近红外半导体发光二极管，传输光纤采用多模石英光纤，接收端光电转换器件采用峰值响应波长为 $0.8\sim0.9\mu m$ 的硅光电二极管。下面对各部分作进一步介绍。

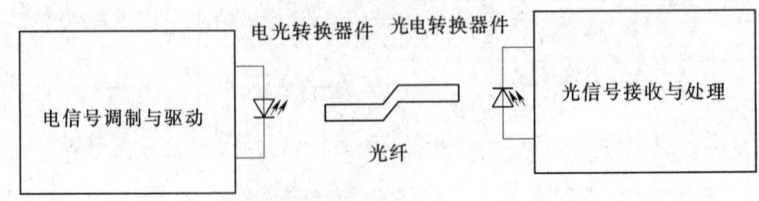

图 3-6-1　光纤传输系统

一、光信号发送端的工作原理

系统采用的发光二极管的驱动和调制电路如图 3-6-2 所示，信号调制采用光强度调制的方法，发送光强度调节电位器用以调节流过 LED 的静态驱动电流，从而相应改变发

实验六 音频信号光纤传输技术实验

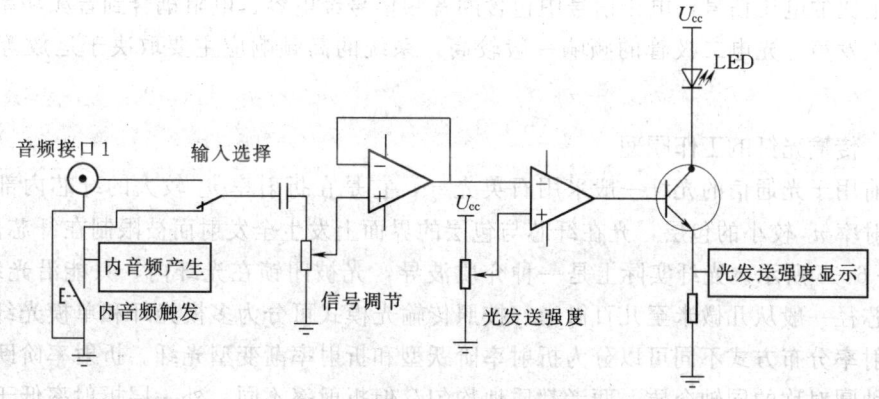

图 3-6-2 发光二极管的驱动和调制电路

光二极管的发射光功率,设定的静态驱动电流调节范围为 0~20mA,对应面板光发送强度驱动显示值 0~2000 单位,当驱动电流较小时发光二极管的发射光功率与驱动电流基本上呈线性关系,音频信号经电容、电阻网络及运放跟随隔离后耦合到另一运放的负输入端,与发光二极管的静态驱动电流相叠加使发光二极管发送随音频信号变化的光信号,如图 3-6-3 所示,并经光纤耦合器将这一光信号耦合到传输光纤。可传输信号频率的低端可由电容、电阻网络决定,系统低频响应不大于 20Hz。

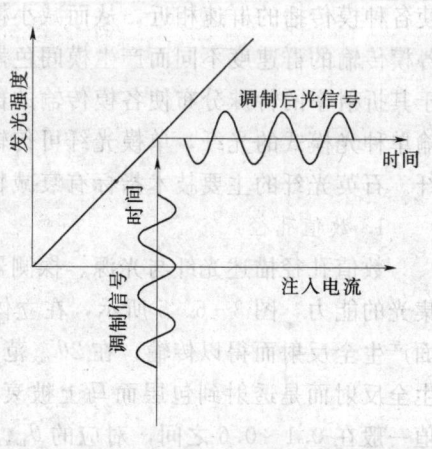

图 3-6-3 发光二极管光信号变化

二、光信号接收端的工作原理

图 3-6-4 是光信号接收端的工作原理图,传输光纤把从发送端发出的光信号通过光纤耦合器将光信号耦合到光电转换器件光电二极管,光电二极管把光信号转变为与之成正比的电流信号,光电二极管使用时应反偏压,经运放的电流电压转换把光电流信号转换成

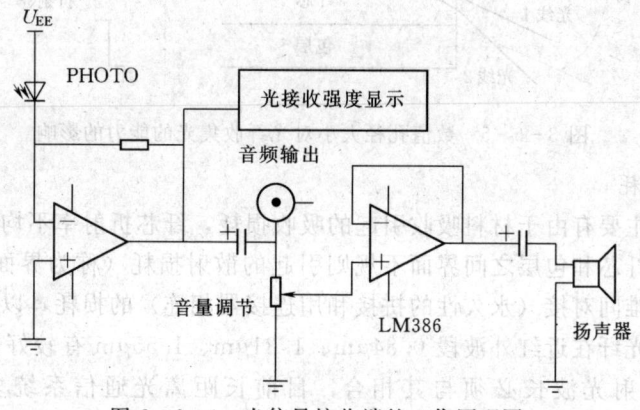

图 3-6-4 光信号接收端的工作原理图

与之成正比的电压信号,电压信号中包含的音频信号经电容、电阻耦合到音频功率放大器驱动喇叭发声。光电二极管的频响一般较高,系统的高频响应主要取决于运放等的响应频率。

三、传输光纤的工作原理

目前用于光通信的光纤一般采用石英光纤,它是在折射率 n_2 较大的纤芯内部,覆上一层折射率 n_1 较小的包层,光在纤芯与包层的界面上发生全发射而被限制在纤芯内传播,如图 3-6-5 所示。光纤实际上是一种介质波导,光被闭锁在光纤内,只能沿光纤传输,光纤的芯径一般从几微米至几百微米,按照传输光模式可分为多模光纤和单模光纤;按照光纤折射率分布方式不同可以分为折射率阶跃型和折射率渐变型光纤。折射率阶跃型光纤包含两种圆对称的同轴介质,两者都质地均匀,但折射率不同,外一层折射率低于内层折射率。梯度折射率光纤是一种折射率沿光纤横截面渐变的光纤,这样改变折射率的目的是使各种模传播的群速相近,从而减小模色散,增加通信带宽。多模折射率阶跃型光纤由于各模传输的群速度不同而产生模间色散,传输的带宽受到限制。多模折射率渐变型光纤由于其折射率的特殊分布使各模传输的群速度一样而增加信号传输的带宽,单模光纤是只传输单种光模式的光纤,单模光纤可传输信号带宽最高,目前长距离光通信大都采用单模光纤。石英光纤的主要技术指标有衰减特性、数值孔经和色散等。

1. 数值孔径

数值孔径描述光纤与光源、探测器和其他光学器件耦合时特性。它的大小反映光纤收集光的能力,图 3-6-5 所示,在立体角 $2\theta_{max}$ 范围内入射到光纤端面的光线在光纤内部界面产生全反射而得以传输,在 $2\theta_{max}$ 范围外入射到光纤端面的光线则在光纤内部界面不产生全反射而是透射到包层而马上被衰减掉,光纤的数值孔径定义为:$N_A = \sin\theta_{max}$,它的值一般在 0.1~0.6 之间,对应的 θ_{max} 为 9°~33°,多模光纤具有较大的数值孔径,单模光纤的数值孔经相对较小,所以一般单模光纤需用 LD 半导体激光器作为其光源。

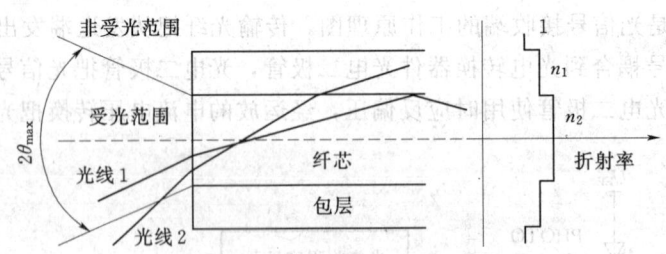

图 3-6-5 数值孔径大小对光纤收集光的能力的影响

2. 光纤的损耗

光纤的损耗主要有由于材料吸收引起的吸收损耗,纤芯折射率不均匀引起的散射(瑞利散射)损耗,纤芯和包层之间界面不规则引起的散射损耗(称为界面损耗),光纤弯曲造成的损耗,纤维间对接(永久性的拼接和用连接器相连)的损耗,以及输入与输出端的耦合损耗。石英光纤在近红外波段 $0.84\mu m$、$1.31\mu m$、$1.55\mu m$ 有较好的透过率。因此传输系统光源的发射光波长必须与其相合,目前长距离光通信系统多采用 $1.31\mu m$ 或 $1.55\mu m$ 单模光纤。(目前,单模光纤传输损耗在 $1.31\mu m$ 和 $1.55\mu m$ 时分别为 0.35dB/km

和 0.2dB/km。)

3. 光纤的色散

光纤的色散直接影响可传输信号的带宽，色散主要由三部分组成：折射率色散、模色散、结构色散。折射率色散是由于光纤材料的折射率随不同光波长变化而引起，采用单波长、窄谱线的半导体激光器可以使折射率色散减至最小。采用单模光纤可以使模色散减至最小。结构色散由光纤材料的传播常数及光频产生非线性关系所造成。目前单模光纤的传输带宽可达数吉赫每秒。

【实验仪器】

TKGT-1型音频信号光纤传输实验仪，信号发生器，双踪示波器。

【实验内容】

1. 光纤传输系统静态电光/光电传输特性测定

分别打开光发送端电源和光接收端电源，面板上两个三位半数字表头分别显示发送光驱动强度和接收光强度。调节发送光强度电位器，每隔200单位（相当于改变发光管驱动电流2mA）分别记录发送光驱动强度数据与接收光强度数据，在方格纸上绘制静态电光/光电传输特性曲线。

2. 光纤传输系统频响的测定

将输入选择开关打向外，在音频输入接口上从信号发生器输入正弦波，将双踪示波器的通道1和通道2分别接到输入正弦信号和发送端音频信号输出端，保持输入信号的幅度不变，调节信号发生器频率，记录信号变化时输出端信号幅度的变化，分别测定系统的低频和高频截止频率。

3. LED偏置电流与无失真最大信号调制幅度关系测定

将从信号发生器输入的正弦波频率设定在1kHz，输入信号幅度调节电位器置于最大位置，然后在LED偏置电流为5mA、10mA两种情况下，调节信号源输出幅度，使其从零开始增加，同时在接收端信号输出处观察波形变化，直到波形出现截止现象时，记录下电压波形的峰—峰值，由此确定LED在不同偏置电流下光功率的最大调制幅度。

4. 多种波形光纤传输实验

分别将方波信号和三角波信号输入音频接口，改变输入频率，从接收端观察输出波形变化情况，在数字光纤传输系统中往往采用方波来传输数字信号。

5. 音频信号光纤传输实验

将输入选择打向内，调节发送光强度电位器改变发送端LED的静态偏置电流，按下内音频信号触发按钮，观察在接收端听到的语音片音乐声，考察当LED的静态偏置电流小于多少时，音频传输信号产生明显失真，分析原因，并同时在示波器中分析观察语音信号波形变化情况。

【思考题】

(1) 本实验中LED偏置电流是如何影响信号传输质量？

(2) 本实验中光传输系统那几个环节引起光信号的衰减？
(3) 光传输系统中如何合理选择光源与探测器？
(4) 光电二极管在工作时应正偏压还是负偏压，为什么？

【附录】

TKGT-1型光纤音频信号传输实验仪使用说明

TKGT-1型音频信号光纤传输实验仪由以下几部分组成：
(1) 光信号的调制和发送。
(2) 传送光信号的光纤。
(3) 光纤耦合器。
(4) 光信号的检测与解调。

一、光信号的调制和发送

系统采用的发光二极管的驱动和调制电路如图3-6-2所示，信号调制采用光强度调制的方法，发送光强度调节电位器用以调节流过LED的静态驱动电流，从而相应改变发光二极管的发射光功率，设定的静态驱动电流调节范围为0～20mA，对应面板光发送强度驱动显示值0～2000单位，当驱动电流较小时发光二极管的发射光功率与驱动电流基本上呈线性关系，音频信号经电容、电阻网络及运放跟随隔离后耦合到另一运放的负输入端，与发光二极管的静态驱动电流想叠加使发光二极管发送随音频信号变化的光信号，并经光纤耦合器将这一光信号耦合到传输光纤。可传输信号频率的低端可由电容、电阻网络决定，系统低频响应不大于20Hz。

(1) 音频接口：用于连接外加的音频信号。
(2) 示波器接口：用于连接外加的正弦波、方波、三角波。
(3) 输入选择：打向"外"选择外接语音信号，打向"内"选择内置语音片产生的语音信号。
(4) 内音频触发：按下按钮，启动内置语音片信号产生器，此时当输入选择开关打向"内"时，语音信号叠加到静态的LED驱动电流上。
(5) 音频幅度：用于调节语音信号的强度。
(6) 光发送强度：用于调节LED静态驱动电流，调节范围为0～20mA，对应光发送强度显示为0～2000。

二、传送光信号的光纤

传送光纤采用优质石英光纤，是本仪器的关键器件，为了使学生对光通信各部分有较直观的理解，仪器将光纤及光耦合器外置，务请学生要小心，不能将光纤取下，随意弯曲，以免光纤折断。

三、光纤耦合器

光纤耦合器将LED发射的光信号耦合到石英光纤和将经光纤传输的光信号耦合到光电检测器件光电二极管。

四、光信号的检测与解调

图 3-6-4 是光信号接收端的工作原理图，传输光纤把从发送端发出的光信号通过光纤耦合器将光信号耦合到光电转换器件光电二极管，光电二极管把光信号转变为与之成正比的电流信号，光电二极管使用时应反偏压，经运放的电流电压转换把光电流信号转换成与之成正比的电压信号，电压信号中包含的音频信号经电容电阻耦合到音频功率放大器驱动喇叭发声。光电二极管的频响一般较高，系统的高频响应主要取决于运放等的响应频率。

(1) 音频输出：用于连接示波器观察输出解调的音频信号及各种输出波形。

(2) 音量调节：用于调节扬声器的音量。

(3) 光接收强度显示：显示静态光接收强度，面板显示 0～2000 对应静态电压 0～20mV。当有音频信号调制时，显示的是平均值，显示值会变动。当发送光强度为零时，面板上显示的数值是光电二极管的暗电流产生的电压输出。

实验七 全息照相

全息照相的基本原理是以波的干涉和衍射为基础的。它的物理思想早在1948年就由盖伯（D. Gabor）首先创立，但由于当时缺乏相干性好的光源，因而几乎没有引起人们注意。直到1960年激光器问世后，才使全息照相技术得到迅速发展，成为科学技术上一个崭新的领域。由于全息照相比普通照相具有更多的特点，所以在干涉计量、无损检测、信息存贮与处理、遥感技术、生物医学和国防科研中获得了极其广泛的应用。

【实验目的】

（1）了解全息照相记录和再现的原理。
（2）掌握漫反射全息照片的摄制方法。
（3）加深对全息照片特点的理解。

【实验原理】

一、全息照相与全息照相技术

照相是将物上各点发出或反射的光记录在感光材料上。由光的波动理论知道，光波是电磁波。一列单色波可表示为：

$$x = A\cos\left(\omega t + \varphi - \frac{2\pi r}{\lambda}\right) \quad (3-7-1)$$

式中：A 为振幅；ω 为圆频率；λ 为波长；φ 为波源的初相位。

一个实际物体发射或反射的光波比较复杂，但是一般可以看成是由许多不同频率的单色光波的叠加：

$$x = \sum_{i=1}^{n} A\cos\left(\omega_i t + \varphi_i - \frac{2\pi r_i}{\lambda_i}\right) \quad (3-7-2)$$

因此，任何一定频率的光波都包含着振幅 A 和位相 $\left(\omega t + \varphi - \frac{2\pi r}{\lambda}\right)$ 两大信息。光在传播过程中，借助于它们的频率、振幅和位相来区别物体的颜色（频率）、明暗（振幅平方）、形状和远近（位相）。

普通照相是通过成像系统使物体成像在感光材料上，材料上的感光强度只与物体表面光强分布有关，因为光强与振幅平方成正比，所以它只记录了光波的振幅信息，无法记录物体光波的位相差别。因此普通照相记录的只能是物体的一个二维平面像，失去了立体感。

全息照相不仅记录了物体发出或反射的光波的振幅信息，而且把光波的位相信息也记录下来，所以全息照相技术所记录的并不是普通几何光学方法形成的物体像，而是物体光波本身，它记录了光波的全部信息，并且在一定条件下，能将所记录的全部信息完全再现出来因而再现的物像是一个逼真的三维立体像。

全息照相包含两个过程：①把物体光波的全部信息记录在感光材料上，称为记录过程；②照明已被记录下来的全部信息的感光材料，使其再现原始物体的光波，称为再现过程。

全息照相的基本原理是以波的干涉为基础的,所以除光波外,对其他的波动过程如声波、超声波等也都适用。

二、全息照相的基本过程——记录和再现

1. 全息照相记录过程的原理——光的干涉

怎样才能把物光的全部信息同时记录下来呢?由物理光学可知,利用干涉的方法,以干涉条纹的形式就可以记录物光的全部信息。

图3-7-1记录了过程中所使用的光路。相干性好的He-Ne激光器发出激光束,通过分束镜M分成两束。其中一束光经反射镜M_1反射,再由扩束镜将光束扩大后均匀地照射到被摄物体上,经物体表面反射(或透射)后再照射到感光材料(实验中用全息感光胶片)上,一般称这束光为物光;另一束光经反射镜M_2反射、L_2扩束后,直接均匀地照射到H上,一般称这束光为参考光。这两束光在胶片H上叠加干涉,出现了许多明暗不同的花纹、小环和斑点等干涉图样,被胶片H记录下来,再经过摄影、定影等处理,成了一张有干涉条纹的"全息照片"(或称全息图)。干涉图样的形状反映了物光和参考光间的位相关系,干涉条纹明暗对比程度(称为反差)反映了光的强度关系,干涉条纹的疏密则反映了物光和参考光的夹角。

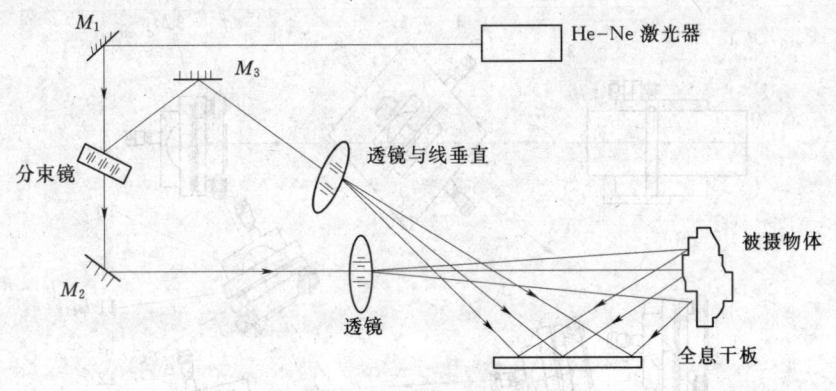

图3-7-1 透射全息图光路

2. 全息照相再现过程的原理——光的衍射

我们知道,人之所以能看到物体,是因为从物体发出或反射的光波被人的眼睛所接收。所以,如果要想从全息照相的"照片"上看原来物体的像,直接观察"照片"是看不到的,而只能看到复杂的干涉条纹。如果要看到原来物体的像,则必须使"照片"能再现原来物体发出的光波。这个过程就被称为全息照片的再现过程。这一过程所利用的是光栅衍射原理。

图3-7-2再现过程的观察光路。一束从特定方向或与原来参考方向相同的激光束照明全息照片。"照片"上每一组干

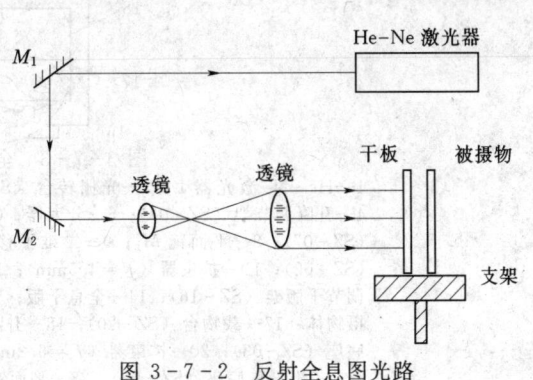

图3-7-2 反射全息图光路

涉条纹相当于一个复杂的光栅，它使再现光发生衍射。我们沿衍射方向透过"照片"朝原来被摄物的方位观察时，就可以看到一个完全逼真的三维立体图像。为讨论方便起见，取全息照片某一小区域 ab 为例，同时把再现光看成是一束平行光，且垂直照射于"照片"上，如图 3-7-3 所示。按光栅衍射原理，再现光将发生衍射，其 +1 级衍射光是发散光，与物体在原来位置时发出的光波完全一样，将形成一个虚像，与原物体完全相应，称为真像；-1 级衍射光是会聚光，将形成一个共轭实像，称为赝像。

全息照相作为一种新型的成像方法，它的显著特点是：

(1) 因全息图具有光栅结构，经其衍射的成像光束总有两支，因此所成像总是孪生的一对。物体的原始像与共轭像共存，不像光学透镜成像那样是唯一的。

(2) 全息再现像不是普通照相那样的二维平面图像，而是形象逼真的三维立体图像。具有明显的视差和纵深视差效应。

(3) 因为全息照片上的每一处都记录了物体上所有物点发出的光信息，而物体上每一物点发出的光信息均布满在全息照片的全部面积上，因此，一张破碎了的全息图残片仍能重现出物体的全貌，只是分辨率受些影响，而普通照相底片一旦破碎就无法再冲洗印相了。

【实验仪器】

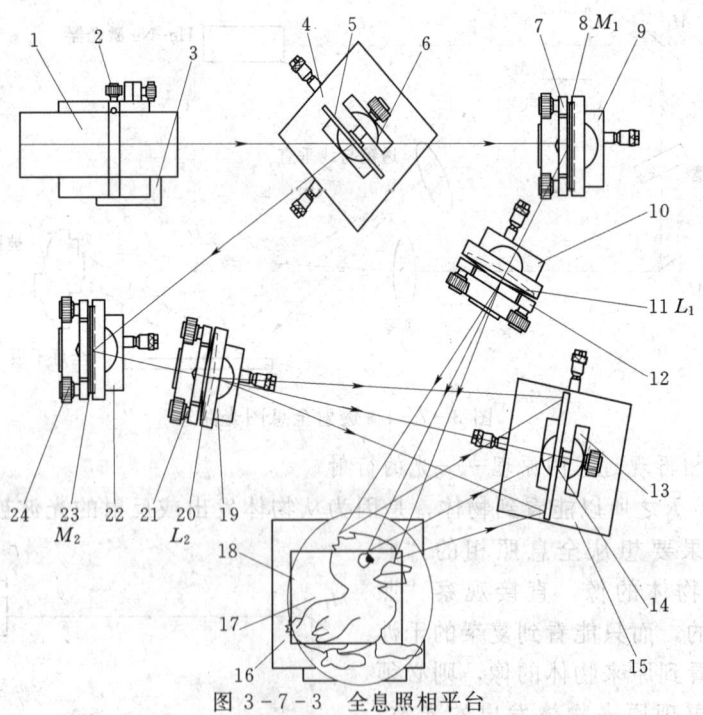

图 3-7-3 全息照相平台

1—He-Ne 激光器 L；2—光栅转台（SZ-10）；3—升降调节架（SZ-03）；4—升降调节架（SZ-03）；5—分束器；6—干版架（SZ-12）；7—二维调节架（SZ-07）；8—平面镜 M_1；9—二维平移底座（SZ-02）；10—二维平移底座（SZ-02）；11—扩束器（$f'=4.5mm$）；12—二维调节架（SZ-07）；13—三维调节干版架（SZ-16）；14—全息干版；15—三维平移底座（SZ-01）；16—拍摄物体；17—载物台（SZ-20）；18—升降调节底座（SZ-03）；19—升降调节底座（SZ-03）；20—扩束器（$f'=6.2mm$）；21—二维调节架（SZ-07）；22—二维平移底座（SZ-02）；23—平面镜 M_2；24—二维调节架（SZ-07）

【实验内容】

1. 检查全息台的稳定性

将各光学元件按图 3-7-3 所示，在防震全息台上布置成一迈克尔逊干涉仪的光路，以检查全息台的防震性能。如果在远大于曝光所需的时间内，屏上干涉圆环的"涌出"或"陷入"少于 1/4 个环时，全息台可以使用，否则还要调节全息台。

2. 布置与调整全息光路

如图 3-7-4 所示是一种拍摄漫反射全息照片的参考光路。布置好各光学元件，并进行光路调节，调节时要注意：

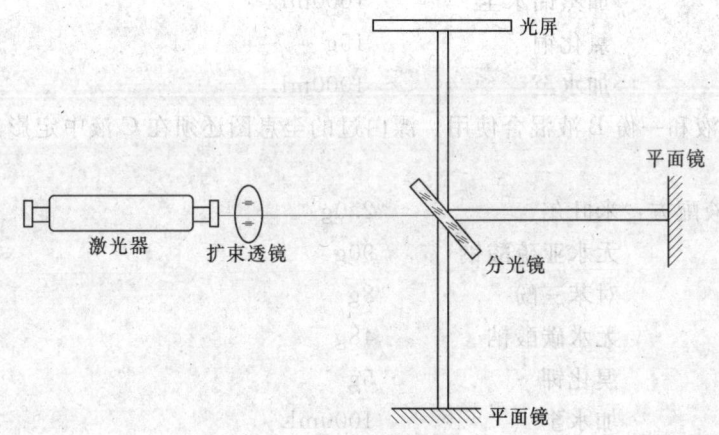

图 3-7-4 迈克尔逊干涉仪光路图

(1) 物光和参考光的光程差必须小于所使用激光的相干长度，最好是使它们的光程大致相同。两束光的光程应自分束器量起。最大光程差应小于激光管谐振腔长的 1/4。

(2) 物光束与参考光束的光强比选择要适当，以使全息照片具有最大的衍射效率，确切的比值应由全息底片的振幅透射率与感光特性来确定。一般说来，物光束与参考光束的光强比取在 1:2～1:5 之间是合适的，但不同底片有不同的感光特性，必须通过实验确定。虽然沿光路改变扩束透镜的前后位置可以变换光强比，但是，由于物体是漫射体，投射到它上面的光能，只有很少一部分构成物光信息，因此只有以足够强的光照明物体，而且物体距离全息底片又不太远时，才能在底片上获得适当的光强比。

(3) 物光束与参考光束之间的夹角 θ 要适当，以小于 30°为宜。

3. 曝光

将全息底片放置在照相框架上，药膜面向着被摄物体，放好底片后等几分钟，待整个系统稳定后开始曝光，曝光时间由激光器功率、物体的大小和漫反射性能、底片的感光灵敏度等来定。最佳时间应通过试拍确定。

4. 冲洗

冲洗包括显影、定影和漂白，其方法和普通照片冲洗完全相同。漂白是为了增加衍射效率，提高再现象的亮度。这是因为底片经过漂白，是将原来形成的银粒变为几乎完全透明的化合物，它的折射率和明胶的不同。这样，记录采取了光程中的空间变化形式，而不像原初振幅全息图那样是光密度的空间变化（这种全息图又称相位全息图）。

显影用 D19 型显影液，显影时间约 3min（在 18～20℃）。

定影用 F5 型定影液，定影时间约 5min（在 18～20℃）。

漂白用 R-10 漂白液，漂白时间待全息底片透明即可。再在 C 液中定影 5min。附：R-10 漂白液配方：

溶液 A	重铬酸钾	20g
	浓硫酸	14mL
	加蒸馏水至	1000mL
溶液 B	氯化钠	45g
	加蒸馏水至	1000mL
溶液 C	氯化铜	15g
	加水至	1000mL

将一份 A 液和一份 B 液混合使用。漂白过的全息图还须在 C 液中定影 5min，以消除氯化银。

D19 显影液配方：	米吐尔	2.0g
	无水亚硫酸钠	90g
	对苯三酚	8g
	无水碳酸钠	48g
	溴化钾	5g
	加水至	1000mL
F5 定影液配方：	硫代硫酸钠	240g
	无水亚硫酸钠	15g
	冰醋酸	13.5g
	酸结晶	7.5g
	钾矾	15g
	加水至	1000mL

5. 再现

(1) 将拍摄好的全息照片放回原照相底片架，挡住物光束和被摄物体，用原参考光照明，像即呈现在原物所在位置上，仔细观察再现像的特点。

(2) 如图 3-7-5 (a)，用另一束扩束激光沿原参考光方向照射全息图，从 E 处观察再现虚像，改变位置，再从 E' 处观察虚像，比较观察结果，说明立体的视觉效应（可由实验室提供一张全息照片，作以下观察分析用）。

(3) 改变全息图至扩束透镜之间的距离，观察再现虚像的位置和大小的变化，并用加以说明。

(4) 用一张有直径为 5mm 的小孔光阑遮住全息图，通过小孔观察再现像有何变化？是否显现出被摄物体的全貌？移动小孔位置，仔细观察全息图，比较再现像的区别。

(5) 如图 3-7-5 (b) 所示，将全息图绕垂直轴旋转 180°，用会聚光束（原参考光的共轭光）照明，用白屏（或玻璃屏）在原被摄物附近将观察到实像，并注意观察再现的

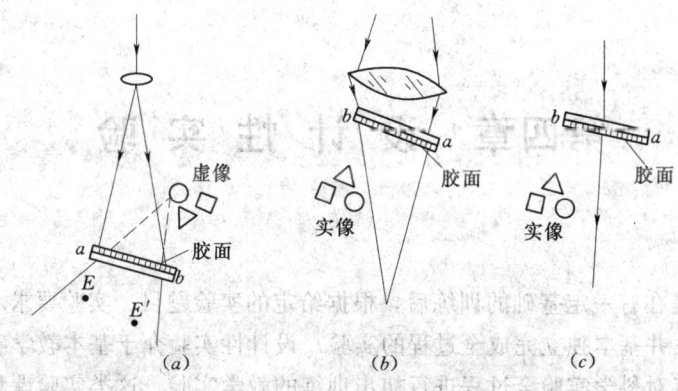

图 3-7-5 全息照片再现原理图

"赝视"特点。赝视现象就是原来物体上离观察者近的特点，共轭像中的对应点反而离观察者远了，即看到的像与原物的凹凸状态相反，给人以特殊的感觉。

（6）如图 3-7-5（c）所示，用未扩束的 He-Ne 激光直接照射全息图，除再现虚像外，在透射光的一侧用白屏还会有两个"再现实像"，仔细观察两个"像"的区别，判断真伪，给出物理解释。

【注意事项】

（1）两光束的光程差不能太大，两光束的光强比不能太大。
（2）参考光和物光尽量多地照射到全息干版。
（3）曝光时间要正确。曝光时，要先安静 10s 以上，并保持无振动和无光状态。
（4）显影和定影时间要正确。溶液的温度和浓度要控制适当。
（5）调节时，注意激光对人眼的影响。

【思考题】

（1）拍摄全息照相用的感光底片用正片和负片都可以，一般都是采用负片，这是为什么？
（2）拍摄全息照片，为什么参考光的强度必须比物光大？
（3）分析说明你观察的实验现象中，各种条件下形成的再现像的特点。

第四章 设计性实验

设计性实验是在有一定基础的训练后，根据给定的实验题目、实验要求和实验条件，由学生自己设计方案并基本独立完成全过程的实验。设计性实验介于基本教学实验与实际科学实验之间的，具有对科学实验全过程进行初步训练的教学实验。这类实验课程具有以前做过实验的延续性，具有综合性、典型性、探索性和部分设计性任务，要求学生自行推导有关理论、确定实验方法、选择配套仪器设备进行实验，最后写出比较完整的实验报告。

设计性实验的核心是设计，选择实验方案，并在实验中检验方案的正确性与合理性，设计时一般包括：根据研究要求、实验精度要求以及现有的主要仪器，确定应用原理，选择实验方法与测量方法，选择测量条件与配套仪器，以及合理处理测量数据等。在进行设计实验时，应考虑各种误差出现的可能性，分析其产生的原因，以及从众多的测量数据中检验系统误差的存在，估计其大小并消除或减小系统误差的影响。

由于物理实验的内容十分广泛，实验的方法和手段丰富，同时还由于误差的影响是错综复杂的，是各种因素相互影响的综合结果。希望同学们通过选定的设计实验的实践和总结，培养进行科学实验的能力和提高进行科学实验的素质。

本章安排的实验有：
实验一　固体密度的测定
实验二　折射率的测量
实验三　金属电阻的温度系数测量
实验四　金属箔式应变片性能研究：单臂、半桥、全桥比较
实验五　测定伏安特性曲线
实验六　非线性电阻特性研究
实验七　半导体温度计的设计

实验一　固体密度的测定

【实验任务】

自行设计鉴别贵重金属实验方案。

【实验要求】

(1) 叙述测量原理，推导实验公式。
(2) 拟订实验操作步骤。
(3) 记录数据，并与贵重金属相关参数比较。
(4) 分析测量误差。

【实验仪器】

分析天平，砝码，游标卡尺，螺旋测微计，烧杯，温度计，待测贵重金属等。

实验二 折射率的测量

【实验任务】

测量三棱镜、双平面镜的折射率。

【实验要求】

（1）用布儒斯特定律测定双平面镜的折射率，说明测量原理，导出测量公式。
（2）用分光计上的望远镜测量三棱镜的折射率，说明测量原理，导出测量公式。

【实验仪器】

分光计，光源，三棱镜，双平面镜，检偏器。

【提示】

望远镜由于自准直方法调节的需要，自身可以发出平行光，通过反射面也可以接收反射光，运用一些光学和数学的简单公式，可以推导出三棱镜折射率的公式：

$$n = \frac{\sin\theta}{\sin A}$$

式中：A 为三棱镜顶角；θ 为从望远镜发出的平行光相对于三棱镜入射面形成的入射角，此时构成顶角为 A 的三棱镜另一个侧面正好将入射光按原光路反射回去。

实验三 金属电阻的温度系数测量

【实验任务】

测定金属电阻的温度系数。

【实验要求】

试设计实验测量原理、方法。

【实验仪器】

QJ19 单双臂电桥,灵敏电流计,标准电阻,直流电源,安培表,滑线变阻器,游标卡尺,米尺,单刀单掷开关,双刀双掷开关,加热装置。

【提示】

导体的电阻随温度不同有所改变,金属电阻随温度的变化关系如下:
$$R = R_0(1 + \alpha t) \text{ 或 } \rho = \rho_0(1 + \alpha t)$$
式中:R 和 R_0 分别为温度为 t℃ 和 0℃ 时的电阻;α 为常数即待测材料的电阻温度系数。

实验四 金属箔式应变片性能研究：
单臂、半桥、全桥比较

【实验任务】

验证单臂、半桥、全桥的性能及相互之间关系。

【实验要求】

单臂、半桥、全桥比较。

【实验仪器】

直流稳压电源，差动放大器，电桥，F/V 表，测微头，双平行梁，应变片，主、副电源。

【提示】

(1) 参阅传感器实验仪器使用说明书，了解所需单元、部件在实验仪上的所在位置，观察梁上的应变片，应变片为棕色衬底箔式结构小方薄片。上下两片梁的外表面各贴两片受力应变片和一片补偿应变片，测微头在双平行梁前面的支座上，可以上、下、前、后、左、右调节。

(2) 将直流稳压电源打到±4V 档，F/V 表打到 2V 档，差动放大增益最大。

(3) 将差动放大器调零：用连线将差动放大器的正（+）、负（—）、地短接。将差动放大器的输出端与 F/V 表的输入插口 Vi 相连；开启主、副电源；调节差动放大器的增益到最大位置，然后调整差动放大器的调零旋钮使 F/V 表显示为零，关闭主、副电源。

(4) 按图 4-4-1 接线，图中 R_4 为工作片，r 及 W_1 为调平衡网络。

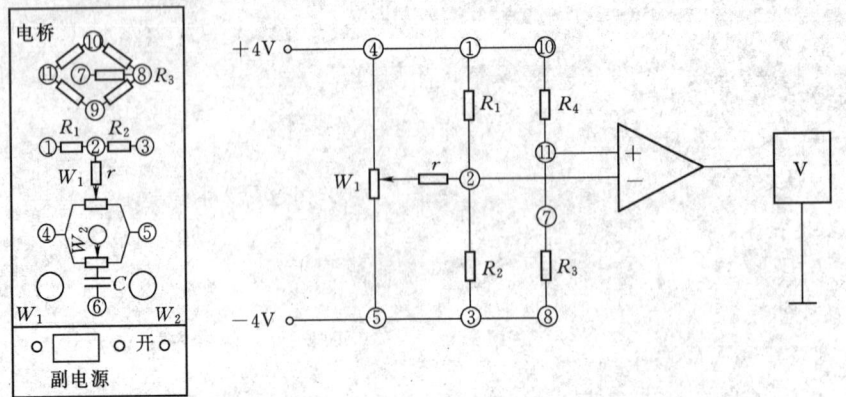

图 4-4-1 差动放大器和电桥电路图

实验四 金属箔式应变片性能研究：单臂、半桥、全桥比较

(5) 在传感器托盘上放上一只砝码，记下此时的电压数值，然后每增加一只砝码记下一个数值并将这些数值填入表 4-4-1。根据所得结果计算系统灵敏度 $S=\Delta U/\Delta G$，并做出 $U\sim G$ 关系曲线，ΔU 为电压变化率，ΔW 为相应的重量变化率。

(6) 保持放大器增益不变，将 R_3 固定电阻换为与 R_4 工作状态相反的另一应变片，即取二片受力方向不同的应变片，形成半桥，调节电桥 W_1 使 F/V 表显示为零，重复 (3) 过程同样测得读数，填入表 4-4-2。

表 4-4-1　　　　　　　试验数据记录表（一）

重量 G (N)					
电压 U (mV)					

表 4-4-2　　　　　　　试验数据记录表（二）

重量 G (N)					
电压 U (mV)					

(7) 保持差动放大器增益不变，将 R_1、R_2 两个固定电阻换成另两片受力应变片组桥时只要掌握对臂应变片的受力方向相同，邻臂应变片的受力方向相反即可，否则相互抵消没有输出。接成一个直流全桥，调节电桥 W_1 同样使 F/V 表显示为零。重复 (3) 过程将读出数据填入表 4-4-3。

表 4-4-3　　　　　　　试验数据记录表（三）

重量 G (N)					
电压 U (mV)					

(8) 在同一坐标纸上描出 $G\sim U$ 曲线，比较三种接法的灵敏度。

实验五 测定伏安特性曲线

【实验任务】

测量给定灯泡灯丝电阻的伏安特性曲线。

【实验要求】

用外接法测量给定灯泡灯丝电阻的伏安特性曲线,并用作图对电压表的分流进行修正。再提供一个电阻箱和单刀双掷开关,用替代法测绘灯泡灯丝伏安特性曲线。

【实验仪器】

直流电源,滑线变阻器,电压表,电流表,单刀单掷开关,待测小灯泡等。

【提示】

白炽灯泡两端的电压 U 和通过的电流 I 之间的函数关系 $I=kU^n$,式中 k、n 为待定常数。用实验得到的 U、I 值,用线性回归法求 k、n。

实验六 非线性电阻特性研究

【实验任务】

(1) 用给定器材设计合适的实验电路，测定伏安特性。

(2) 根据实验现象和结果，比较各种非线性电阻的特性，并从理论上进行分析讨论。

【实验要求】

(1) 从非线性电阻元件中任选 3 个，测出伏安特性曲线、动态阻值，并研究它们随电压（流）等参量变化的规律，得出拟合曲线方程。

(2) 画出测量电路图，说明选用内接法或外接法进行测量的理由，尽量减少系统误差影响或对系统误差进行修正。

【实验仪器】

非线性电阻元件 [照明小灯泡（13V、15W）；稳压二极管（2CW5D，$I_{max} \leqslant 100mA$，$V_0 \approx 2V$）；发光二极管（2EF402A，$I_{max} \leqslant 50mA$，红、黄）；光敏二极管（2CU2A）；热敏电阻]，电压表，电流表（应注意电表的量程和电阻），直流电源，光源，滑线变阻器，导线等。

实验七 半导体温度计的设计

【实验任务】

设计一个半导体温度计。

【实验要求】

制作 $0\sim 100℃$ 半导体指针式温度计，必须 $Ig=0$ 时对应 $0℃$，$Ig=100\text{mA}$ 时对应 $100℃$。

【提示】

热敏电阻作为测量温度的敏感元件时，必须要求它的电阻值只随环境温度而变化，与通过的电流无关。因此，在设计热敏电阻温度计时，流经热敏电阻的电流一般选取其伏安特性曲线的线性部分的 $1/5$。

【实验仪器】

直流稳压电源 1 台，滑线变阻器（限流）1 个，直流多值电阻箱 4 个，量程为 $100\mu\text{A}$ 的直流电表 1 个，热敏电阻 1 个，导线若干，单刀开关、单刀双掷开关各 1 个。

第五章 课题性实验

本章由若干个围绕基础物理实验的课题，由学生以个体或团队的形式，以科研方式进行的实验。

本章安排的实验有：

实验一　真空获得与真空镀膜
实验二　微波等离子体化学气相沉积制备金刚石薄膜
实验三　微波等离子体刻蚀加工实验
实验四　金刚石的形核
实验五　超导体转变温度的测量

实验一　真空获得与真空镀膜

　　压强低于一个标准大气压的稀薄气体空间称为真空。真空分为自然真空和人为真空。自然真空是指气压随海拔高度增加而减小，它存在于宇宙空间。人为真空是用真空泵抽掉容器中的气体。1643 年，意大利物理学家托里拆利（E. Torricelli）首创著名的大气压实验，获得真空。

　　在真空状态下，由于气体稀薄，分子之间或分子与其他质点之间的碰撞次数减少，分子在一定时间内碰撞于固体表面上的次数亦相对减小，这导致其有一系列新的物化特性，诸如热传导与对流小，氧化作用小，气体污染小，汽化点低，高真空的绝缘性能好等。真空技术是基本实验技术之一，真空技术在近代尖端科学技术，如表面科学、薄膜技术、空间科学、高能粒子加速器、微电子学、材料科学等工作中都占有关键的地位，在工业生产中也有日益广泛的应用。

　　薄膜（thin film）是材料的一种形态，通常意义上的薄膜是指厚度在微米及以下数量级上的物质层，其长度、宽度尺寸远远大于厚度尺寸。大多数情况下，薄膜是附着在另外的物质上的，薄膜附着物质叫做衬底（substrate）或者基片，特殊情况下，也有无附着衬底的自支撑薄膜材料。构成薄膜的材料叫做膜材，它可以是单质，也可以是化合物；可以是有机物，也可以是无机物；可以是导体材料，也可以是半导体或者绝缘体材料。从物质结构上说，对于固态薄膜，它可以是非晶态、多晶态或者晶态的。

　　薄膜材料有着极为广泛的用途，它遍布国防、航空航天、重工、电子、日常生活的方方面面，尤其在电子工业领域，薄膜几乎到了一统天下的地步，半导体集成电路、电子元器件、激光器、磁带、磁头等都是应用薄膜材料的。薄膜材料与薄膜制备技术已经逐步发展为一门独立的应用技术学科。

　　薄膜的广泛应用促进了薄膜技术的飞速发展，根据基本原理的差异，薄膜制备技术可以大致分为气相生成法、液相生成法、氧化法、扩散与喷涂法、电镀方法等。

【实验目的】

（1）了解真空技术的基本知识。
（2）掌握低、高真空的获得和测量的基本原理及方法。
（3）了解真空镀膜的基本知识。
（4）学习掌握蒸发镀膜的基本原理和方法。

【实验原理】

一、真空度与气体压强

　　真空度是对气体稀薄程度的一种客观度量，单位体积中的气体分子数越少，表明真空度越高。由于气体分子密度不易度量，通常真空度用气体压强来表示，压强越低真空度越高。按照国际单位制，压强单位是 N/m^2，称为 Pa（帕斯卡）。

真空量度单位：

1 标准大气压 = 760mmHg = 760Torr

1 标准大气压 = 1.013×10^5 Pa

1Torr = 133.3Pa

通常按照气体空间的物理特性及真空技术应用特点，将真空划分为几个区域，见表 5-1-1。

表 5-1-1　　　　　　　　真 空 区 域 划 分

低真空	$10^5 \sim 10^3$	高真空	$10^{-1} \sim 10^{-6}$
中真空	$10^3 \sim 10^{-1}$	超高真空	$10^{-6} \sim 10^{-12}$

二、真空的获得——真空泵

1654 年，德国物理学家葛利克发明了抽气泵，做了著名的马德堡半球试验。

原理（图 5-1-1）：当泵工作后，形成压差，$P_1 > P_2$，实现了抽气。

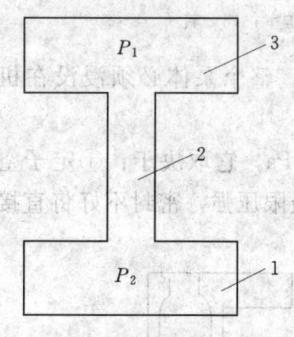

图 5-1-1　真空泵抽气原理
1—真空泵；2—导管；
3—被抽容器

用来获得真空的设备称为真空泵，真空泵按其工作机理可分为排气型和吸气型两大类。排气型真空泵是利用内部的各种压缩机构，将被抽容器中的气体压缩到排气口，而将气体排出泵体之外，如机械泵、扩散泵和分子泵等。吸气型真空泵则是在封闭的真空系统中，利用各种表面（吸气剂）吸气的办法将被抽空间的气体分子长期吸着在吸气剂表面上，使被抽容器保持真空，如吸附泵、离子泵和低温泵等。

真空泵的主要性能可有下列指标衡量：

（1）极限真空度：无负载（无被抽容器）时泵入口处可达到的最低压强（最高真空度）。

（2）抽气速率：在一定的温度与压力下，单位时间内泵从被抽容器抽出气体的体积，单位为 L/s。

（3）启动压强：泵能够开始正常工作的最高压强。

1. 机械泵

机械泵是运用机械方法不断地改变泵内吸气空腔的容积，使被抽容器内气体的体积不断膨胀压缩从而获得真空的泵，机械泵的种类很多，目前常用的是旋片式机械泵。

图 5-1-2 是旋片式机械泵的结构示意图，它是由一个定子和一个偏心转子构成。定子为一圆柱形空腔，空腔上装着进气管和出气阀门，转子顶端保持与空腔壁相接触，转子上开有槽，槽内安放了由弹簧连接的两个刮板。当转子旋转时，两刮板的顶端始终沿着空腔的内壁滑动。整个空腔放置在油箱内。工作时，转子带着旋片不断旋转，就有气体不断排出，完成抽气作用。旋片旋转时的几个典型位置如图 5-1-2 所示。当刮板 A 通过进气口［图 5-1-2（a）所示的位置］时开始吸气，随着刮板 A 的运动，吸气空间不断增大，到图 5-1-2（b）所示位置时达到最大。刮板继续运动，当刮板 A 运动到图 5-1-2（c）所示位置时，开始压缩气体，压缩到压强大于一个大气压时，排气阀门自动打开，气体被

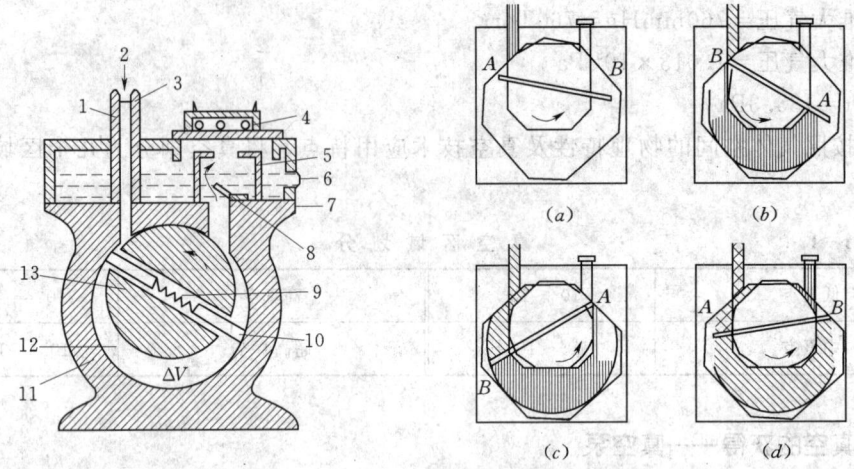

图 5-1-2 旋片式机械泵的结构示意图

1—进气管；2—进气口（接至被抽系统）；3—进气滤网；4—排气孔；5—油气分离室；6—油标；
7—放油阀；8—排气阀；9—弹簧；10—旋片；11—定子；12—工作室；13—转子

排到大气中，如图 5-1-2（d）所示。之后就进入下一个循环。整个泵体必须浸没在机械泵油中才能工作，泵油起着密封润滑和冷却的作用。

机械泵可在大气压下启动正常工作，其极限真空度可达 10^{-1}Pa，它取决于：①定子空间中两空腔间的密封性，因为其中一空间为大气压，另一空间为极限压强，密封不好将直接影响极限压强；②排气口附近有一"死角"空间，在旋片移动时它不可能趋于无限小，因此不能有足够的压力去顶开排气阀门；③泵腔内密封油有一定的蒸汽压（室温时约为 10^{-1}Pa）。

2. 扩散泵

扩散泵是利用气体扩散现象来抽气的，最早用来获得高真空的泵就是扩散泵，目前依然广泛使用，油扩散泵的工作原理不同于机械泵，其中没有转动和压缩部件。它的工作原理是通过电炉加热处于泵体下部的专用油，沸腾的油蒸汽沿着伞形喷口高速向上喷射，遇到顶部阻碍后沿着外周向下喷射，此过程中与气体分子发生碰撞，使得气体分子向泵体下部运动进入前级真空泵。扩散泵泵体通过冷却水降温，运动到下部的油蒸汽与冷的泵壁接触，又凝结为液体，循环蒸发。为了提高抽气效率，扩散泵通常由多级喷油口组成（3~4个），图 5-1-3 是一个具有三级喷嘴的扩散泵结构示意图，这样的泵也称为多级扩散泵。扩散泵具有极高的抽气速率，高速定向喷射的油分子在喷嘴出口处的蒸汽流中形成一低压，将扩散进入蒸汽流的气体分子带至泵口被前级泵抽走，而油蒸汽在到达泵壁后被冷却水套冷却后凝聚，返回泵底再被利用。由于射流具有工作过程

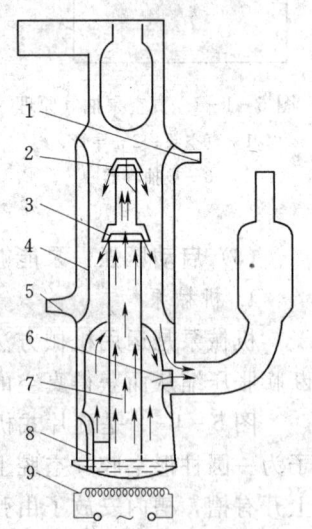

图 5-1-3 三级喷嘴油扩散泵

1—出水口；2—三级喷口；3—二级喷口；4—水冷套；5—进水口；
6——级喷口；7—油蒸汽流；
8—返油管；9—加热电路

高流速（200m/s）、高密度、高分子量（300～500），故能有效地带走气体分子。扩散泵不能单独使用，一般采用机械泵为前级泵，以满足出口压强（最大40Pa），如果出口压强高于规定值，抽气作用就会停止，因为在这一压强下，可以保证绝大部分气体分子以定向扩散形式进入高速蒸汽流。此外若扩散泵在较高空气压强下加热，会导致具有大分子结构的扩散泵油分子的氧化或裂解。油扩散泵的极限真空度主要取决于油蒸气压和反扩散两部分，目前一般能达到 $10^{-7}\sim 10^{-5}$Pa。根据扩散泵的工作原理，可以知道扩散泵有效工作一定要由冷却水辅助，因此实验中一定要特别注意冷却水是否通畅和是否有足够的压力。另外，扩散泵油在较高的温度和压强下容易氧化而失效，所以不能在低真空范围内开启油扩散泵。油扩散泵一个不容忽视的问题是扩散泵泵油反流进入真空腔室造成污染，对于清洁度要求高的材料制备和分析过程，这样的污染是致命的，所以现在的高端材料制备、分析设备都采用无油真空系统，避免油污染。

通常的真空系统不是只有一种真空泵在工作，而是至少由两级真空泵组成的。本实验中真空系统由两级构成，前级泵是旋片式机械泵构成，二级泵是油扩散泵。

三、真空的测量

真空的测量就是对真空环境气压的测量，考虑到真空环境的特殊性，真空的准确测量是困难的，尤其是高真空和超高真空环境的测量。一般解决思路是先在真空中引入一定的物理现象，然后测量这个过程中与气体压强有关的某些物理量，最后根据特征量与压强的关系确定出压强。对于不是很高的真空，可以通过压强计直接测量，这样的真空计叫做初级真空计或者绝对真空计，中度以上真空需要间接测量，这样的真空计叫做次级真空计或者相对真空计。

测量真空度的装置称为真空计。真空计的种类很多，根据气体产生的压强、气体的黏滞性、动量转换率、热导率、电离等原理可制成各种真空计。由于被测量的真空度范围很广，一般采用不同类型的真空计分别进行相应范围内真空度的测量。常用的有热耦真空计和电离真空计。热耦真空计也叫热耦规，通常用来测量低真空，可测范围为 $10^{-1}\sim 10$Pa，它是利用低压下气体的热传导与压强成正比的特点制成的。电离真空计也叫电离规，是根据电子与气体分子碰撞产生电离电流随压强变化的原理制成的，测量范围为 $10^{-6}\sim 10^{-1}$Pa。

使用时应特别注意：当压强高于 10^{-1}Pa 或系统突然漏气时，电离真空计中的灯丝会因高温很快被氧化烧毁，因此必须在真空度达到 10^{-1}Pa 以上时，才能开始使用电离真空计。为了使用方便，常把热偶真空计和电离真空计组合成复合真空计。

本实验中用到的真空计是热电偶真空计和热阴极电离真空计，又叫做热偶规和电离规，其结构如 5-1-4 图所示。它们的工作原理分别简述如下。

1. 热偶规

在热偶规中，热丝的温度由一个细小的热电偶测量。热电偶就是不同金属铰接构成的，当两个结构温度不同时，有温差电动势存在，也就是所谓的温差电效应。其测量过程是：在铂丝上加一定的电流，铂丝温度升高，热电偶出现温差电动势，它的大小可以通过毫伏计测量。如果加热电流是一定的，那么铂丝的平衡温度在一定的气压范围内取决于气体的压强，所以温差电动势也就取决于气体的压强。热电动势与压强的关系可以通过计算

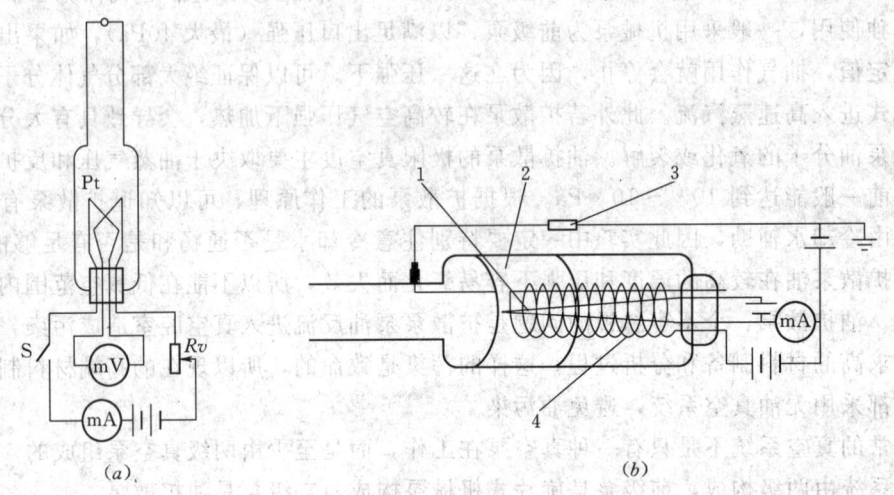

图 5-1-4 热偶规、电离规结构示意图
(a) 热电偶真空规结构示意图；(b) DL-2型热阴极电离真空规示意图
1—热阴极灯丝；2—极状收集极；3—微电流放大器；4—栅状阳极

得出，形成一条校准曲线。考虑到不同气体的导热率不同，所以对于同一压强，温差电动势也是不同的（通常的热偶规是校准气体是空气或者氮气）。热偶规热丝由于长期处于较高的温度，受到环境气体的作用，故容易老化，所以存在显著的零点漂移和灵敏度变化，需要经常校准。

2. 电离规

常见的电离规的结构非常类似于三极管。热阴极灯丝加热后发射热电子，栅状阳极具有较高的正电压。热电子在栅状阳极作用下加速并被阳极吸收。由于栅状阳极的特殊形状，除了一部分电子被吸收外，其他的电子流向带有负电的板状收集极，再返回阳极。也就是说部分电子要来回往返几次才能最终被阳极吸收。可以想象，在电子运动的过程中，一定会与气体分子碰撞并电离，电离的阳离子被收集极吸收并形成电流。电子电流 I_e、阳离子电流 I_i 与气体压强之间满足如下关系：

$$P = \frac{1}{K}\frac{I_i}{I_e}$$

由此可以确定出气压。对于很高真空度的情况，气体分子很稀薄，所以被电离的气体分子数目很小，因此需要配置微电流放大装置和灯丝稳流装置。电离规的线性指示区域是 $10^{-7} \sim 10^{-3}$ Torr。电离规是中高真空范围应用最广的真空计。低真空范围内，电离规的灯丝和阳极很容易被烧掉，所以一定要避免在低真空情况下使用电离规。表 5-1-2 给出了常用真空计及其测量范围。

四、蒸发镀膜

真空蒸发法就是把衬底材料放置到高真空室内，通过加热蒸发材料使之汽化或者升华，然后沉积到衬底表面而形成源物质薄膜的方法。

表 5-1-2 常用真空计及其测量范围

真空计名称	测量范围（Torr）	真空计名称	测量范围（Torr）
水银 U 形真空计	0.1～760	高真空电离真空计	10^{-7}～10^{-3}
油 U 形真空计	0.01～100	高压强电离真空计	10^{-6}～1
光干涉油微压计	10^{-4}～10^{-2}	B-A 超高真空电离计	10^{-10}～10^{-5}
压缩真空计（一般型）	10^{-5}～10	分离规、抑制规	10^{-13}～10^{-9}
压缩真空计（特殊型）	10^{-7}～10	宽量程电离真空计	10^{-10}～10^{-1}
静态变形真空计	1～760	放射能电离真空计	10^{-3}～760
薄膜真空计	10^{-4}～10	冷阴极磁控放电真空计	10^{-7}～10^{-2}
振膜真空计	10^{-4}～1000	磁控管型放电真空计	10^{-8}～10^{-4}
热传导真空计	10^{-3}～1	克努曾真空计	10^{-7}～10^{-3}
热传导真空计	10^{-3}～1000	分压强真空计	10^{-5}～10^{-3}

这种方法的特点是在高真空环境下成膜，可以有效防止薄膜的污染和氧化，有利于得到洁净、致密的薄膜，因此在电子、光学、磁学、半导体、无线电以及材料科学领域得到广泛的应用。

对于真空蒸发法而言，首先要明确成膜真空度范围，也就是说在怎么样的真空范围内，薄膜的生成是可能的。

蒸发镀膜就是在真空中通过电流加热、电子束轰击加热和激光加热等方法，使薄膜材料蒸发成为原子或分子，它们随即以较大的自由程作直线运动，碰撞基片表面而凝结，形成一层薄膜。蒸发镀膜要求镀膜室内残余气体分子的平均自由程大于蒸发源到基片的距离，尽可能减少蒸发物的分子与气体分子碰撞的机会，这样才能保证薄膜纯净和牢固，蒸发物也不至于氧化。由分子动力学可知气体分子的平均自由程为：

$$\lambda = \frac{kT}{\sqrt{\pi}\sigma^2 P} \tag{5-1-1}$$

式中：k 为玻尔兹曼常量；T 为气体温度；σ 为气体分子有效直径；P 为气体压强。

此式表明，气体分子的平均自由程与压强成反比，与温度成正比。在 25 ℃的空气情况下：

$$\lambda \approx \frac{6.6 \times 10^{-2}}{P} \quad (\text{m}) \tag{5-1-2}$$

对于蒸发源到基片的距离为 0.15～0.2 m 的镀膜装置，镀膜室的真空度须在 10^{-4}～10^{-2} Pa 之间才能满足要求。蒸发镀膜时，薄膜材料被加热蒸发成为原子或分子，在一定的温度下，薄膜材料单位面积的质量蒸发速率 G 由朗谬尔（Langmuir）导出的公式决定：

$$G \approx 4.37 \times 10^{-3} P_v \sqrt{\frac{M}{T}} (\text{kg} \cdot \text{m}^{-2} \cdot \text{g}^{-1}) \tag{5-1-3}$$

式中：M 为蒸发材料的摩尔质量；P_v 为蒸发材料的饱和蒸气压；T 为蒸发材料温度。材料的饱和蒸气压随温度的上升而迅速增大，温度变化 10%，饱和蒸气压就要变化约一个数量级。由此可见，蒸发源温度的微小变化可引起蒸发速率的很大变化。因此，在蒸发镀膜过程中，要想控制蒸发速率，必须精确控制蒸发源的温度。

蒸发镀膜最常用的加热方法是电阻大电流加热。采用钨、钼、钽、铂等高熔点、化学性能稳定的金属，做成适当形状的加热源，其上装入待蒸发材料，让电流通过，对蒸发材料进行直接加热蒸发，或者把待蒸发材料放入氧化铝、氮化硼或石墨等坩埚中进行间接加热蒸发。例如蒸镀铝膜，铝的熔点为 659℃，到 1100℃时开始迅速蒸发，常选用钨丝作为加热源，钨的熔化温度为 3380℃。

在真空镀膜中，飞抵基片的气化原子或分子，除一部分被反射外，其余的被吸附在基片的表面上。被吸附的原子或分子在基片表面上进行扩散运动，一部分在运动中因相互碰撞而结聚成团，另一部分经过一段时间的滞留后，被蒸发而离开基片表面。聚团可能会与表面扩散原子或分子发生碰撞时捕获原子或分子而增大，也可能因单个原子或分子脱离而变小。当聚团增大到一定程度时，便会形成稳定的核，核再捕获到飞抵的原子或分子，或在基片表面进行扩散运动的原子或分子就会生长。在生长过程中核与核合成而形成网络结构，网络被填实即生成连续的薄膜。显然，基片的表面条件（例如清洁度和不完整性）、基片的温度以及薄膜的沉积速率都将影响薄膜的质量。

五、干涉法测量膜厚

干涉法测量膜厚的理论基础是光的干涉效应。对于 3～2000nm 的膜厚，一般可采用干涉显微镜来测量。干涉显微镜可视为迈克尔逊干涉仪和显微镜的组合，其简化光路如图 5-1-5 所示。由光源发出的一束光经聚光镜和分光镜后分成强度相同的 B、C 两束光，分别经反射镜和样品反射后汇合发生干涉。两条光路光程基本相等，当它们间有一夹角时，就可能产生明暗相间的干涉条纹（等厚干涉）。将薄膜制成台阶状，则光束 C 中从薄膜反射和从基片表面反射的光程不同，它们和光束 B 干涉时，由于光程差而造成同一级次的干涉条纹平移，如图 5-1-6 所示。由此可求出台阶高度（即薄膜厚度）为：

$$d = \frac{\Delta l}{l} = \frac{\lambda}{2}$$

式中：Δl 为同一级次干涉条纹（要认准）的移动距离；l 为明暗条纹间距，它们由测微目镜测出；λ 为单色光源的波长。

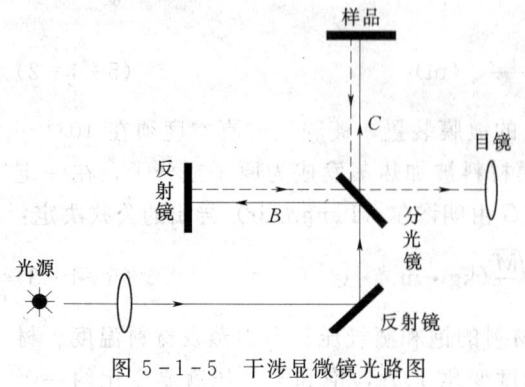

图 5-1-5 干涉显微镜光路图

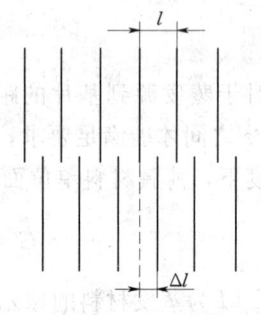

图 5-1-6 干涉条纹移动

由于单色光形成的是亮暗干涉条纹，难以确定条纹移动距离故测量时必须选用白光光源，这样容易确定零级干涉条纹。其零级条纹两侧是彩色的，便可明确测定条纹移动距离，白光的平均波长取 $\lambda = 540\text{nm}$。

【实验仪器和装置】

DH2010 型多功能真空实验仪。

【实验内容】

本实验介绍的是最为常见的薄膜气相制备方法——真空蒸发法。

在玻璃衬底上制备金属 Al 薄膜，其基本工艺流程如图 5-1-7 所示。

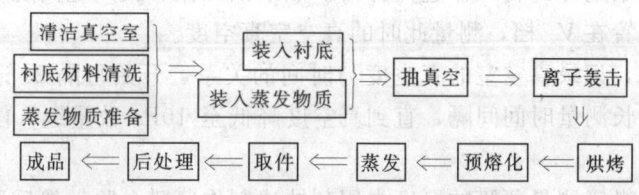

图 5-1-7 真空蒸发金属 Al 薄膜工艺

实验前请仔细检查各开关的状态，应该处于关断状态。

1. 实验前准备

先仔细清洗真空镀膜室的玻璃钟罩，用吹风机将钟罩烘干。

(1) 清洗衬底玻璃基板、钨丝和待蒸发的高纯铝丝。

(2) 清洗镀膜工作室。

(3) 将洗净的基片和铝丝放置在指定位置。

(4) 放置真空玻璃钟罩。

2. 抽取真空室真空

(1) 开启总电源，面板上的电源指示灯点亮，将控制面板上的工作选择打向真空泵，开启机械泵电源，机械泵开始工作。此时同时打开 A、B 高真空电磁阀以及真空泵电源，机械泵直接抽真空室，抽取大约 10min，开启复合真空计电源。先将测量开关打向 V_1 测量管路（同时将真空测量转换开关打向管路），记录下此时管路的真空度，再将复合真空计测量转换开关打向 V_2 测量真空室内的真空度。

(2) 观察热偶计示数变化，当热偶计示数到几帕数量级时，将工作选择打到扩散泵预工作，此时关闭 B 阀打开 C 阀（机械泵对扩散泵抽取真空），将复合真空计开关打向 V_1 测量直至真空为几帕数量级。此时先打开水龙头，再接通扩散泵电源（接通加热电源开关）；加热电源通过压力控制器控制，如果水流压力不够则加热电源不能接通，**注意扩散泵工作前必须先接通水源**，接通电源后，通过 PID 温控器设置加热温度。依次提高设定的加热温度，50℃、100℃、180℃、250℃。

(3) 约 20min 后，扩散泵起作用，此时将工作选择打向扩散泵工作，打开高阀，此时各电磁阀的工作状态为（A 阀打开、B 阀关闭、C 阀打开、D 阀打开）。

(4) 结合扩散泵的工作原理观察油扩散泵的工作过程。

3. 蒸镀铝膜

按实验室提供的具体操作步骤完成抽熔铝丝和加热蒸发等过程。

(1) 待真空室内的真空度达到 10^{-3} Torr 时，可开始蒸镀铝膜。

(2) 将控制面板上的蒸发电源开关打开，通过调节蒸发电源调节调节电压，逐步调高蒸发电源，使电流表显示为 50A 左右，对钨丝进行加热，将材料中的杂质预先蒸发掉（"预熔"）。调节可调档板旋钮，移去可调档板，再调高电源电压、加大加热电流约 70A，进行蒸镀铝膜。

(3) 蒸镀铝膜完毕后，将蒸发电源开关打向"断"，切断蒸发电源。

(4) 观察真空室真空度的变化，记下真空系统的极限真空。

(5) 关闭扩散泵电源。将工作选择打向扩散泵预工作、关闭电离规灯丝开关。将复合真空计的热偶规放置在 V_2 档，测量此时的真空室真空度。

(6) 关闭高阀，记录真空室的真空度与时间的关系，开始每隔 2s 记录一次，真空度变化慢时视情况延长测量时间间隔，直到真空度降低至 10Pa 数量级，停止记录。作系统漏率曲线。

(7) 用干涉显微镜测量薄膜的厚度先用刻蚀法制作薄膜台阶，然后用干涉显微镜测量薄膜厚度。

(8) 关机步骤：

1) 此时扩散泵电源已关，工作选择处于扩散泵预工作状态，D 阀处于关闭状态；机械泵继续工作，冷却水继续接通，对扩散泵内的泵油进行冷却。同时关闭电离规的灯丝电压。

2) 机械泵继续工作，直到泵油的温度低于 50℃，同时管路真空度在 Pa 数量级时，将工作选择打在"机械泵"。

3) 切断水源，关闭真空计电源。

4) 将工作选择打向"断"，将总电源开关打向"断"，切断总电源。

【注意事项】

1. 旋片式机械泵使用时必须注意的问题

(1) 启动前先检查油槽中的油液面是否达到规定的要求，机械泵转子转动方向与泵的规定方向是否符合（否则会把泵油压入真空系统）。

(2) 机械泵停止工作时要立即让进气口与大气相通，以清除泵内外的压差，防止大气通过缝隙把泵内的油缓缓地从进气口倒压进被抽容器（"回油"现象）。这一操作一般都由与机械泵进气口上的电磁阀来完成，当泵停止工作时，电磁阀自动使泵的抽气口与真空系统隔绝，并使泵的抽气口接通大气。

(3) 泵不宜长时间抽大气，否则因长时间大负荷工作会使泵体和电动机受损。

2. 为了蒸镀得到质量较好的薄膜，应注意的问题

(1) 注意基片表面保持良好的清洁度。被镀基片表面的清洁程度直接影响薄膜的牢固性和均匀性。基片表面的任何微粒、尘埃、油污及杂质都会大大降低薄膜的附着力。为了

使薄膜有较好的反射光的性能，基片表面应平整光滑。镀膜前基片必须经过严格的清洗和烘干。基片放入镀膜室后，在蒸镀前有条件时应进行离子轰击，以去除表面上吸附的气体分子和污染物，增加基片表面的活性，提高基片与膜的结合力。

（2）将材料中的杂质预先蒸发掉（"预熔"）。蒸发物质的纯度直接影响着薄膜的结构和光学性质，因此除了尽量提高蒸发物质的纯度外，还应设法把材料中蒸发温度低于蒸发物质的其他杂质预先蒸发掉，而不要使它蒸发到基片表面上。在预熔时用活动挡板挡住蒸发源，使蒸发材料中的杂质不能蒸发到基片表面。预熔时会有大量吸附在蒸发材料和电极上的气体放出，真空度会降低一些，故不能马上进行蒸发，应测量真空度并继续抽气，待真空度恢复到原来的状态后，方可移开挡板，加大蒸发电极的加热电流，进行蒸镀。

（注意：只要真空室充过气，即使前次已"预熔"过或蒸发过的材料也必须重新预熔。）

（3）注意使膜层厚度分布均匀。均匀性不好会造成膜的某些特征随表面位置的不同而变化。让蒸发源与基片的距离适当远些，使基片在蒸镀过程中慢速转动，同时使工件尽量靠近转动轴线放置。

（4）扩散泵连续工作时，落下钟罩后必须先对钟罩抽低真空，当达到 6～7Pa 后再开高阀，绝对不容许直接抽高真空，以避免扩散泵油氧化。

（5）中途突然停电，应立即将工作选择开关打在"断"切断高真空测量，来电后，待机械泵工作 2～3min 后，再恢复正常工作。

（6）镀膜工作进行 2～3 次后，必须及时清洗钟罩及镀膜室内零件，避免蒸发物质大量进入真空系统而损害真空性能。

【思考题】

（1）机械泵的极限真空度是如何产生的？能否克服？
（2）油扩散泵的启动压强应为多少？为什么？
（3）用热耦计测高真空、用电离计测低真空行不行？如果不做成复合真空计，怎样避免电离计被烧坏？
（4）关机时为何要将大气放入机械泵？
（5）进行真空镀膜为什么要求有一定的真空度？
（6）为了使膜层比较牢固，怎样对基片进行处理？

实验二 微波等离子体化学气相沉积制备金刚石薄膜

等离子体技术是一个具有全球性影响的新技术，近年来以极为迅猛的势头进入到工业应用的各个领域。除已广泛应用于焊接、切割、喷涂、氮化、冶金、化工等方面外，现已渗透在微电子、光电子、光记录、磁记录、平板显示、磁流体发电、材料的表面处理、薄膜和超细超纯微粉的制备等多个高技术领域，作为一种绿色（无环境污染）工业技术，对全世界的高技术产业化和传统产业的改造都有直接和重大的影响。

在等离子体应用技术中，微波等离子体具有低能耗、高效率、低成本、无电极和大面积等优点，特别适用于新材料（包括薄膜和体材料）的制备、金属制品的表面改性、高聚物制品及薄膜的表面改性、超大规模集成电路及高功率电子器件和光电子器件的制造、纳米结构的材料和器件及机械产品的开发、新型照明光源和紫外光源的开发等高技术领域，是当前等离子体应用技术的发展前沿。

薄膜的制备通常可分为物理气相沉积（PVD）法和化学气相沉积（CVD）法。物理气相沉积法中用得较多的方法包括溅射沉积、反应溅射沉积、蒸发镀膜、离子镀、反应离子镀等，用这些方法可制备金属膜、半导体薄膜、陶瓷薄膜，在光学、微电子、装饰等领域有广泛的应用。

化学气相沉积是使几种气体（多数场合为两种）在高温下发生热化学反应而生成固体的反应。由于等离子体具有高能量密度、高活性离子浓度，从而引发在常规化学反应中不能或难以实现的物理变化和化学变化，等离子体 CVD 是通过能量激励将工作物质激发到等离子体态从而引发化学反应生成固体，具有沉积温度低、能耗低、无污染等优点，因此等离子体化学气相沉积法得到了广泛的应用。

微波等离子体化学气相沉积技术最有影响的应用之一是利用该技术制备金刚石薄膜。金刚石有最高的硬度及高热导率和化学稳定性，具有良好的透光性，在光学、微电子和军事领域有广泛的应用。由于天然金刚石稀少且昂贵，使得天然金刚石在工业上的应用受到限制。1955 年，美国通用电气公司首先宣布利用高温高压法制得了人工金刚石。这一技术导致金刚石大量进入抛光、切割等领域。但由于采用高温高压法制备的金刚石主要是颗粒状的，这一特点使得人工合成的金刚石很难在加工以外的领域获得应用。1981 年，利用等离子体化学气相沉积成功地制备了金刚石薄膜，该方法制备的金刚石薄膜 广泛应用于机械加工、光学、热学和半导体等领域。目前已发展了微波等离子体化学气相沉积（MPCVD）、热丝等离子体化学气相沉积（Filament‐CVD）、射频等离子体化学气相沉积（RFCVD）、等离子体炬（Plasma‐Torch）等多种技术制备金刚石膜，其中微波等离子体因为具有等离子体洁净、杂质浓度低等优点而成为制备高质量金刚石膜的首选方法。

利用微波等离子体化学气相沉积方法制备金刚石膜时，多种气源体系可以采用，主要包括 $CH_4—H_2$、$CH_4—H_2—Ar$、$CH_4—H_2—O_2$、甲醇—氢气、乙醇—氢气、丙酮—氢气等体系。含碳气体在微波能的作用下电离生成含碳的活性粒子或分子碎片，并在基板上以

SP^2 和 SP^3 键形成石墨和金刚石，由于等离子体中的 H 原子对石墨结构的碳原子的反应刻蚀速率大于对金刚石结构的碳原子的反应刻蚀速率，因此在沉积过程中，通过适当的沉积工艺控制可以较好地抑制石墨的生长，得到较为纯净的金刚石膜。

【实验目的】

(1) 掌握多功能微波等离子体装置的使用方法。
(2) 利用等离子体化学气相沉积装置制备金刚石薄膜材料。
(3) 观察薄膜形貌、测试薄膜的显微硬度。

【实验原理】

一、等离子体

自然界中物质的形态除了固、液、气三种形态之外，还存在第四态，即等离子体状态。其实在浩渺的宇宙中，等离子体态是物质存在的最普遍的一种形态，包括恒星、星云等。从将等离子体划为物质的第四态这个角度来看，等离子体的产生过程为：固体物质在受热的情况下熔化成液体，液体进一步受热后变成气体，气体进一步受热后，中性的原子和分子电离成离子和电子，形成等离子体。因此，只要给予稀薄气体以足够的能量将其离解，便可使之成为等离子体状态。

气体被能量激励或激发成为等离子体后，等离子体中的离子或离子基团以及原子和原子基团之间的相互作用力将达到稳定或平衡。由于等离子体中含有大量具有高能量的活性基团，这使得等离子体能够参与或发生许多不同的化学或物理反应。制备功能薄膜便是其中的一例。

二、等离子体化学气相沉积

等离子体化学气相沉积技术原理是利用低温等离子体（非平衡等离子体）作能量源，工件置于低气压下辉光放电的阴极上，利用辉光放电（或另加发热体）使工件升温到预定的温度，然后通入适量的反应气体，气体经一系列化学反应和等离子体反应，在工件表面形成固态薄膜。它包括了化学气相沉积的一般技术，又有辉光放电的强化作用。

等离子体化学气相沉积技术按等离子体能量源方式划分，有直流辉光放电、射频放电和微波等离子体放电等。随着频率的增加，等离子体强化（CVD）过程的作用越明显，形成化合物的温度越低。PCVD 的工艺装置由沉积室、反应物输送系统、放电电源、真空系统及检测系统组成。气源需用气体净化器除去水分和其他杂质，经调节装置得到所需要的流量，再与源物质同时被送入沉积室，在一定温度和等离子体激活等条件下，得到所需的产物，并沉积在工件或基片表面。所以，PCVD 工艺既包括等离子体物理过程，又包括等离子体化学反应过程。

1. 直流等离子体化学气相沉积（DC - PCVD）

DC - PCVD 是利用高压直流负偏压（$-5\sim-1$kV），使低压反应气体发生辉光放电产生等离子体，等离子体在电场作用下轰击工件，并在工件表面沉积成膜。

直流等离子体比较简单，工件处于阴极电位，受其形状、大小的影响，使电场分布不均匀，在阴极附近压降最大，电场强度最高，正因为有这一特点，所以化学反应也集中在阴极工件表面，加强了沉积效率，避免了反应物质在器壁上的消耗。缺点是不导电的基体或薄膜不能应用。因为阴极上电荷的积累会排斥进一步的沉积，并会造成积累放电，破坏正常的反应。DC-PCVD装置如图5-2-1所示。

目前，国内外研究者更多的是采用辅助加外热方式沉积技术来解决以上问题，改变了单纯依靠离子轰击加热而带来的弊端，将反应时等离子体放电强度与放电工件温度分离，从而提高了工艺的稳定性和重复性，其装置如图5-2-2所示。

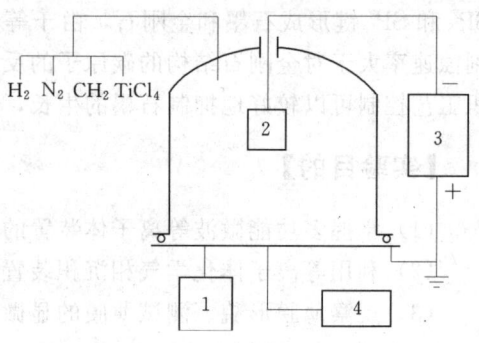

图5-2-1 DC-PCVD实验装置
1—真空仪；2—试样（工件）；
3—直流电源；4—旋片式真空泵

2. 微波等离子体化学气相沉积（MW-PCVD）

微波等离子体的特点是能量大，活性强。激发的亚稳态原子多，化学反应容易进行，是一种发展前途光明、用途广泛的新工艺，微波频率为2.45GHz，装置如图5-2-3所示。微波放电与直流辉光放电相比具有设备结构简单、容易起辉、耦合效率高、工作稳定、无气体污染及电极腐蚀、工作频带宽等优点，装置主要由微波发生器、环形器、定向耦合器、表面波导放电部分及沉积室组成。

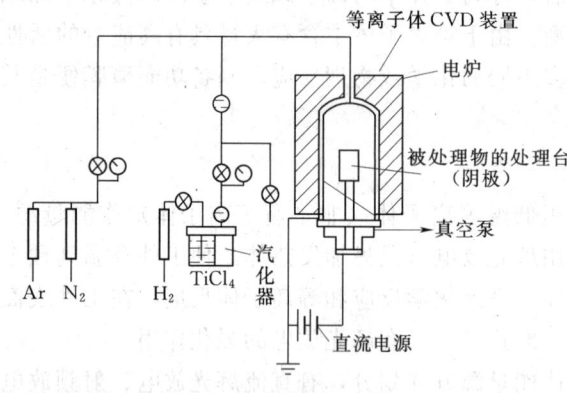

图5-2-2 DC-PCVD辅助外热装置

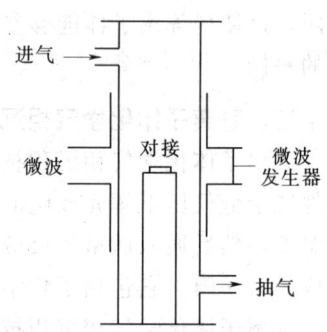

图5-2-3 微波等离子体

3. 射频等离子体增强化学气相沉积（RF-PCVD）

在低压容器的两极上加高频电压则产生射频放电形成等离子体，射频电源通常采用电容耦合或电感耦合方式，其中又可分为电极式和无电极式结构，电极式一般采用平板式或热管式结构（图5-2-4），优点是可容纳较多的工件，但这种装置中的分解率远低于1%，即等离子体的内能不高。电极式装置设在反应容器外时，主要为感应线圈，如图5-2-5所示，也叫无极环形放电，射频频率为13.56MHz。

由于高频电场中带电粒子和气体非弹性碰撞几率比直流辉光放电大，故气体点燃的气压比较低，直流辉光放电为$1.33 \sim 13.3$Pa，射频辉光放电为$1.33 \times 10^{-3} \sim 1.33 \times 10^{-1}$Pa。目前，国内已设计生产了直径为420mm的钟罩式（热壁、单双炉）射频放电PCVD装置。

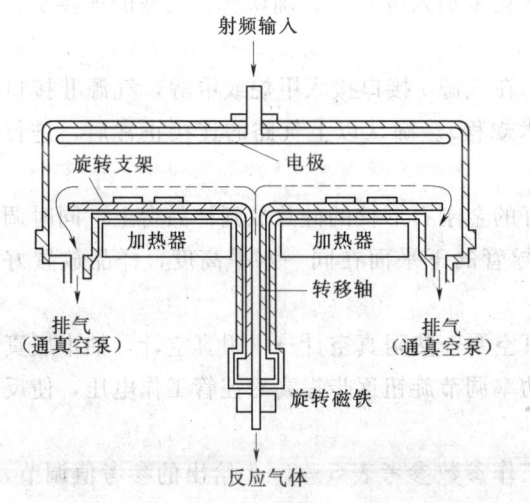 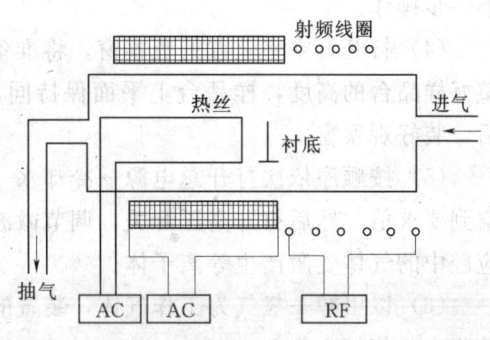

图 5-2-4 射频等离子体 CVD 装置　　图 5-2-5 热丝辅助射频等离子体 CVD 装置

三、微波的产生、传导及利用其激发产生等离子体

本实验装置中,微波源产生频率为 2.45GHz 的微波,微波功率以 TE10 模式沿矩形波导向前传播,经环行器、三螺钉阻抗调配器后到微波谐振腔,依靠调整短路活塞使微波能量集中到反应腔中,从而激发气体放电产生等离子体。

四、仪器工作原理

本实验是在 800W 多功能微波等离子体装置上进行的,其技术原理是:由微波源产生的频率为 2.45GHz 的微波,沿 BJ22 矩形波导管以 TE10 模式传输,经过调整短路活塞,最后在水冷谐振腔反应室内激励气体形成轴对称的等离子体球,等离子体球的直径大小取决于真空沉积室中气体压力和微波功率。基片加热采用等离子体自加热方式,根据装置配置的不同,基片温度可以通过水冷或调节等离子体的参数以及等离子体与基片的接触状态来控制。对于 CH_4—H_2 气体系统而言,气体发生离解而产生大量的含碳基团和原子氢。含碳基团在基片表面进行结构重组,由于原子氢对 SP^2 键碳原子的刻蚀作用远比对 SP^3 键碳原子的刻蚀作用强烈,这样重组后的碳—碳键具有金刚石结构的 SP^3 键保留下来,在合适的工艺条件下,实现金刚石的成核、生长,并在基片表面上得到完整的金刚石薄膜。该装置产生的微波等离子体有许多优点:无内部电极,可避免放电污染,运行气压范围宽,能量转换效率高,可产生大范围的高密度等离子体。

【实验仪器和设备】

DH2004 型多功能微波等离子体装置,超声清洗机,高倍光学显微镜,显微硬度仪,硅片,金刚石微粉,氢气、甲烷或甲醇、乙醇等有机溶液。

【实验内容】

(1) 将已作了金刚石形核的硅片用乙醇溶液超声清洗、烘干。

(2) 检查水箱里是否有冷却水，若无在水箱里加入冷却水。确认真空气路的连接是否正常。

(3) 检查外接气源气路的连接是否正常，在气源Ⅰ接口接入甲烷或甲醇，气源Ⅱ接口接入氢气（氢气的使用参见氢气使用安全技术规程）。确认以上气路的连接正常后，进行下一步操作。

(4) 打开真空室上方的观察窗，将准备好的金刚石形核的硅片放到样品台上，同时调整好样品台的高度，样品台上平面保持同波导管的下平面在同一水平高度，样品放置好后，装好观察窗。

(5) 按顺序依次打开总电源→冷却水→真空泵→热阻真空计→电阻真空计，抽本底真空到要求值。然后打开高压开关，调节微波功率调节旋钮逐步提高磁控管工作电压，使反应腔中的气体受激产生等离子体。

(6) 以甲醇—氢气为工作气体，装置的工作参数参考表5-2-1给出的参考值调节，并将实验值填入表5-2-1。

(7) 打开氢气气瓶阀（注意：使用氢气必须使用氢气减压阀），在打开气瓶阀时必须确保氢气减压阀关闭，打开气瓶阀后，再打开氢气减压阀阀门，氢气流量控制在0.2MPa以下。打开转子流量计，按照表5-2-1实验的工艺参数参考值调节流量计流量，关闭隔膜阀，关闭电阻真空计，通过调节高真空微调阀，使工作气压达到所需的气压，在气压稳定后，关闭热阻真空计。调节短路活塞使等离子体球位于基片上方。通过调节三螺钉阻抗调配器使微波的反射最小（通过反射测量的大小观察），在反应腔内得到最大的功率。

(8) 打开基片温度开关，观测在工作时基片台的工作温度，通过调节微波功率使基片台的温度达到实验所需要的工作温度。

(9) 实验结束后，关闭装置按以下顺序：先关闭气路，然后逐步调低微波功率，关高压；关真空泵；待基片台的温度冷却到200℃以下，再关冷却水电源开关；关总电源开关。打开反应室手动放气阀，打开真空室，取出样品。

(10) 在高倍显微镜下观察金刚石薄膜的形貌，并通过实验小组间的横向比较，分析形核密度、工艺参数对金刚石薄膜的生长的影响。

(11) 测量金刚石薄膜的显微硬度和表面粗糙度（依实验室的配套条件来选做）。

【数据记录与处理】

表 5-2-1　　　　　　　　　　实　验　条　件

名称＼项目	甲醇流量（mL/min）	氢气流量（mL/min）	工作气压（kPa）	阳极电流（微波功率）（mA）	基片温度（℃）	沉积时间（h）
参考值	20～40	80～200	4～9	150～180	400～700	1.5～2.5
实验值						

【思考题】

（1）影响基片温度的因素有哪些？

（2）本实验中，若用乙醇作为碳源气体会对实验有什么影响，沉积工艺参数应作何调整？

● 实验三　微波等离子体刻蚀加工实验

微波等离子体刻蚀是利用显影后的光刻胶图形作为掩模，在 SiO_2、Si_3N_4 金属、多晶硅等衬底上腐蚀一定深度的薄膜物质，得到与光刻胶图形相同的集成电路图形。随着集成电路的集成度提高和元件线宽减小，传统的湿化学刻蚀法，由于刻蚀中各向同性的局限性，无法满足刻蚀元件对临界尺寸越来越小的要求，为了精密控制电路元件的尺寸，"湿刻"操作必须转换为等离子体刻蚀的操作。"湿刻"是指用液体化学溶剂腐蚀掉样片表面一定深度的物质。此方法是各向同性刻蚀，线宽一般在 $3\mu m$ 以上，刻蚀精度差，不均匀，污染环境等。

"干刻"是指用气相刻蚀剂与表面作用，刻蚀产物为挥发性气体并被抽走。等离子体"干刻"是在等离子体存在的条件下，以平面曝光后得到的光刻图形作掩模，通过溅射、化学反应、辅助能量离子（或电子）与模式转换等方式，精确可控地除去衬底表面上一定深度的薄膜物质而留下不受影响的沟槽边壁上的物质的一种加工过程。该过程通常为各向异性且按直线进行。它还具有刻蚀速率高、均匀性和选择性好以及避免废液料污染环境等优点。正因为如此，它得到了广泛的工业应用。在现代工艺水平的超大规模集成电路制造中，等离子体刻蚀成为必须的主要加工技术，它与平面曝光、等离子体化学沉积、掩模、清洗、聚合等技术一起被广泛用于微电子器件、薄膜、材料加工等方面。

【实验目的】

（1）学会使用石英管式微波等离子体装置。

（2）初步掌握现代高精度低临界尺寸电子元件的制备方法及原理、等离子体刻蚀加工工艺，认识等离子体刻蚀中的各向同性和各向异性现象，了解等离子体参数对刻蚀加工的影响。

（3）学会应用等离子体法"干刻"工艺，根据不同要求，设计适合的刻蚀工艺条件。突出其刻蚀速率高、均匀性和选择性好以及环保节能等优点。

（4）利用高倍光学读数显微镜观察等离子体刻蚀加工前后样品的外观形貌的变化，测算样品的加工尺寸及等离子体的刻蚀加工速率。

【实验原理】

一、等离子体的刻蚀作用及其物理机制

等离子体中带电粒子数密度约为 $10^9 \sim 10^{12}$ 个$/cm^3$。负粒子主要是电子，由于它的质量小，速度快，故能量转移小。电子温度 T_e 一般为几个电子伏（eV），处于高温（几万开尔文），远远大于离子温度和中性粒子温度。高温态的电子与室温态中性气体反应生成活化自由基，再与衬底上的材料结合生成易挥发的气体产物，同时刻蚀了基片。在刻蚀过程中，等离子体的主要作用是：

（1）产生原子种类，如 Cl 和 F，它们是通过气体 CF_4 和 CCl_4 的辉光放电产生活化自

由基，Cl 和 F 都是有效的刻蚀剂。例如：

$$4F + Si \longrightarrow SiF_4 \text{（气体）}$$

$$4F + SiO_2 \longrightarrow SiF_4 \text{（气）} + O_2 \text{（气）}$$

结果 Si 和 SiO_2 被刻蚀，产物为 SiF_4 和 O_2 气体，可以被抽去。

（2）发生有效刻蚀，例如在氩等离子体中放入氯原子，由于等离子体与氯的协同作用，使得对硅的刻蚀率既远大于单独的气体，又远大于单独的等离子体，这是因为在等离子体条件下，使得氯与硅的化学反应不仅可以发生，而且可以快速进行。

（3）产生各向异性刻蚀，且按直线进行。湿化学刻蚀一般是各向同性的，即各个方向刻蚀速率都一样。例如刻蚀 $1\mu m$ 厚的薄膜时，上部刻蚀宽度却有 $3\mu m$。随着元件尺寸变小，纯化学湿刻就暴露出它的局限性，于是化学的湿刻转换为等离子体的干刻。与离子轰击方向垂直的平面薄膜被刻蚀，与离子运动方向平行的边壁上物质免遭腐蚀，故等离子体刻蚀是按直线进行的各向异性的刻蚀。

二、等离子体刻蚀过程

通常的等离子体刻蚀的工艺流程如图 5-3-1 所示。

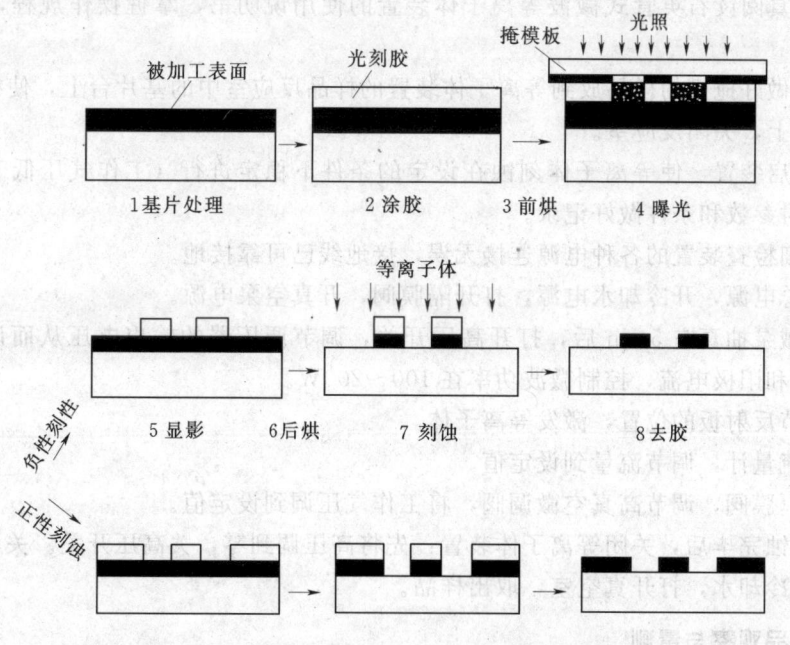

图 5-3-1　等离子体刻蚀的工艺流程

图 5-3-2 为等离子体刻蚀在玻璃衬底上碳膜的过程示意图，其加工次序从上到下，最后得到去掉模板以后的成品。

【实验仪器和设备】

DH2004 型多功能微波等离子体装置，1000X 光学读数显微镜，玻璃基衬底的碳膜、模板等。

【实验内容】

一、制备刻蚀用的碳膜、测量膜厚

(1) 将清洗干净（将分割好的载玻片先用稀硝酸清洗，再使用酒精或丙酮在超声波清洗机上反复清洗两次，然后烘干；或直接利用等离子体清洗）的玻璃薄片放入镀膜机，制备一层约 $10\mu m$ 厚的碳膜（由实验室提供）。

(2) 将模板放在玻璃基衬底的碳膜上，用干涉显微镜测碳膜和模板的厚度。

二、等离子体刻蚀碳膜

(1) 详细了解本实验中等离子体刻蚀的作用机理和反应原理（图 5-3-1），并设计温度、压强、时间等条件。

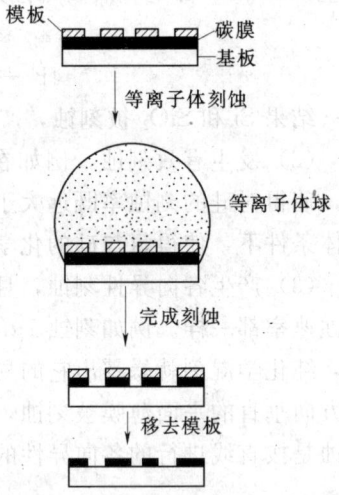

图 5-3-2 等离子体刻蚀在玻璃衬底上碳膜的过程示意图

(2) 认真阅读石英管式微波等离子体装置的使用说明书，掌握操作规程，熟记注意事项。

(3) 将做好掩模的样品放到等离子体装置的样品反应室中的基片台上，使样品平稳居于反应平台上，关闭反应室。

(4) 开启装置，使等离子体刻蚀在设定的条件下稳定进行（工作气压低于 500Pa 为佳）。同时对参数和条件做好记录。

1) 仔细检查装置的各种电源连接无误，接地线已可靠接地。

2) 开总电源，开冷却水电源，打开隔膜阀，开真空泵电源。

3) 机械泵抽真空 5min 后，打开高压开关，调节调压器的输出电压从而调节磁控管的阳极电压和阳极电流，控制微波功率在 $100\sim 200W$。

4) 调节反射板的位置，激发等离子体。

5) 开流量计，调节流量到设定值。

6) 关隔膜阀，调节高真空微调阀，将工作气压调到设定值。

(5) 刻蚀完毕后，关闭等离子体装置：先将高压调到零，关高压开关。关流量计，关机械泵，关冷却水，打开真空室，取出样品。

三、样品观察与量测

(1) 在光学显微镜下观察样品的外观形貌的变化。

(2) 使用干涉显微镜测出碳膜的宽度和深度，计算刻蚀速率。

(3) 总结实验结果，说明影响等离子体刻蚀的速率、选择性、均匀性等的因素。

【数据记录与处理】

(1) 用干涉显微镜测碳膜和模板的厚度。

(2) 用干涉显微镜测出碳膜的宽度和深度，计算刻蚀速率。

【思考题】

（1）"干刻"和"湿刻"有哪些区别，各有什么优缺点？
（2）简述等离子体的刻蚀的物理机制。
（3）为什么说等离子体刻蚀是按直线进行的各向异性的刻蚀？

● 实验四 金刚石的形核

离子体化学气相沉积技术最有影响的应用之一是利用该技术制备金刚石膜。由于膜状的金刚石可以在超硬保护涂层、光学窗口、热沉材料、微电子等多个领域有重要意义，因此科学家认为当人类完全掌握金刚石膜的制备技术，特别是单晶金刚石膜的制备技术后，依赖材料的历史将从硅材料时代很快进入金刚石时代。不过目前关于等离子体化学气相沉积金刚石膜的机理并没有完全清楚，特别是异质外延单晶金刚石膜还有很大困难，其主要原因是：低温等离子体处于热的非平衡状态，所用的反应气体也是多原子分子，反应系统复杂，基础数据不足。但是通过 20 多年大量的理论和实验研究，人们不仅发展了多种等离子体化学气相沉积技术来制备金刚石膜，而且通过对实验数据的分析总结，对影响金刚石膜的生长的因素有了一定的了解。对多晶金刚石膜的生长来说，形核是关键的，而影响形核的因素又是多方面的，包括等离子体条件、基体材料和温度等因素。

【实验目的】

（1）理解等离子体的激发原理，掌握多功能微波等离子体装置的使用方法。
（2）理解微波等离子体化学气相沉积金刚石薄膜时金刚石的形核机理。
（3）掌握研磨促进形核的方法，掌握形核密度的计算方法。

【实验原理】

在等离子体化学气相沉积金刚石膜时，首先要经历金刚石的形核过程，而形核通常可分为两阶段：第一阶段是含碳基团到达基体表面，并向基体内部扩散；第二阶段是到达基体表面的碳原子在基体表面以缺陷、金刚石籽晶等为中心的成核、生长。因此决定金刚石的形核因素包括：

1. 基体材料

由于形核取决于基体表面碳的饱和程度以及到达形成核心的临界浓度，因此基体材料的碳的扩散系数对形核有重要影响。扩散系数越大，就越不容易达到形核所需要的临界浓度，如铁、镍、钛等金属基体，直接在这些材料上形核就非常困难；对于碳扩散系数较低的材料，如钨、硅等，金刚石可以快速形核。

2. 基体表面研磨

通常金刚石的形核可以通过金刚石微粉对基体表面的研磨来促进。用 SiC、C-BN、Al_2O_3 等材料的研磨对形核也有促进作用。研磨可促进形核的机制主要有两点：一是通过研磨，金刚石微粉的碎屑留在基体表面起晶种的作用；二是研磨可以在基体表面产生大量的微缺陷，表面缺陷是自发形核的高能有利位置。研究表明研磨材料的晶格常数与金刚石的越接近，增强形核的效果越好，因此通常的研磨材料是采用高温高压法制备的金刚石微粉。

3. 等离子体参数

在金刚石形核初期，由于碳向基体内的扩散会在基体的表面形成一个界面层，研究表明等离子体参数对界面层也有重要影响，如硅基体上沉积金刚石膜时，甲烷浓度对 SiC 界面层的生成就有直接的影响。

4. 偏压增强形核

在微波等离子体化学气相沉积中，基体一般是加负偏压，即基体的电位相对于等离子体来说是低电位。负偏压的作用是增加了基体表面附近的离子浓度。过高的偏压会由于过多的高能离子对基体表面和先驱核的溅射而抑制形核，因此偏压增强形核时偏压的大小要合适。

【实验仪器和材料】

DH2004 型多功能微波等离子体装置，超声清洗机，高倍光学显微镜，硅片，金刚石微粉，氢气、甲烷或甲醇、乙醇等有机溶液。

【实验内容】

一、理解等离子体激发原理，掌握装置使用方法

在指导教师的指导下，结合装置的工作原理，能正确操作装置，操作规程如下：

(1) 检查水箱里是否有冷却水，若无在水箱里加入冷却水。确认真空气路的连接是否正常。

(2) 检查外接气源气路的连接是否正常，在气源Ⅰ接口接入甲烷或甲醇，气源Ⅱ接口接入氢气（氢气的使用参见氢气使用安全技术规程）。确认以上气路的连接正常后，进行下一步操作。

(3) 打开真空室上方的观察窗，将准备好的基片放到样品台上，同时调整好样品台的高度，样品台上平面保持同波导管的下平面在同一水平高度，样品放置好后，装好观察窗。

(4) 按顺序依次打开总电源→冷却水→真空泵→热阻真空计→电阻真空计，抽本底真空到要求值。然后打开高压开关，调节微波功率调节旋钮逐步提高磁控管工作电压，使反应腔中的气体受激产生等离子体。

(5) 打开氢气气瓶阀（注意：使用氢气必须使用氢气减压阀），在打开气瓶阀时必须确保氢气减压阀关闭，打开气瓶阀后，再打开氢气减压阀阀门，氢气流量控制在 0.2MPa 以下。打开转子流量计，按照表 5-4-2 的参考值调节流量计流量，关闭隔膜阀，关闭电阻真空计，通过调节高真空微调阀，使工作气压达到所需的气压，在气压稳定后，关闭热阻真空计。调节短路活塞使等离子体球位于基片上方。通过调节三螺钉阻抗调配器使微波的反射最小（通过反射测量的大小观察），在反应腔内得到最大的功率。

(6) 打开基片温度开关，观测在工作时基片台的工作温度，通过调节微波功率使基片台的温度达到实验所需要的工作温度。

(7) 实验结束后，关闭装置按以下顺序：先关闭气路，然后逐步调低微波功率，关高压；关真空泵；待基片台的温度冷却到 200℃ 以下，再关闭冷却水电源开关；关闭总电源

开关。打开反应室手动放气阀，打开真空室，取出样品。

二、金刚石形核实验

1. 金刚石微粉悬浮液的配置

将少许金刚石微粉放入乙醇中，利用超声波分散处理，配制好金刚石悬浮液（教师预先配好）。

2. 硅片的前处理

按表 5-4-1 的条件利用金刚石微粉处理镜面抛光的硅片 3 片。

表 5-4-1　　　　　　　　　　　硅片处理条件

样品	处 理 方 法
1号	$0.5\mu m$ 金刚石微粉手工研磨 5~8min，用乙醇超声清洗 3~5min，风干，在光学显微镜下观察到致密细微的划痕，否则再次研磨。研磨好的硅片用乙醇溶液超声清洗 3~5min，反复 2~3次，风干
2号	$1\mu m$ 金刚石微粉手工研磨 5~8min，用乙醇超声清洗 3~5min，风干，在光学显微镜下观察到致密细微的划痕，否则再次研磨。研磨好的硅片用乙醇溶液超声清洗 3~5min，反复 2~3次，风干
3号	$1\mu m$ 金刚石微粉超声处理 20min，用乙醇超声清洗 3~5min，反复 2~3次，风干

3. 形核实验

将做好了前处理的硅片一起放入到多功能微波等离子体装置的样品台上，开启等离子体装置，将实验的工艺参数填入表 5-4-2。（建议不同组的工艺参数有所区别，作为集中讨论工艺参数对形核密度的影响的讨论的依据。）

4. 形核观察与形核密度测量

实验结束后，将硅片拿出，在光学显微镜下观察形核情况，计算形核密度，比较不同的硅片处理工艺对形核密度的影响。

【数据记录与处理】

表 5-4-2　　　　　　　　　　实验的工艺参数

项 目	甲醇流量 (mL/min)	氢气流量 (mL/min)	工作气压 (kPa)	阳极电流（微波功率） (mA)	基片温度 (℃)	稳态工作时间 (min)
推荐值	20~30	70~100	5~8	150~180	500~700	20~40
实验值						

【思考题】

（1）研磨处理硅片对金刚石形核增强的机制是什么？什么样的划痕有利于金刚石形核？

（2）结合其他组的实验结果，分析工艺参数对金刚石形核密度的影响规律。

实验五 超导体转变温度的测量

超导电现象是荷兰物理学家昂纳斯（K. Onnes）于 1911 年首先发现的。在低温下它是一种相当广泛的现象，尽管对它的研究一直吸引着人们的注意，但超导电理论和技术在实际应用中得到迅速发展，还是在强磁场材料的研制成功和发现约瑟夫森效应以后的事情，尤其是随着钇钡铜氧（Y—Ba—Cu—O）系列及铋铅锑锶钙铜氧（Bi—Pb—Sb—Sr—Ca—Cu—O）等系列新型高临界温度超导体的发现，超导电理论和技术在世界范围内掀起了超导研究的新热潮。超导材料现已应用在高能物理、电力工程、电子技术、生物磁学、航空航天、医疗诊断等领域。在超导体研究中尤以超导体转变温度 T_c 的提高作为最前沿的课题，而超导体转变温度 T_c 的测量则是研究中一项最基本又最重要的内容。

【实验目的】

(1) 了解实验室常用冷源、低温容器及使用。
(2) 掌握电阻法、电感法测钇钡铜氧超导体转变温度 T_c 的方法。

【实验原理】

超导体的基本特性是零电阻现象和完全抗磁性。当温度由起始转变温度 $T_{起始}$（曲线开始偏离线性时的温度）开始降到某一数值 T_c 附近，超导体在一个有限温度间隔 ΔT_c 里完成从正常态（电阻为 R_n）到超导态的过渡：电阻消失，且磁通从体内排出。把温度 T_c 称为超导转变温度（也称其为临界温度）。ΔT_c 称为转变宽度，定义为 R_n 下降 10%～90% 所对应的温度间隔。超导体的这个基本特性为我们测量 T_c 提供了两种方法，即电阻法和电感法。

一、电阻法测量超导体的 T_c

此方法是根据零电阻现象设计的，它是通过测量实验样品的直流电阻来确定 T_c。通常是将样品的电阻降至正常态电阻值 R_n 的 50% 时的温度作为超导体的临界温度（也称为中点温度）。把 R_n 刚好降到零时所对应的温度称为零电阻温度 $T_{R=0}$，电阻法测量 T_c 多采用四引线电阻测量的方式，如图 5-5-1 (a) 所示，从两条电流引线引入恒定电流，电流的大小要依温度计类型、测量范围、测量精度要求而定。从温度计两条电压引线取得电压信号，用连线将其与数字电压表（可把信号经放大器放大）连接进行电压观测，或接通 x-y 函数记录仪的 x 轴记录样品温度变化曲线（y 轴记录样品电压变化曲线），也可同时接数字电压表和记录仪。通过数字电压表得出样品上电压（反映电阻）的变化，x-y 记录仪则能给出样品电阻～温度变化关系曲线，即 $R\sim T$ 曲线，如图 5-5-1 (b) 所示。实验装置的示意图如图 5-5-1 (c)。用四引线电阻测量法得出超导体的 T_c，在未接 x-y 记录仪的情况下可以纵轴表示电阻，横轴表示温度，做出 $R\sim T$ 曲线，也可在使用 x-y 记录仪所得的曲线记录纸上求出 T_c 值。其方法是：取 $T_{起始}$ 所对应电阻的 10%～90% 所给出的阻值范围的中点值所对应的温度为超导体转变温度 T_c，即 $T_c = T_{(R_n/2)}$。最后进行数据处理，将求得的电阻值通过查表或标定温度计的温度~电阻曲线得出相对应的温度值，得出转变温度 T_c 和转变宽度 ΔT_c。

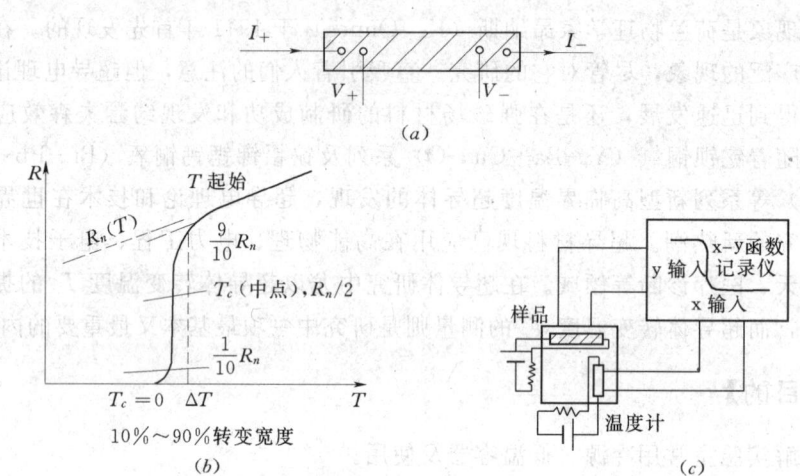

图 5-5-1 电阻法测 T_c
(a) 四引线法；(b) 电阻温度测量法；(c) 装置示意图

二、电感法测量超导体 T_c

电感法也称作磁测量法。超导体具有的另一基本特性是当其发生由正常转变为超导态时产生完全抗磁性，即处在超导态的超导体的磁化率发生突变，外部磁通将不能穿过超导体，超导体内的磁感应强度恒为零，这一特性被称为迈斯纳（Meissner）效应。根据这一特性，可由超导体在正常态到超导态变化中其磁化率的不连续变化来确定超导体的转变温度。

利用电感法测量超导体 T_c 有多种方法：利用交流电桥测量放有超导体样品的检测线圈的电感变化的方法，用线圈组成振荡电路构成谐振回路测量其谐振频率的方法，采用锁相放大器 LIA 测量互感线圈电感变化的方法等。图 5-5-2 给出了用锁相放大器作检测仪器时，测量 T_c 的电路及装置超导体样品的互感线圈的结构。实验中把从锁相放大器得出的样品的电压与温度计的电压同时送入 x-y 记录仪，仔细观察绘出的超导体样品的磁化率随温度变化的曲线，从突变处确定超导体的 T_c 值。

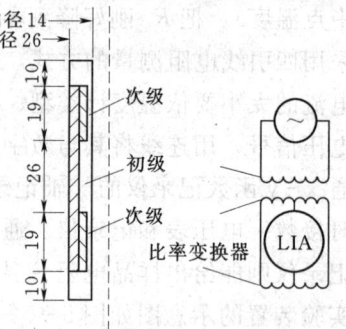

图 5-5-2 测量线圈及互感电桥（单位：mm）

【实验仪器】

一、电阻法测量超导体 T_c 的装置

在电阻法测量超导体的 T_c 所用实验装置中，主要由恒温器、实验杜瓦、低温温度计和测量线路等组成。

1. 恒温器

实验需要有低温容器和低温恒温器，以进行低温下待测样品的物理量的测量，其中主要装置是低温恒温器，根据测量的内容和测量精确度的要求，应选择满足条件的低温恒温器。低温恒温器的种类有很多，本实验中介绍一种推荐使用的测量电阻～温度关系的宽温区电测恒温器。其他类型的恒温器可参考有关书籍。如图 5-5-3 所示为测量电阻—温度关系宽温区电测恒温器，该恒温器采用真空绝热罩，其下部用绝热塞塞住，通过环形余隙建立热连接，更换样品时不需要破坏绝热罩内的真空。同时，恒温器内充满氦气，可以改善样品、温度计和恒温铜块之间的热接触，真空罩位置上下可调换，得到不同程度的漏热；整个恒温器的位置也可以上下移动，可以浸泡在低温液体中或置于液面之上。

这种恒温器的操作方法是：将真空绝热罩升到恒温器上方，装好测量样品和温度计后，将防辐射屏罩上，放下真空罩，使其与恒温器托板间有微小缝隙，对真空绝热罩夹层抽真空后，将整个恒温器装入实验杜瓦。实验时，灌入液 N_2（或液氦 ^4He），冷却恒温器及杜瓦瓶，逐渐将样品冷却下来；当样品要升温时，加热器通入微小电流，恒温室下方液氮汽化，整个恒温室处在 N_2 蒸汽中，随着通入加热电流时间的增长，恒温块及样品温度即被加热升高。更为方便和经济的办法是把恒温室整个提出杜瓦容器外，在空气中自然升温。在通电加热升温时，由于真空罩的绝热作用，通过调节加热器的电流就可使恒温器恒温在所需要的温度上。

2. 杜瓦容器

图 5-5-4 是采用液氮冷却辐射屏的典型带尾巴的金属杜瓦，金属杜瓦可按需要制成多种规格，样式以满足各种不同需要，但工艺复杂、造价高，且不能像玻璃杜瓦那样直接观察致冷液面，需有液面指示器。除满足需要外，还可将尾部置于磁场中进行低温下的磁性测量。

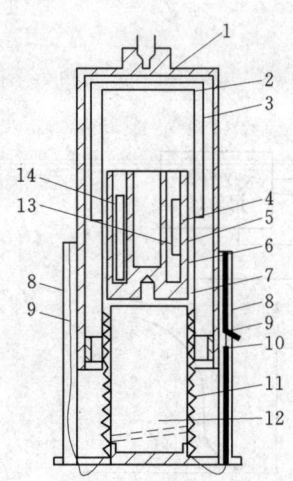

图 5-5-3 宽温区电测恒温器

1—真空外罩；2—薄壁不锈钢的真空罩内壁；3—铜辐射屏；4—辅助加热器；5—恒温铜块；6—串联的钢丝和铑铁丝；7—电加热器；8—吊杆；9—引线；10—活性炭；11—玻璃钢外筒；12—绝热塞的泡沫塑料芯；13—样品；14—温度计

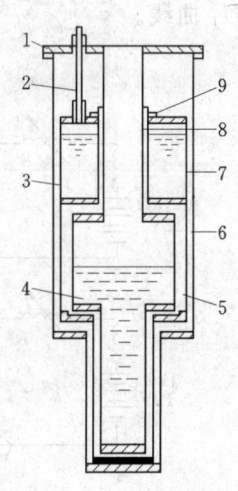

图 5-5-4 金属杜瓦

1—上法兰；2—输液 N_2 管；3—液 N_2 槽（Cu 或 Al）；4—He 槽（不锈钢）；5—辐射屏（Cu 或 Al）；6—外壳（不锈钢或 Al）；7—支持管（不锈钢或 Ni 合金）；8—热固定环（He 槽）；9—77K

3. 低温温度计

准确地测量温度是低温实验工作非常重要的内容。应根据实验内容的要求选择适合要求的温度计和测量方法。一般低温下测温常用的温度计有气体温度计、蒸汽压温度计、热电偶温度计、电阻温度计，此外还有磁性温度计、电容温度计和噪音温度计等。

本实验常用电阻温度计，种类有以下四种：

(1) 碳电阻温度计，在 4.2～20K 温区内的反映比较灵敏，它体积小，适用于小型恒温器，但重复性差。

(2) 锗电阻温度计，在 0.05～77K 温区测量反应灵敏。使用这两种温度计时要注意减小自热效应。

(3) 还有适用于 0.5～27K 温区的铑铁电阻温度计，它灵敏度高，重复性好，但体积大，适用于较大恒温器用。

(4) 温度在 4.2～300K 之间时，用铂（Pt）电阻温度计，它灵敏度优于 0.001K。

这四种温度计都采用四端引线法来测量温度，使用时要按测温范围要求选择相应的测温电流。

4. 测量线路

如图 5-5-5 所示，为了使样品和温度计在低温下分别获得恒定的微小电流，采用二组直流电压为 12V 的镉—镍蓄电池组。一组 12V 直流电压经 1kΩ 标准电阻和精密电阻箱后维持毫安级的样品电流流经待测样品，另一组 12V 直流电压经 100Ω 标准电阻和精密电阻箱后维持 0.3mA 的测温电流送铂电阻温度计。由于实验中温差变化大，故样品电流和温度计电流要经室温和低温下反复校准并作记录，以便计算和作修正。把测到的样品电压 U_S 和温度计电压 U_T 分别送入两台数字电压表，以观察变化情况，同时送入 x-y 记录仪画出 $U_S \sim U_T$ 曲线。

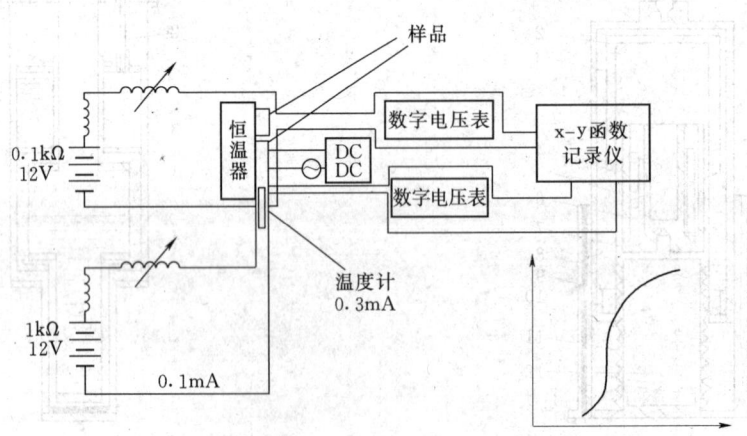

图 5-5-5 测量线路

加热系统是由直流稳压稳流源输出恒定的直流电流，把它经滑线变阻器调节到一定大小后送入加热线圈，电流值由串联的毫安表读出。如前所述，样品升温是采用将恒温块放在空气中让其自然升温的办法，不用电加热。采用自然升温可不接此电源。

二、电感法测超导体 T_c 的装置

1. 恒温器

如图 5-5-6 所示为一个测量磁化率的测量装置。将样品放在充氦气的样品管内[图 5-5-6(b)]，再把样品管放在一抽真空的玻璃管中[图 5-5-6(a)]，两者之间靠样品管外的薄壁（0.08mm）塑料管绝热，样品管温度可以大大高于液池温度，加热丝用热导差的康铜丝制作，把它粘在样品管上，其走向与管轴平行，外液池为液氮时，加热可使样品温度升到 77K；外液池为液氦时，可升到 400K。加热器的引线可同时用来悬吊样品管，减压外部液氦，可达到 1.8K 左右的温度；如需更低温度，可用一小 ^{3}He 杜瓦，凝入 ^{3}He 并减压可得到约 0.5K 的极低温，这时样品只要用棉线悬吊即可。

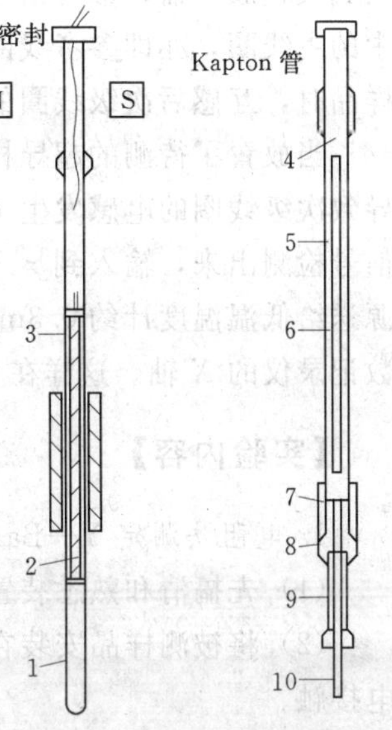

2. 实验杜瓦

与电阻法测 T_c 相同，采用不锈钢金属杜瓦容器，容积为 5L 液氦。

图 5-5-6 测量磁化率装置
(a) 1.8～300K 测量磁化率装置；(b) 样品管
1—玻璃管；2—样品管；3—液 N_2 或液 He 池；4—He 气；5—玻璃；6—加热丝；7—环氧；8—油脂密封；9—Kapton 管；10—毛细管

3. 锁相放大器

锁相放大器是用来检测深埋在噪声信号中的微弱信号的一种仪器，它的基本作用是只允许了定频率和相位的信号通过，从而达到最大限度地抑制噪声的目的。对于与被测量信号的频率、位相都相同的随机噪声信号，可通过长时间的积分消除。图 5-5-7 是其基本原理方框图。

深埋在噪声中的具有频率 f_s 的被测信号，通过选频放大器放大，把具有与被测信号频率相同（有 0°～360°的相位差）的 f_r 信号和放大后的 f_s 信号同时输入到相位检测器中，得到有固定相差，频率为 $f_r+f_s=2f_s$ 及 $f_r-f_s=0$（即直流）的信号，低通滤波器将高频为锁相放大器的输出，从而达到能把具有固定频率和相位的被测信号检出的目的。

4. 测量线路

如图 5-5-8 所示，由低频信号发生器外部供给 130Hz 的正弦振荡参考信号，把它输

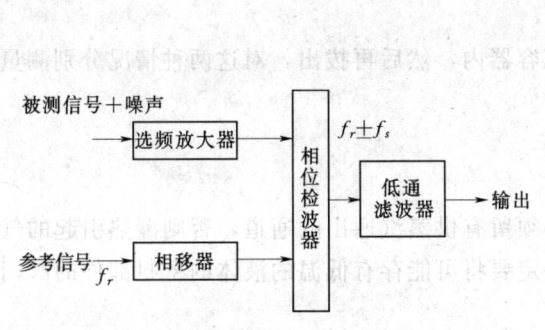

图 5-5-7 锁相放大器的原理方框图

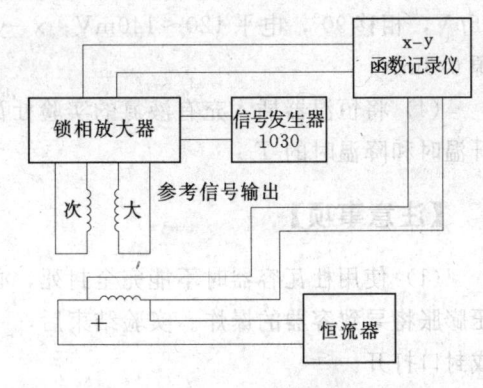

图 5-5-8 测量线路

入到锁相放大器，参考信号的相移可由相关旋钮来控制。输出的参考信号同时送给恒温器中的主线圈，亦即参考线圈。恒温器中有两个反接串联线圈组成的次线圈，在未放置超导样品时，互感后次级线圈的输出应为一固定值。

当放置了待测的超导样品后，超导样品在超导—正常态转变时，磁化率的不连续变化导致次级线圈的电感发生了变化，变化的电感信号送入锁相放大器后，把深埋在噪声中的信号检测出来，输入到 x-y 记录仪的 Y 轴表示样品磁化率的变化。与此同时，由一恒流源送给低温温度计约 0.3mA 的电流，其随温度升高或降低时电压的变化量送入到 x-y 函数记录仪的 X 轴。这样在 x-y 记录仪上直接画出磁化率随温度变化的曲线。

【实验内容】

1. 电阻法测定 Y—Ba—Cu—O 体转变温度 T_c。

（1）先搞清和熟悉装置各部件的作用和用法。

（2）将被测样品安装在恒温器上，并仔细检查各测量引线与样品及温度计具有良好的电接触。

（3）调节好测量样品电流及温度计电流，首先记录室温下样品的电流及电压值，选择好 x-y 函数记录仪的 X、Y 轴所用量程。并调好零点。

（4）恒温器装入充有液氮的实验用杜瓦容器里，紧固法兰盖后进行测量，将记录仪的 X、Y 轴旋钮置"信号"挡，放下记录笔观察并记录样品降温时电阻的变化。

（5）对每个被测样品各作一次 77～150K 之间的升、降温曲线。

（注意：①升、降温速率要缓慢进行；②记下所用 X、Y 轴的量程，零点位置及低温下样品温度计电流值；③注意安全，防止冻伤，保护仪器。）

（6）对实验数据进行分析处理，确定所测样品的 T_c 值写出实验报告。样品最后的 T_c 和 ΔT_c 值应为升、降温时所确定 T_c 的平均值，它就是该样品真实的 T_c 值。

2. 用电感法测定 Y—Ba—Cu—O 超导体转变温度 T_c。

（1）将待测样品切成截面为 1mm×1mm、长 5cm 的条状，装入次级线圈内，装好黄铜隔热罩。

（2）接通信号发生器、锁相放大器、x-y 函数记录仪及恒流源电源，预热 5min。

（3）检查各仪器所用量程是否正确。信号发生器：130Hz；锁相放大器：灵敏度 $25\mu V$，相移 90°，电平 120～140mV；x-y 记录仪：X 轴 2mV/cm，Y 轴 0.1V/cm；恒流源 0.3mA。

（4）将恒温器插入充有液氮的实验杜瓦容器内，然后再拔出，对这两种情况分别测量升温时和降温时的 T_c。

【注意事项】

（1）使用杜瓦容器时不能完全封死，必须留有供蒸汽逸出的通道，否则漏热引起的气压膨胀将导致容器的爆炸。实验结束后，一定要将可能存有低温的液体的密封部件的阀门或封口打开。

（2）实验过程中，必须保护好盛有低温液体杜瓦容器的真空夹层封口，切不可碰落或充入过量的气体，否则将引起低温液体剧烈蒸发，而造成杜瓦容器的破裂。

(3) 对发热功率较大的装置，应适当加粗气管道。
(4) 防止低温液体造成的烫伤。
(5) 盛液氧或液氢的容器及输液管必须专用。
(6) 使用液氮和惰隆气体的液体时，要防止室内缺氧造成的窒息。

【思考题】

(1) 试分析超导体零电阻现象。
(2) 低温物理实验中常用的冷源有哪些？
(3) 你认为低温温度的获得有几种方法，各是什么道理？
(4) 试设计用交流电桥检测超导体的迈斯纳效应的实验。

【附录】

低温物理实验技术应用简介

低温物理实验技术可分成低温致冷技术和低温下物质特性的应用技术两大部分。

一、低温技术概述

低温制冷技术是低温物理实验技术发展的基础，它提供了获得低温的手段，主要包括低温控制技术与低温致冷装置，实验室中冷源的制备是通过气的液化，依据导焓膨胀和导熵膨胀的致冷原理，利用相应的致冷装置获得低温液体。1K 以下的超低温制冷则是由稀释制冷、波麦兰丘克致冷、绝热去磁制冷等实现的，目前已达到 mK 级，极低温（μK 级）的获得是这一领域研究的前沿。低温恒温器的构造多种多样，根据使用的目的和要求，研究恒温器的制造工艺，也是低温物理技术中的一个重要组成部分，对恒温器的一般要求是：漏热小、材料可靠、使用操作方便等。

二、低温技术的几项应用

在航空航天技术中，利用低温技术制备的液氢、液氧、液氮等低温液体，可用作氧化剂、推进剂、清洁剂。在低温环境中电子装置的某些重要参数均可得到很好的改善，从而提高了电子装置的精度和可靠度。在低温电子学装置方面，红外探测器、低温参量放大器等已被应用于精密军事工程及通信、广播、雷达探测和天体研究中。在医学科学和生物学领域，低温医疗、低温储存生物制品和体器官等项技术，已逐步在实践中应用。

三、超导电技术的几个应用

超导电技术应用之一是制成超导电子器件，用于取代目前普遍使用的某些半导体器件，使电子设备的性能更为卓越，如制成超高速超导计算机、超导量子干涉仪等。超导计算机不仅功耗小，其运行速度也将大大提高，而这对半导体器件的计算机来说是十分困难的，甚至是无法达到的。超导电技术的另一具有重大意义的应用，是进行电力传输和超导磁体的利用。超导输电将节省大量能源，超导磁体则可用于磁悬浮技术中，如制造磁悬浮列车，医学检测影像技术的核磁共振成像，磁分离技术中的选矿与原料分离，在高能物理中被用于同步加速器及大型气泡室的建设；另外还可用于制造超导电机、磁流体发电机，以及制成强磁场等。对高临界参数的实用化超导材料的研究正方兴未艾，尽管研究道路上困难重重，何时能真正实用化还是未知数，但可以相信高温超导材料终将被人们研制发现，并为人类带来巨大利益。

第六章 计算机仿真实验

当今,我们已进入计算机和信息时代,计算机已广泛地深入到各行各业,起着越来越巨大的作用。它运算速度快,体积小,可靠性高,通用性与灵活性强,以及具有很高的性能价格比等特点,把人们带入了一个信息化的新时代。计算机在实验研究领域的应用,即将传统的实验方法和测试手段与计算机相结合,使实验技术产生了巨大的变革,大大提高了实验的水平,给科学研究带来了新的突破。计算机在研究领域中应用的迅速发展使传统的教学实验与实际科研工作之间的差距日益增大。我们应该将计算机这个现代化的手段运用到实验中去,逐步改进传统的实验方法,缩小差距,适应现实发展的需要。

计算机仿真实验是利用计算机应用软件设计虚拟仪器,建立虚拟实验环境,学习者可在这个环境中操作仪器,模拟真实的实验过程。我们采用的是中国科技大学开发的《大学物理仿真实验 V2.0 for Windows》,共分三个部分。

一、《大学物理仿真实验 V2.0 for Windows》第一部分

实验内容涉及力学、热学、电学、光学、近代物理等各个领域,具体包括如下实验:热敏电阻温度特性实验、低真空实验、电子自旋共振实验、薄透镜成像规律研究实验、油滴法测电子电荷实验、示波器实验、偏振光的研究实验、光电效应测普朗克常数实验、法布里—珀罗标准具实验、γ能谱实验、弗兰克—赫兹实验、计数管和核衰变的统计规律、凯特摆测重力加速度实验、核磁共振实验、检流计的特性实验、阿贝比长仪及氢氖光谱测量、螺线管磁场的测量与研究实验、分光计实验实验、平面光栅摄谱仪及氢氖光谱拍摄、塞曼效应实验和实验报告。

二、《大学物理仿真实验 V2.0 for Windows》第二部分

实验内容涉及力学、热学、电学、光学、近代物理等各个领域,具体包括如下实验:绪论、力热学基本物理量及常用仪器介绍、迈克尔逊干涉仪、$R-C$电路实验 电子荷质比的测定、整流电路、碰撞和动量守恒、测动态磁滞回线、超声波测声速、误差分析与数据处理、霍尔效应、介电常数的测量、光学设计实验、利用单摆测重力加速度、双臂电桥测低电阻、居里温度的测量、温度计的设计、不良导体导热系数的测定、杨氏模量的测量、气垫上的直线运动。

三、《大学物理仿真实验 V2.0 for Windows》第三部分

动态法测杨氏模型、傅立叶实验、高温超导、介电常数测量Ⅱ、扭秤法万有引力常数、喇曼光谱、偏振光实验Ⅱ、电子显微镜、受迫震动、牛顿环法测曲率半径、刚体的转动惯量、良导体热导率的动态法测量、扫描隧道显微镜。

● 仿真实验的基本操作方法

在仿真实验中几乎所有的操作都要使用鼠标。如果您的计算机安装了鼠标，启动 Windows 后，屏幕上就会出现鼠标指针光标。移动鼠标，屏幕上的指针光标随之移动。下面是鼠标操作的名词约定。

单击：按下鼠标左键再放开。
双击：快速地连续按两次鼠标左键。
拖动：按下鼠标左键并移动。
右键单击：按下鼠标右键再放开。

一、系统的启动

在 Windows XP 的"开始"菜单里双击"大学物理仿真实验"图标，启动仿真实验系统。进入系统后出现主界面，如图 6-1-1～图 6-1-3 所示，单击"上一页"、"下一页"按钮可前后翻页。单击各实验项目文字按钮（不是图标）即可进入相应的仿真实验平台。结束仿真实验后回到主界面，单击"退出"按钮即可退出本系统。如果某个仿真实验还在运行，则在主界面单击"退出"按钮无效，待关闭所有正在运行的仿真实验后，系统会自动退出。

图 6-1-1 仿真实验（一）主界面

二、实验操作概述

由仿真系统主界面进入仿真实验平台后，首先显示该平台的主窗口——实验室场景（图 6-1-4），该窗口大小一般为全屏或 640×480 像素。实验室场景内一般都包括实验

图 6-1-2 仿真实验（二）主界面

图 6-1-3 仿真实验（三）主界面

台、实验仪器和主菜单。用鼠标在实验室场景内移动，当鼠标指向某件仪器时，鼠标指针处会显示相应的提示信息（仪器名称或如何操作），如图 6-1-5 所示。有些仪器位置可以调节，可以用鼠标进行拖动。

主菜单一般为弹出式，隐藏在主窗口里。在实验室场景上右键单击即可显示，如图 6-1-4 所示。菜单项一般包括：实验背景知识、实验原理的演示，实验内容、实验步骤和仪器说明文档，开始实验或进行仪器调节，预习思考题和实验报告，退出实验等。

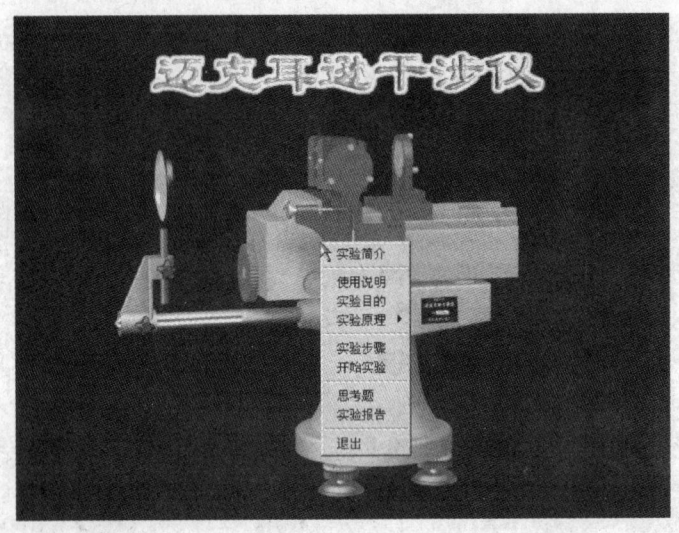

图 6-1-4 主菜单

(一) 仿真实验操作

1. 开始实验

有些仿真实验启动后就处于"开始实验"状态,有些需要在主菜单上选择,具体可见实验教材中相应章节。

2. 控制仪器调节窗口

调节仪器一般要在仪器调节窗口内进行。

打开窗口:双击主窗口上的仪器或从主菜单上选择,即可进入仪器调节窗口。

移动窗口:用鼠标拖动仪器调节窗口上端的细条。

关闭窗口:有以下三种方法。

(1) 右键单击仪器调节窗口上端的细条,在弹出的菜单中选择"返回"或"关闭"。

(2) 双击仪器调节窗口上端的细条。

(3) 激活仪器调节窗口,按 Alt+F4 键。

3. 选择操作对象

激活对象(仪器图标、按钮、开关、旋钮等)所在窗口,当鼠标指向此对象时,系统会给出下列提示中的至少一种:

(1) 鼠标指针提示。鼠标指针光标由箭头变为其他形状(例如手形)。

(2) 光标跟随提示。鼠标指针光标旁边出现一个黄色的提示框,提示对象名称或如何操作。

(3) 状态条提示。状态条一般位于屏幕下方,提示对象名称或如何操作。

(4) 语音提示。朗读提示框或状态条内的文字说明。

(5) 颜色提示。对象的颜色变为高亮度(或发光),显得突出而醒目。

出现上述提示即表明选中该对象,可以用鼠标进行仿真操作。

4. 进行仿真操作

(1) 移动对象。如果选中的对象可以移动,就用鼠标拖动选中的对象。

(2) 按钮、开关、旋钮的操作。

1) 按钮：选定按钮，单击鼠标即可，如图 6-1-5 所示。

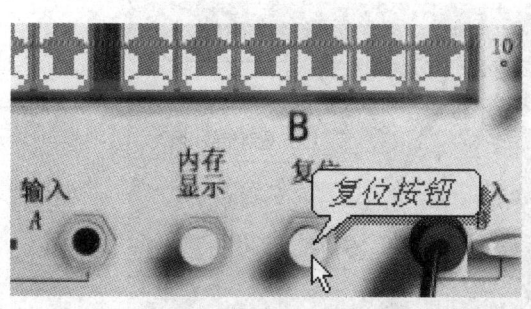

2) 开关：对于两挡开关，在选定的开关上单击鼠标切换其状态。多挡开关，在选定的开关上单击左键或右键单击切换其状态，如图 6-1-6 和图 6-1-7 所示。

3) 旋钮：选定旋钮，单击鼠标左键，旋钮反时针旋转；单击右键，旋钮顺时针旋转，如图 6-1-8 所示。

(3) 连接电路。

1) 连接两个接线柱：选定一个接线柱，按住鼠标左键不放拖动，一根直导线即从接线柱引出。将导线末端拖至另一个接线柱释放鼠标，就完成了两个接线柱的连接，如图 6-1-9 所示。

图 6-1-5 按钮

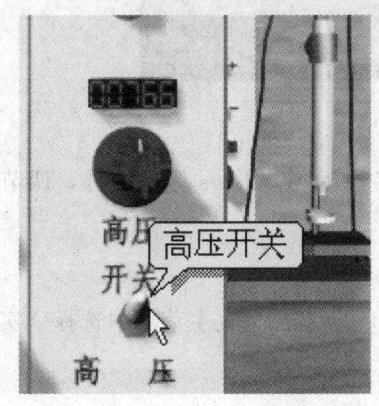

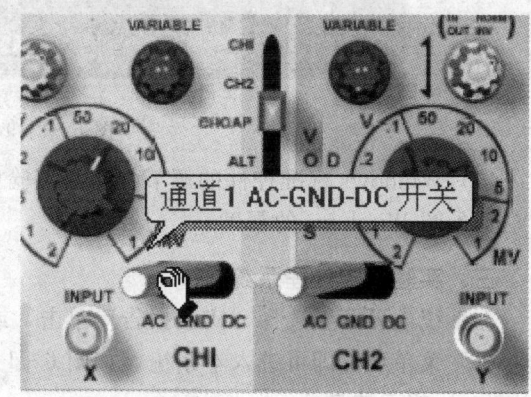

图 6-1-6 两挡开关　　　　　　图 6-1-7 多挡开关

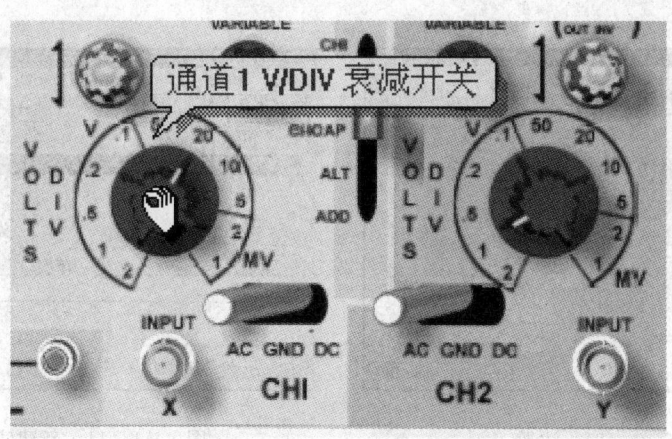

图 6-1-8 旋钮开关

2）删除两个接线柱的连线：将这两个接线柱重新连接一次（如果面板上有"拆线"按钮，则应先选择此按钮）。

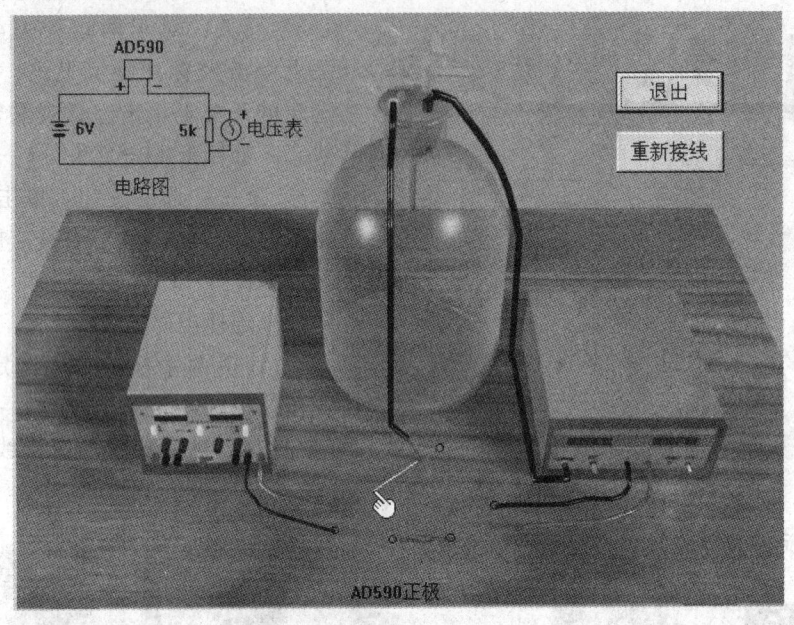

图 6-1-9 连线

（4）Windows 标准控件的调节。仿真实验中也使用了一些 Windows 标准控件，调节方法请参阅 Windows 的帮助。

三、实验报告处理系统

在系统主界面上选择"实验报告"单击，或进入仿真实验平台，在主菜单中选择"实验报告"菜单项，即可进入本系统，如图 6-1-10 所示。

（一）提示信息

（1）当鼠标指在工具栏上的图标上时，图标下方出现一个黄色的提示方框，同时窗口下方状态栏内显示具体的提示信息，如图 6-1-11 所示。

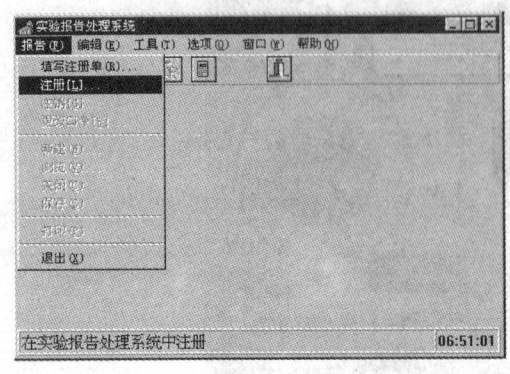

图 6-1-10 注册

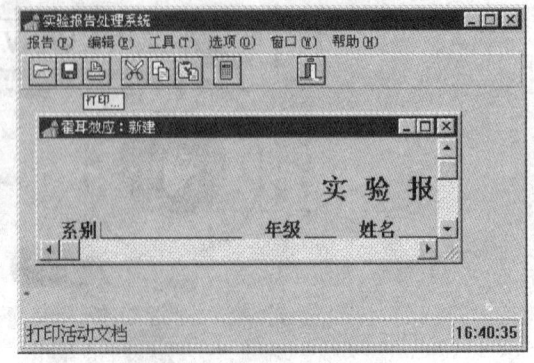

图 6-1-11 新建实验报告

(2) 当鼠标指在某一菜单项上时，窗口下方状态栏内显示具体的提示信息，如图 6-1-12 所示。

(3) 对话框提示。用户必须先选择适当按钮才能进行其他操作，如图 6-1-13 所示。

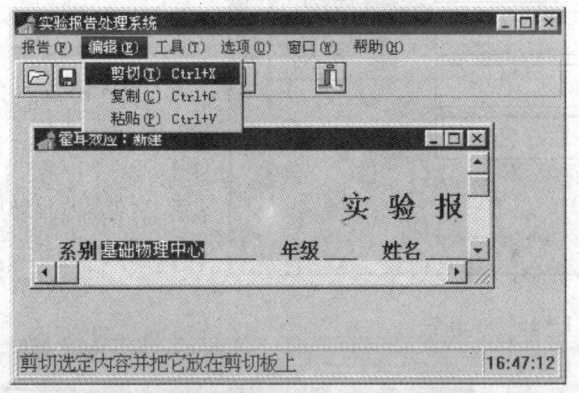

图 6-1-12 报告编辑　　　　　　图 6-1-13 实验报告保存

(二) 工具栏和菜单

1. 工具栏

窗口上方有一工具栏，上有 8 个图标，与相应菜单功能相同，如图 6-1-14 所示。

图 6-1-14 工具栏
1—报告｜浏览；2—报告｜保存；3—报告｜打印；4—编辑｜剪切；
5—编辑｜复制；6—编辑｜粘贴；7—计算器；8—报告｜退出

2. 菜单

(1) 报告。

1) 填写注册单。要使用实验报告处理系统的全部功能，用户必须在实验报告处理系统中注册。注册可由教师（管理员）来完成（见实验报告评阅系统），或由用户本人填写注册单来完成，如图 6-1-15 所示。单击"口令设置"按钮设置口令（图 6-1-16）。

2) 注册。用户必须注册，才能使用本系统。如图 6-1-17 所示。用户输入自己的学号和口令，然后按"确定"。如果使用"GUEST"登录，则不必输入口令。

3) 注销。从实验报告处理系统中注销。

4) 更改口令（图 6-1-18）。用户可以更改自己的口令，但"GUEST"用户没有口令，也无法更改。

5) 建立报告。选择"新建"，弹出一个对话框（图 6-1-19）。以分光计实验为例，选择"分光计"，按"确定"建立报告（图 6-1-20）。

6) 浏览。方法同"新建"，如用户已有存档报告，则打开此报告以供查看，但不可修

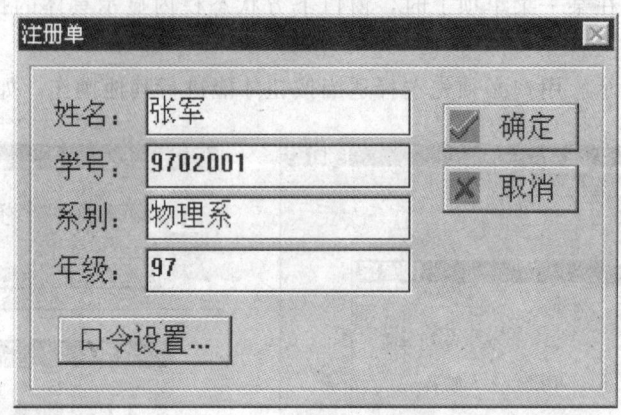

图 6-1-15 注册单

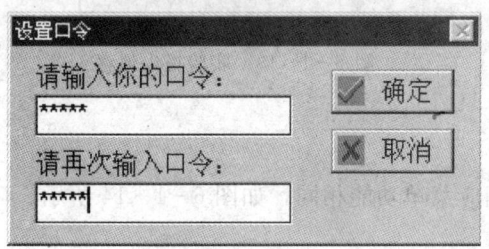

图 6-1-16 口令设置

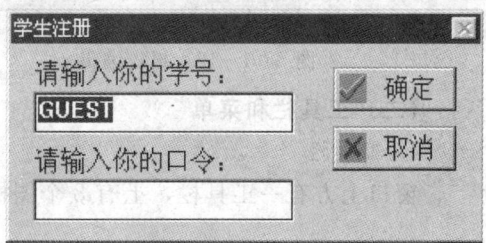

图 6-1-17 登录

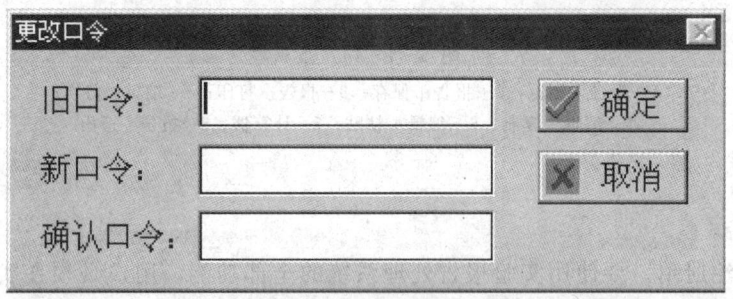

图 6-1-18 口令更改

改。如用户无存档报告，则显示提示信息。

7）关闭。关闭当前实验报告。

8）保存。保存当前实验报告。报告一旦保存，就不能再修改，每个实验只能建立一份报告。如若误操作，应该由教师在"实验报告评阅系统"中删除。

9）打印。如图 6-1-21 所示。在"打印范围"框内选择"全部"，则打印整份报告；选择页数，则只打印指定的部分。按"设置"键，进行打印设置（图 6-1-22）：设置"纸张"框的"大小"选项（建议用 A4 打印纸，如果纸张太小会打不下）。如果用户使用的打印机不能自动进纸，应将"纸张"框的"源"选项设为"手动进纸"。

仿真实验的基本操作方法

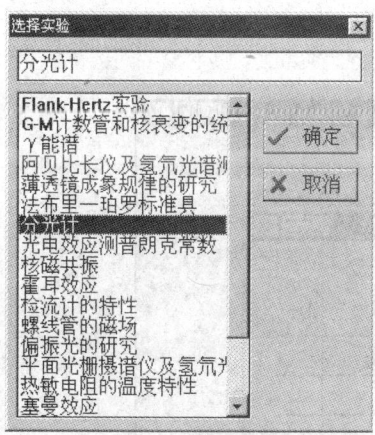

图 6-1-19 建立报告

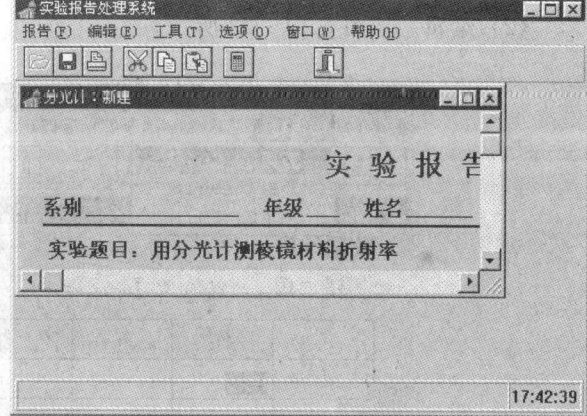

图 6-1-20 系统选项

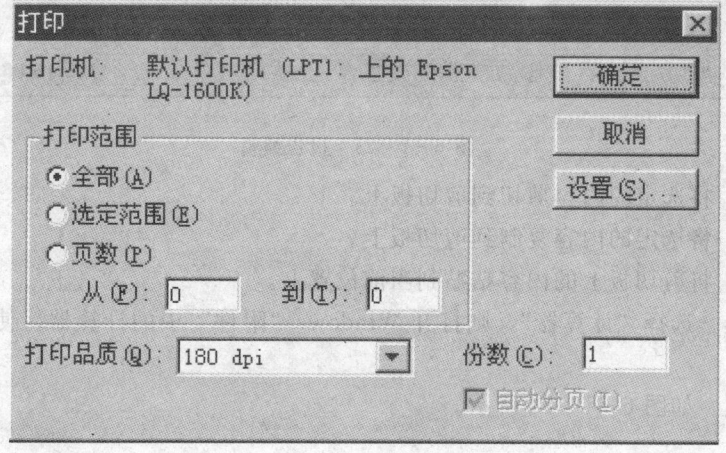

图 6-1-21 打印

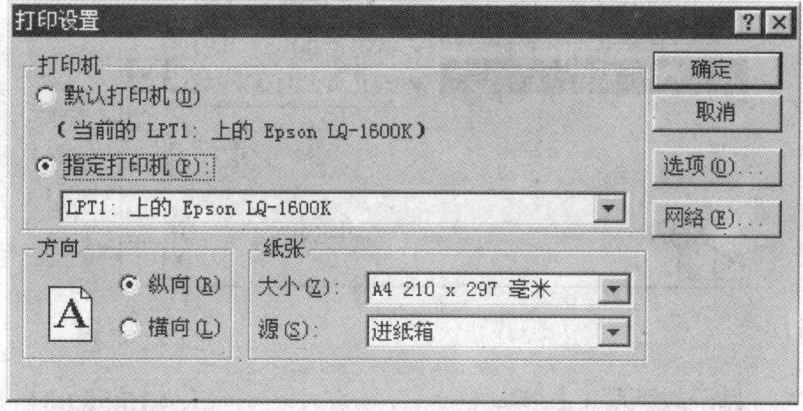

图 6-1-22 打印设置

10) 退出。退出本系统。

（2）编辑。如图 6-1-23 所示。

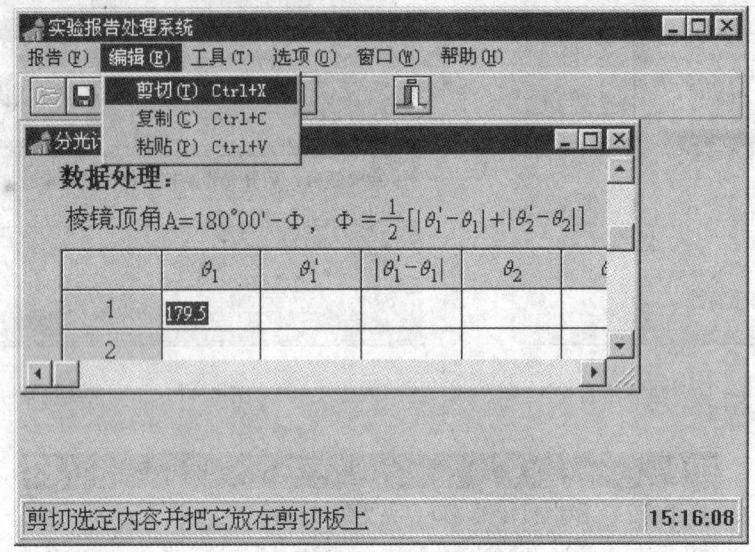

图 6-1-23　报告编辑

1）剪切。将选定的内容剪切到剪切板上。

2）复制。将选定的内容复制到剪切板上。

3）粘贴。将剪切板上的内容粘贴到当前位置上。

（3）工具。选择"计算器"，则打开 Windows "附件"中的计算器，使用方法请看有关帮助。

（4）选项。如图 6-1-24 所示。

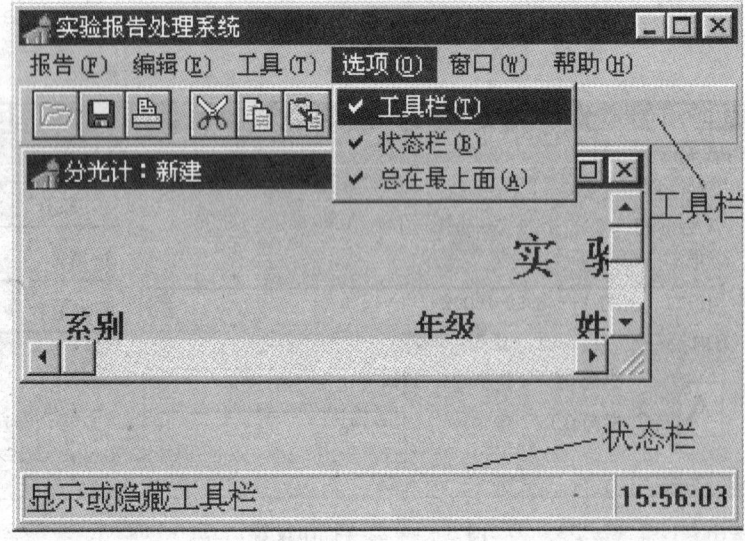

图 6-1-24　系统选项

1) 工具栏。选择此项，可显示或隐藏上端的工具栏。
2) 状态栏。选择此项，可显示或隐藏下端的状态栏。
3) 总在最上面。选择此项，主窗口始终处于屏幕最顶层，不会被其他窗口覆盖。
(5) 窗口。如果用户打开了多个实验报告，则下列操作有效。
1) 层叠。窗口排列如图 6-1-25 所示。

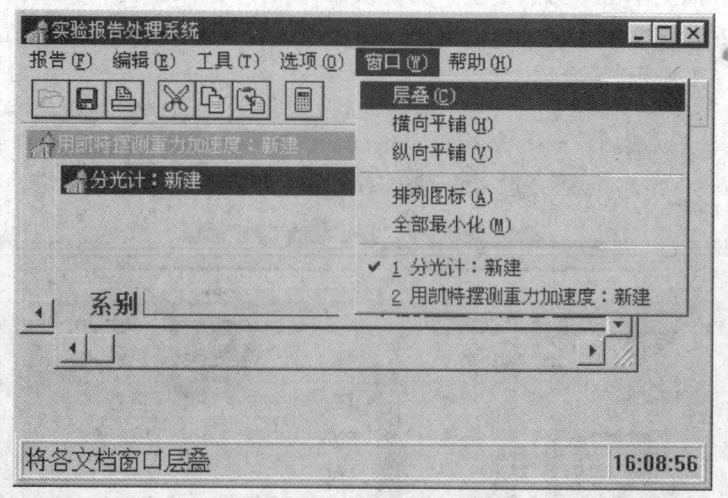

图 6-1-25 窗口排列

2) 横向平铺。窗口排列如图 6-1-26 所示。

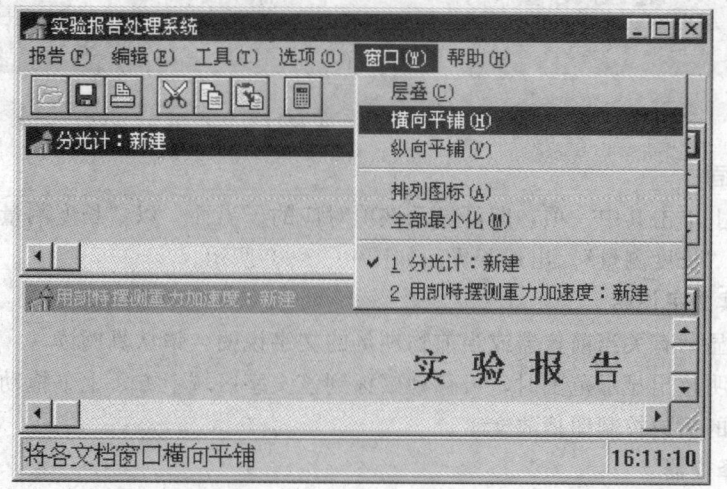

图 6-1-26 横向平铺

3) 纵向平铺。将窗口纵向平铺。
4) 排列图标。将图标排列在窗口底部。
5) 全部最小化。将各实验报告缩为图标。
(6) 帮助。选择帮助菜单。

● 实验一　力热学基本物理量及常用仪器介绍

一、主窗口

在系统主界面上单击"力热学基本测量仪器"，即可进入主窗口。当鼠标移动到标明各项的文字上时，该文字变红，单击可进入相应项（若单击"退出"，则退出本系统）。主窗口如图 6-2-1 所示。

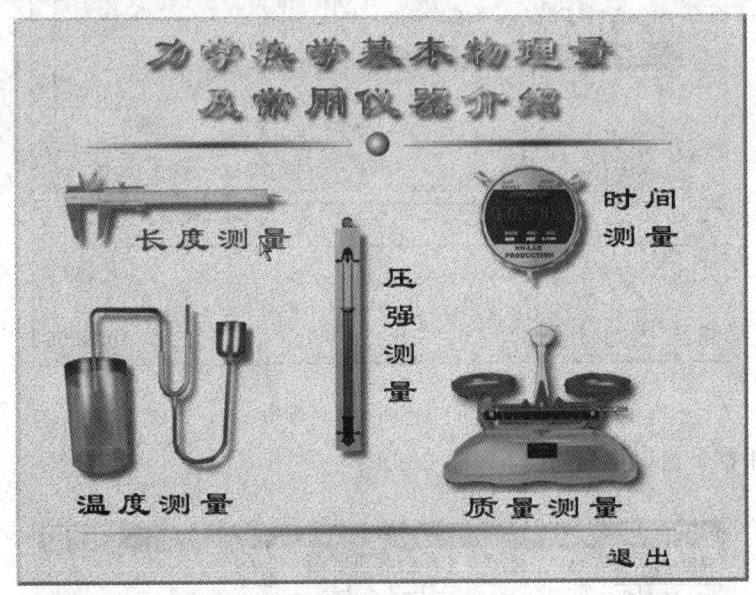

图 6-2-1　主窗口

二、子界面

在主窗口上单击其中一项，即可显示该项对应的子界面。以"长度测量"为例。在主窗口上，单击"长度测量"。出现子界面如图 6-2-2 所示。

（一）阅读文字说明

窗口左边显示有关当前仪器或当前物理量的文字说明，请认真阅读。

当文字说明超出显示范围时，可移动鼠标到该文字区域上方，上下拖动文字，也可利用该区域下方的播放控制钮播放文字。

（二）选择仪器

单击右边各仪器图标，进入相应的文字说明。若文字显示区域右下方出现如图 6-2-3 中所示的图标，则表明该仪器附有使用练习。

（三）仪器操作

单击仪器练习图标，进入相应的仪器使用练习窗口。如单击游标卡尺图标，则进入图 6-2-4 所示的画面。

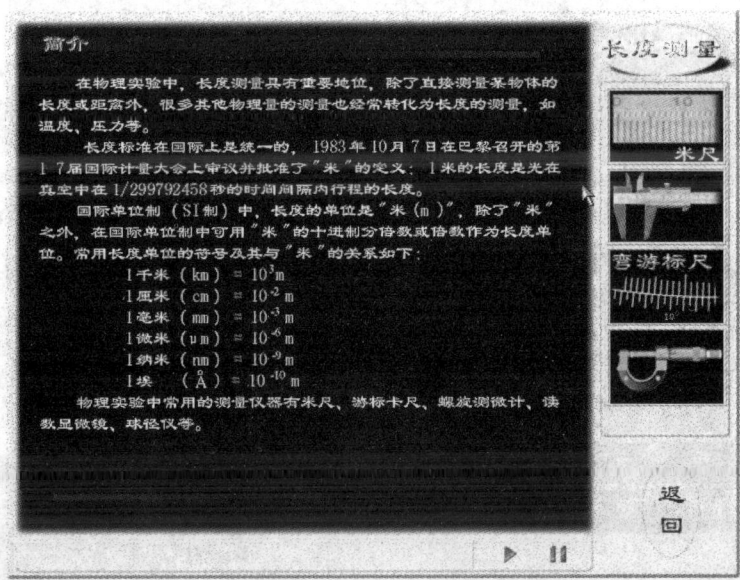

图 6-2-2 子界面

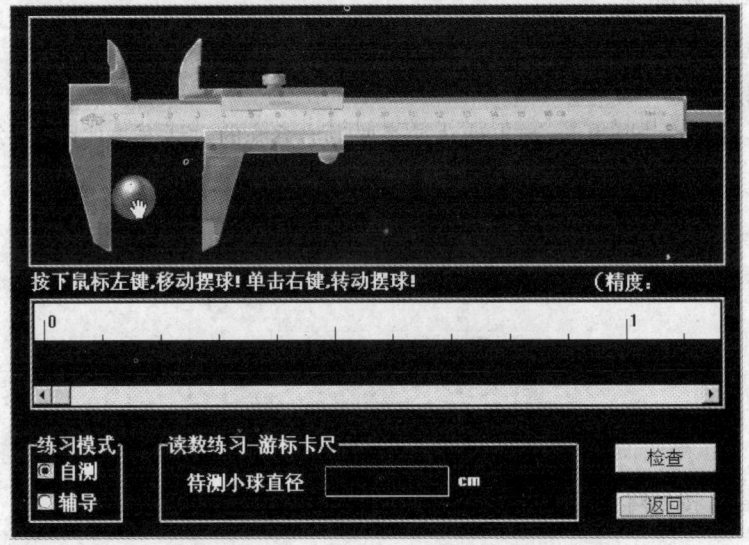

图 6-2-3 仪器图

仪器的练习模式有自测和辅导两种。

1. 自测模式是由用户自己填写仪器的读数（请注意读数时的有效位数），然后由计算机判断正误（单击"检查"按钮）。

2. 辅导模式是由用户操纵仪器，但读数由计算机自行给出。该模式是为辅导用户学习仪器读数而设计的。

各仪器的具体操作方法，请注意窗口中的提示。

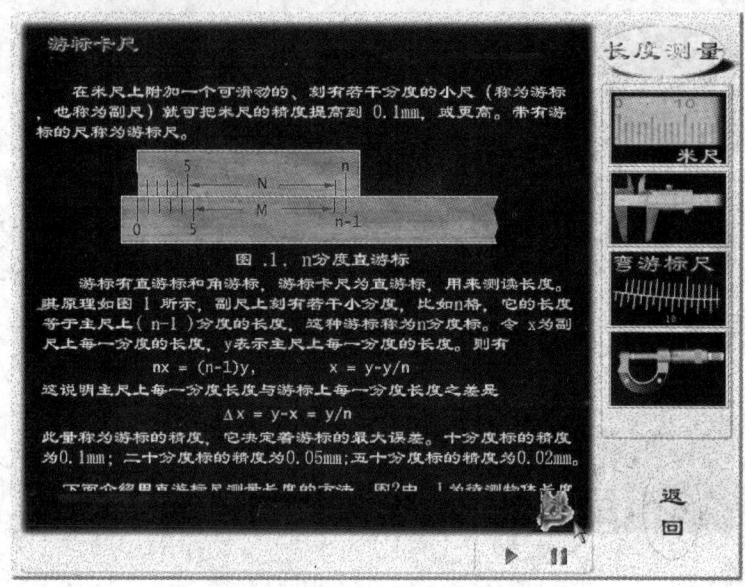

图 6-2-4 操作窗

(四) 返回主界面
单击"返回"按钮,则返回主界面。

三、退出系统
单击主界面上的"退出",弹出确认是否要退出系统的对话框,如图 6-2-5 所示。

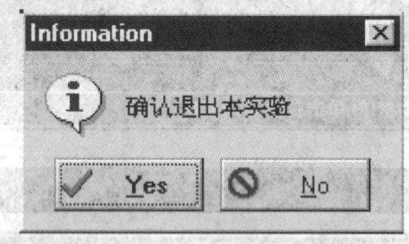

图 6-2-5 退出系统的对话框

单击"Yes"按钮将退出本系统,否则返回本系统。

实验二　卡文迪许扭秤法测量万有引力常数

测量万有引力常数 G 的物理意义是极大的。然而在自然界中万有引力非常微小，对于 G 的测量需要非常精确的方法。1798 年卡文迪许（S. H. Cavendish）用扭秤法测量了两个已知质量球体之间的引力，成为精确测量万有引力常数第一人。19 世纪，坡印亭（Poynting）和坡依斯（Boys）又对卡文迪许的实验做了重大改进。随着科学技术的发展，现在公认的万有引力常数 G 的值为 $6.67 \times 10^{-11} \mathrm{N \cdot m^2/kg^2}$。

测量引力常数 G 的意义是极大的。例如，根据牛顿运动定律和万有引力定律可以推算出太阳系中天体的运动情况（与天文观测结果几乎完全一致）；可以根据万有引力定律和卡文迪许实验所算出的 G 值来确定地球的质量，算出地球的质量和体积，就可以推断出地球内部的物质密度，获得地核性质方面的知识等。

因为 G 的数值非常微小，所以在地球表面上物体之间的引力很微小，以至于通常可以忽略。因此卡文迪许扭秤法测量万有引力常数 G 的实验是一个非常精致的实验。时至今日，这个实验的构思、思想、实验方法仍具有现世的指导意义，并被广泛使用。

【实验目的】

（1）掌握在扭秤摆动中求平衡位置的方法。
（2）掌握如何通过卡文迪许扭秤法测量万有引力常数。
（3）体会卡文迪许扭秤测量万有引力常数实验的设计思想，掌握利用转换法和光学放大原理去测量微小力的方法。

【实验原理】

根据牛顿万有引力定律，间距为 r，质量为 m_1 和 m_2 的两球之间的万有引力 F 方向沿着两球中心连线，大小为：

$$F = G \frac{m_1 m_2}{r^2} \qquad (6-3-1)$$

其中：G 为万有引力常数。

实验仪器如卡文迪许扭秤法原理图所示。卡文迪许扭秤是一个高精度的仪器，非常灵敏，为保护仪器并防止外界干扰影响实验测量，扭秤被悬挂在一根金属丝上，装在镶有玻璃板的铝框盒内，固定在底座上。

实验时，把两个大球贴近装有扭秤的盒子，扭秤两端的小球受到大球的万有引力作用而移近大球，使悬挂扭秤的悬丝扭转。激光器发射的激光被固定在扭秤上的小镜子反射到远处的光屏上，通过测量光屏上扭秤平衡时光点的位置可以得到对应的扭转角度，从而计算出万有引力常数 G。

假设开始时扭秤扭转角度 $\theta_0 = 0$，把大球移动贴近盒子放置，大小球之间的万有引力为 F，小球受到力偶矩 $N = 2Fl$ 而扭转，悬挂扭秤的金属丝因扭转产生与力偶矩 N 相平

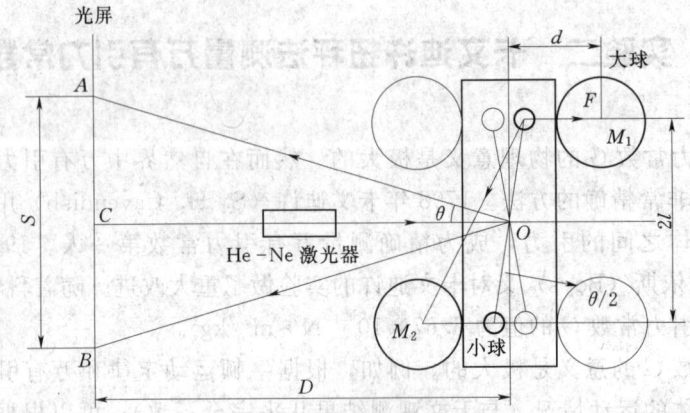

图 6-3-1 卡文迪许扭秤法原理图

衡的反向转矩 $N' = K(\theta/2)$，扭秤最终平衡在扭角 θ 的位置：

$$F = GMm/d^2$$
$$2Fl = K(\theta/2)$$
$$K\theta = 4\frac{GMm}{d^2}l \qquad (6-3-2)$$

式中：K 为金属悬丝的扭转常数；M 为大球的质量；m 为小球的质量；d 为大球小球的中心的连线距离；l 为小球中心到扭秤中心的距离。

由转动方程可求得悬丝的扭转常数：通过转动惯量 I 和测量扭秤扭转周期 T 就可以得到金属丝的扭转系数 K：

$$K = 4\pi^2 \frac{I}{T^2}$$

假设小球相对大球是足够轻，那么转动惯量为：

$$I = 2ml^2$$

因此扭转角为：

$$\theta = \frac{GMT^2}{2\pi^2 d^2 l} \qquad (6-3-3)$$

当大球转动到相反的对称位置后，新平衡位置是 $-\theta$，因此平衡时的总扭转角为：

$$2\theta = \frac{GMT^2}{\pi^2 d^2 l}$$

通过反射光点在光屏上的位移 S 可以得到悬丝扭转角度。由于万有引力作用很弱，使得扭秤平衡时扭转角很小，此时可以认为：

$$2\theta = \frac{S}{D}$$

式中：D 为光屏到扭秤的距离。

因此万有引力常数为：$\qquad G = \frac{\pi^2 d^2 lS}{MT^2 D} \qquad (6-3-4)$

万有引力常数 G 计算公式的修正如下：由图 6-3-1 可知，小球受到大球 M_1 作用力

F 的同时也受到斜后方另一个大球 M_2 的作用力 f，考虑 f 作用时，G 值应修正为：

$$G = (1-\beta)^{-1} \frac{\pi^2 d^2 lS}{MT^2 D} \quad (6-3-5)$$

其中：

$$\beta = \frac{d^3}{(d^2+4l^2)^{3/2}}$$

【实验仪器】

卡文迪许扭秤，激光发射器，光屏，米尺，秒表，电源。

一、卡文迪许扭秤

卡文迪许扭秤被放在镶有玻璃板铝盒内，固定在底座上们，内部主体结构如图 6-3-2 所示。

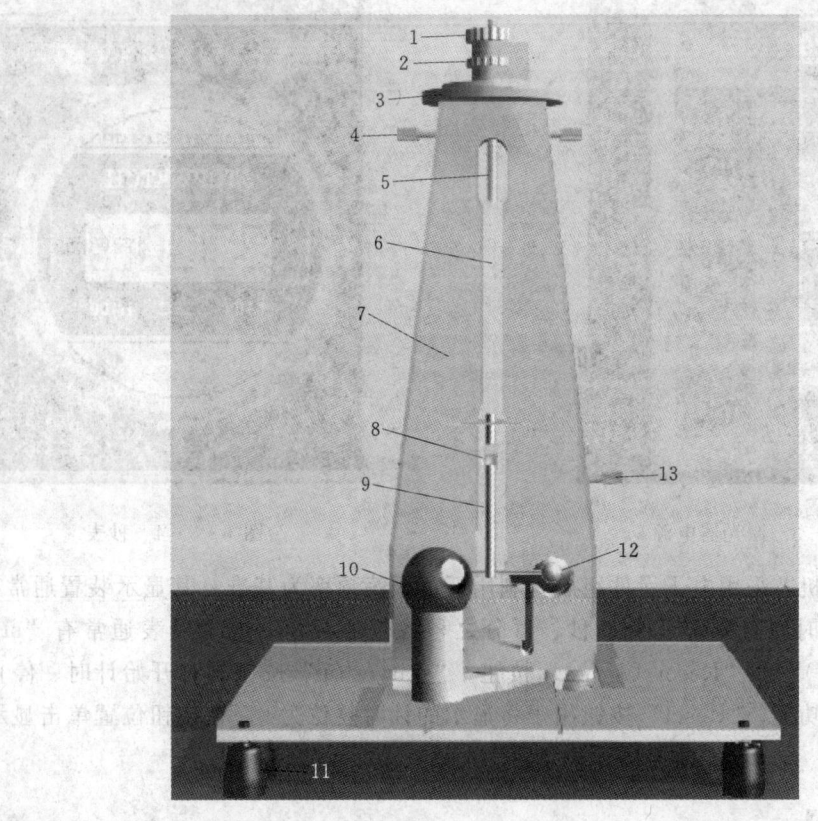

图 6-3-2 卡文迪许扭秤结构图
1—上螺杆锁紧螺母；2—扭丝转角调整旋钮；3—扭丝上下微调螺母；
4—上螺杆锁紧螺母；5—上螺杆；6—金属悬丝；7—玻璃盒；
8—反射镜；9—下螺杆；10—大球；11—调平旋钮；
12—小球；13—锁紧螺钉

长约 16cm 的青铜材料悬丝通过连接片与上、下螺杆连接。扭丝转角调整螺母用于调节扭秤平衡中心的位置，上面的刻度可读出平衡点偏离中心角度。

在下螺杆上装有反射激光的镜子和相距 10cm、质量 20g 的两个小球。仪器的侧面有一个

243

锁紧螺钉，逆时针转动可向上举起扭秤，使悬丝处于松弛休息状态，顺时针松开时扭秤被放下，可以自由转动，通过鼠标双击切换螺钉状态。底座上有放置大球的可旋转支撑架，可使大球靠近或离开小球。需要调节大球的位置时，在大球上单击鼠标左键，支撑支架带动大球一起向左转动，单击鼠标右键则使得向右转动。底座下面装有调整仪器水平的三个调节旋钮。

二、激光器电源

如图 6-3-3 所示。

单击"Power"按钮使得激光器电源打开或者关闭。

三、秒表

如图 6-3-4 所示。

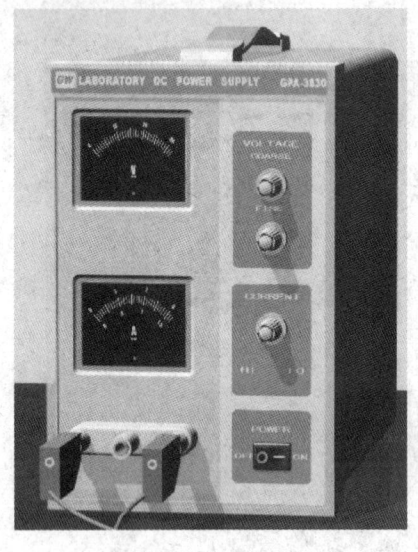

图 6-3-3 激光器电源

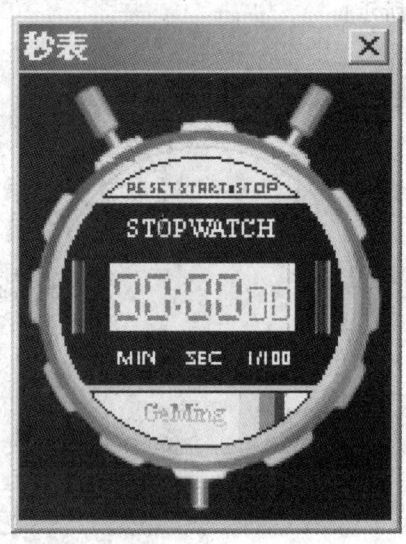

图 6-3-4 秒表

电子秒表的机芯采用电子元件组成，利用石英振荡频率为基准。其显示装置通常有 6 位液晶显示，计时时分别显示分、秒、百分之秒各位的数值。电子秒表通常有"start/stop（启动/停止）"和"Reset（复位）"按钮。"start/stop"按钮具有开始计时、停止计时和累加计时的功能；"Reset"按钮用于将显示的计时复位为 0。在按钮位置单击显示按动按钮的动作。

【实验内容】

（1）选择主菜单中的"开始实验"选项开始实验，如图 6-3-5 所示。

（2）在开始实验显示的实验场景中，在卡文迪许扭秤位置双击打开扭秤调节窗口，激光器位置双击打开激光器窗口，光屏位置双击打开放大的光屏读数窗口，场景中右键单击实验窗口弹出选择菜单，如图 6-3-6 所示。

选择"实验场景测量"显示实验场景示意图，如图 6-3-7 所示。通过读取鼠标的位置测量两个小球间距 $2l$，反射镜和光屏之间距离 D，贴近盒子的大球中心到对应小球中心

实验二　卡文迪许扭秤法测量万有引力常数

图 6-3-5　开始实验

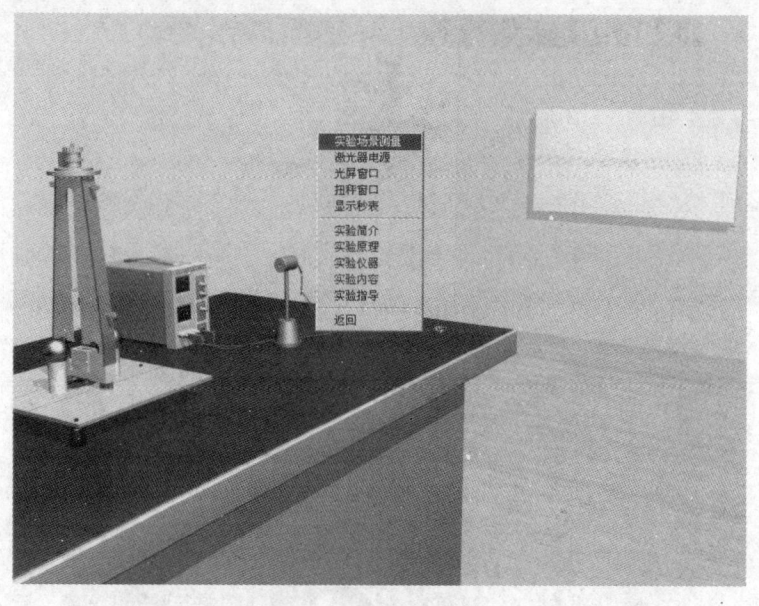

图 6-3-6　选择菜单

之间距离 d。

(3) 如图 6-3-2 所示，按下列方法调整扭秤位于盒子的中央。

1) 打开激光器电源：双击电源弹出放大的激光器电源面板。单击开关打开电源，可以看见激光被镜子反射到远处的光屏上。

2) 确定平衡位置 C：双击实验窗口中的卡文迪许扭秤进行调节。通过右键菜单可打开卡文迪许扭秤顶视图，如图 6-3-8 所示。通过的鼠标调节扭丝转角调节旋钮，可对扭秤

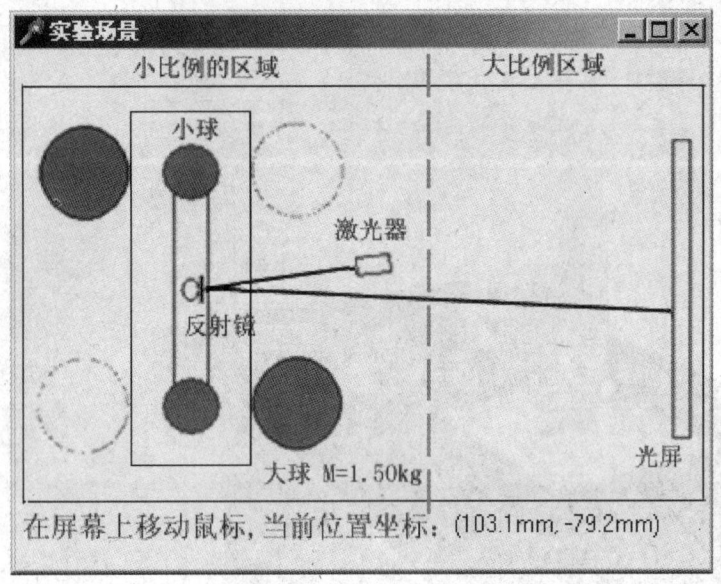

图 6-3-7 实验场景示意图

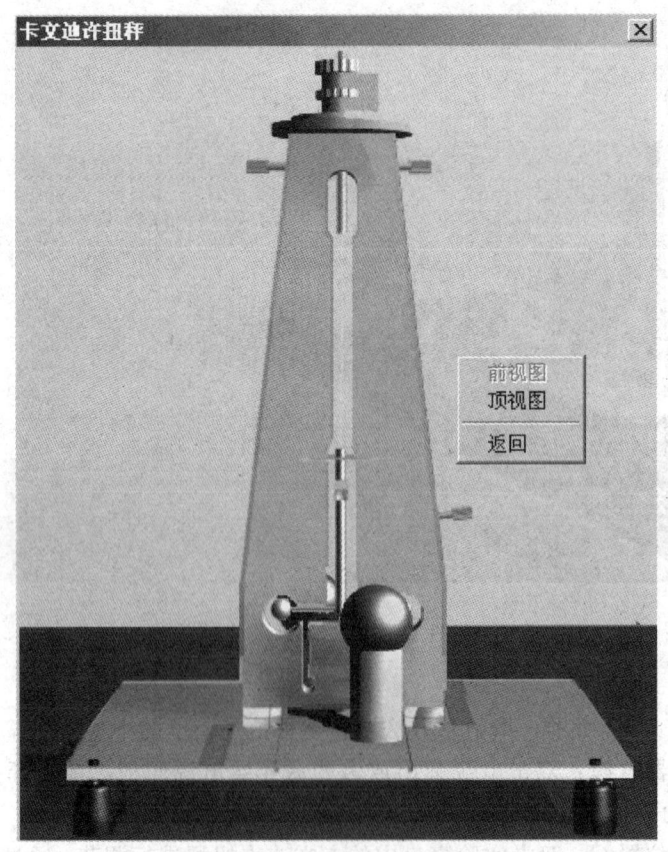

图 6-3-8 卡文迪许扭秤顶视图

246

初始转角进行粗调。双击锁紧螺钉使得扭秤下落，并且作最大振幅的扭转振动（撞击玻璃板）。记录此时光点在光屏两端最远点的位置 X_1，X_2。$X_C = (X_1 + X_2)/2$。

3) 确定实际平衡位置 C'。当扭秤振动衰减到不接触盒子两边玻璃板后，按图 6-3-9 中曲线记录下光屏两端光点运动的最远点位置。

4) 平衡位置 X'_C 可以按照下面方法计算得到：

$$(X'_C - X_2)/(X_1 - X'_C) = (X_3 - X'_C)/(X'_C - X_2)$$

或

$$X'_C = (X - X_1 X_3)/(2X_2 - X_1 - X_3)$$

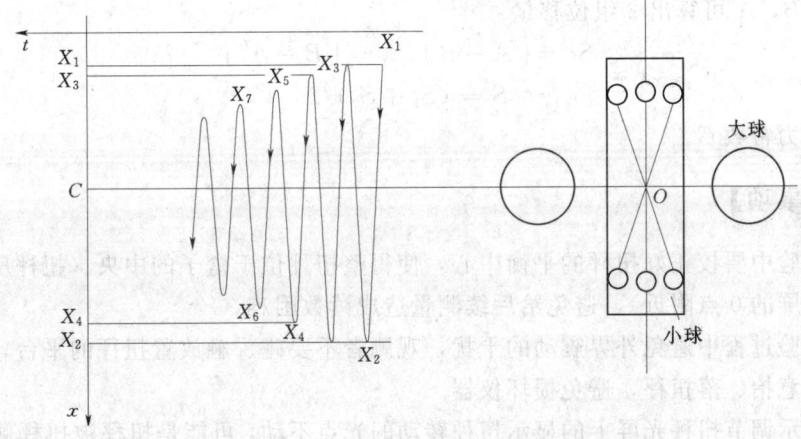

图 6-3-9 测量扭秤的平衡点和周期

如果 $X_C = X'_C$，那么扭秤就基本平衡了，否则需要调整扭角度调整旋钮，直到 $X_C = X'_C$。右键单击扭秤窗口弹出菜单，选择扭秤顶视图显示扭秤顶端。右键单击或者单击旋转"扭角调整"旋钮到合适位置。

5) 测扭秤的固有振动周期 T：将大球放置在支撑架上，支撑架旋转臂垂直于扭秤，此时扭秤受力平衡。双击锁紧螺钉使得扭秤下落，等待扭秤振动到最大幅度时小球不和两边玻璃壁碰撞后，用秒表记录光点连续摆动 4 个周期所需的时间。在实验窗口右键单击弹出菜单，选择"显示秒表"。

6) 测量万有引力作用下光点的位移 S：在扭秤窗口选择"前视图"，通过在扭秤上大球位置单击鼠标右键或者左键转动大球，使得大球按照卡文迪许扭秤法原理图中黑线大球的位置贴近盒子。等待扭秤振动到最大幅度且小球不和两边玻璃壁碰撞后，记录光点连续摆动 3 个周期中光屏两端极值点的位置 a_1，a_2，a_3，a_4，a_5，a_6。则光点静止时位置坐标 A 可由下述平均法计算：

$$A_1 = \frac{\frac{a_1 + a_3}{2} + a_2}{2}, \quad A_2 = \frac{\frac{a_2 + a_4}{2} + a_3}{2}$$

$$A_3 = \frac{\frac{a_3 + a_5}{2} + a_4}{2}, \quad A_4 = \frac{\frac{a_4 + a_6}{2} + a_5}{2}$$

$$A = \frac{1}{4}(A_1 + A_2 + A_3 + A_4)$$

转动大球到反向对称位置（卡文迪许扭秤法原理图中虚线大球的位置），等待扭秤振动到最大幅度时小球不和两边玻璃壁碰撞后，记录光点连续摆动 3 个周期中光屏两端极值点的位置 b_1，b_2，b_3，b_4，b_5，b_6。则光点静止时位置坐标 B 可由上述平均法计算：

$$B = \frac{1}{4}(B_1 + B_2 + B_3 + B_4)$$

再把大球转到卡文迪许扭秤法原理图中黑线大球的位置，等待扭秤振动到最大幅度时小球不和两边玻璃壁碰撞后，记录光点连续摆动 3 个周期中光屏两端极值点的位置 a'_1，a'_2，a'_3，a'_4，a'_5，a'_6。求出 A'。

由 A，B，A' 可算出 2 组位移量：

$$S_1 = |A - B|, S_2 = |B - A'|$$

平均值：
$$S = (S_1 + S_2)/2$$

计算万有引力常数 G。

【注意事项】

（1）实验中要校正好扭秤的平衡中心，使得整扭秤位于盒子的中央（扭秤反射的光点尽量落在光屏的 0 点附近），避免给后续测量造成读数困难。

（2）实验过程中避免外界震动的干扰，观测者不要碰、触放置扭秤的平台，特别在测量中不能随意抬、落扭秤，避免损坏仪器。

（3）显示调节扭秤光屏上的显示扭秤转动的光点不动，可能是扭秤被扭秤侧面的锁定螺钉锁紧。解决方法：双击螺钉，松开扭秤即可转动。

（4）扭秤转动时一边始终碰壁，可能是扭秤初始转角偏离过大。解决方法：在扭秤顶视图上，通过鼠标左右键转动扭丝转角调节旋钮，可减小扭秤初始转角偏离。

（5）由于扭秤振动过程中阻尼很小，从开始振动衰减到两边都不和玻璃壁相碰的可测量状态需要时间过长，因此实验中的时间被调快。解决方法：测量振动周期以实验中秒表读数为准。

【思考题】

（1）假设 $M = 1$ kg，$l = 10$ cm，$d = 5$ cm，$m = 15$ g，$\theta = 0.1°$。①求扭秤的周期 T；②求悬丝的扭转常数 K。

（2）对测量结果进行分析，分析影响测量结果的主要因素。

附　录

附录一　中华人民共和国法定计量单位

我国的法定计量单位（简称法定单位）包括：①国际单位制的基本单位（附表1-1）；②国际单位制的辅助单位（附表1-2）；③国际单位制中具有专门名称的导出单位（附表1-3）；④国家选定的非国际单位制单位（附表1-4）；⑤由以上单位构成的组合形式单位；⑥由词头和以上单位所构成的十进倍数和分数单位（附表1-5）。

附表1-1　国际单位制的基本单位

量的名称	单位名称	单位符号	量的名称	单位名称	单位符号
长度	米	m	热力学温度	开[尔文]	K
质量	千克（公斤）	kg	物质的量	摩[尔]	mol
时间	秒	s	发光强度	坎[德拉]	cd
电流	安[培]	A			

附表1-2　国际单位制的辅助单位

量的名称	单位名称	单位符号
平面角	弧度	rad
立体角	球面度	Sr

附表1-3　国际单位制中具有专门名称的导出单位

量的名称	单位名称	单位符号	用SI基本单位的表示式	其他表示示例
频率	赫[兹]	Hz	s^{-1}	
力，重力	牛[顿]	N	$m \cdot kg \cdot s^{-2}$	
压力，压强，应力	帕[斯卡]	Pa	$m^{-1} \cdot kg \cdot s^{-2}$	N/m^2
能[量]，功，热量	焦[耳]	J	$m^2 \cdot kg \cdot s^{-2}$	$N \cdot m$
功率，辐[射能]通量	瓦[特]	W	$m^2 \cdot kg \cdot s^{-3}$	J/s
电荷[量]	库[仑]	C	$s \cdot A$	
电位，电压，电动势，（电势）	伏[特]	V	$m^2 \cdot kg \cdot s^{-3} \cdot A^{-1}$	W/A
电容	法[拉]	F	$m^{-2} \cdot kg^{-1} \cdot s^4 \cdot A^2$	C/V

续表

量的名称	单位名称	单位符号	用SI基本单位的表示式	其他表示示例
电阻	欧[姆]	Ω	$m^2 \cdot kg \cdot s^{-3} \cdot A^{-2}$	V/A
电导	西[门子]	S	$m^{-2} \cdot kg^{-1} \cdot s^3 \cdot A^2$	A/V
磁[通量]	韦[伯]	Wb	$m^2 \cdot kg \cdot s^{-2} \cdot A^{-1}$	V·s
磁[通量]密度,磁感应强度	特[斯拉]	T	$kg \cdot s^{-2} \cdot A^{-1}$	Wb/m²
电感	亨[利]	H	$m^2 \cdot kg \cdot s^{-2} \cdot A^{-2}$	Wb/A
摄氏温度	摄氏度	℃	K	
光通量	流[明]	lm	cd·sr	
[光]强度	勒[克斯]	lx	$m^{-2} \cdot cd \cdot sr$	lm/m²
[放射性]活度	贝克[勒尔]	Bq	s^{-1}	
吸收剂量	戈[瑞]	Gy	$m^2 \cdot s^{-2}$	J/kg
剂量当量	希[沃特]	Sv	$m^2 \cdot s^{-2}$	J/kg

附表 1-4　　国家选定的非国际单位制单位

量的名称	单位名称	单位符号	换算关系和说明
时间	分	min	1min=60s
	[小]时	h	1h=60min=3600s
	天,(日)	d	1d=24h=86400s
[平面]角	[角]秒	(″)	1″=(π/64800) rad (π为圆周率)
	[角]分	(′)	1′=60″=(π/10800) rad
	度	(°)	1°=60′=(π/180) rad
旋转速度	转每分	r/min	1r/min=(1/60) s^{-1}
长度	海里	n mile	1n mile=1852m（只用于航程）
速度	节	kn	1kn=1n mile/h=(1852/3600) m/s（只用于航行）
质量	吨	t	1t=10^3kg
	原子质量单位	u	1u≈1.6605655×10^{-27}kg
体积,容积	升	L, (l)	1L=1dm³=10^{-3}m³
能	电子伏	eV	1eV≈1.602189×10^{-19}J
级差	分贝	dB	
线密度	特[克斯]	tex	1tex=10^{-6}kg/m

附表 1–5　　　　用于构成十进倍数和分数单位的词头

所表示的因数	词头名称	词头符号	所表示的因数	词头名称	词头符号
10^{24}	尧［它］	Y	10^{-1}	分	d
10^{21}	泽［它］	Z	10^{-2}	厘	c
10^{18}	艾［可萨］	E	10^{-3}	毫	m
10^{15}	拍［它］	P	10^{-6}	微	μ
10^{12}	太［拉］	T	10^{-9}	纳［诺］	n
10^{9}	吉［咖］	G	10^{-12}	皮［可］	p
10^{6}	兆	M	10^{-15}	飞［母托］	f
10^{3}	千	k	10^{-18}	阿［托］	a
10^{2}	百	h	10^{-21}	仄［普托］	z
10^{1}	十	da	10^{-24}	幺［科托］	y

注　1. 周、月、年（年的符号为 a），为一般常用时间单位。
　　2. ［］内的字，是在不致混淆的情况下，可以省略的字。
　　3. （）内的字为前者的同义语。
　　4. 平面角单位度、分、秒的符号，在组合单位中应采用（°）、（′）、（″）的形式。例如，不用°/s 而用（°）/s。
　　5. 升的两个符号属同等地位，可任意选用。
　　6. r 为"转"的符号。
　　7. 人民生活和贸易中，质量习惯称为重量。
　　8. 公里为千米的俗称，符号为 km。
　　9. 10^4 称为万，10^8 称为亿，10^{12} 称为万亿，这类数词的使用不受词头名称的影响，但不应与词头混淆。

附录二　常用物理数据

附表 2–1　　　　基本物理常量

名　称	符号、数值和单位
真空中的光速	$c = 2.99792458 \times 10^8$ m/s
电子的电荷	$e = 1.6021892 \times 10^{-19}$ C
普朗克常量	$h = 6.626176 \times 10^{-34}$ J·s
阿伏伽德罗常量	$N_0 = 6.022045 \times 10^{23}$ mol^{-1}
原子质量单位	$u = 1.6605655 \times 10^{-27}$ kg
电子的静止质量	$m_e = 9.109534 \times 10^{-31}$ kg
电子的荷质比	$e/m_e = 1.7588047 \times 10^{11}$ C/kg

附 录

续表

名 称	符号、数值和单位
法拉第常量	$F=9.648456\times10^4\text{C/mol}$
氢原子的里德伯常量	$R_H=1.096776\times10^7\text{m}^{-1}$
摩尔气体常量	$R=8.31441\text{J/(mol·k)}$
玻尔兹曼常量	$k=1.380622\times10^{-23}\text{J/K}$
洛施密特常量	$n=2.68719\times10^{25}\text{m}^{-3}$
万有引力常量	$G=6.6720\times10^{-11}\text{N·m}^2/\text{kg}^2$
标准大气压	$P_0=101325\text{Pa}$
冰点的绝对温度	$T_0=273.15\text{K}$
声音在空气中的速度（标准状态下）	$v=331.46\text{m/s}$
干燥空气的密度（标准状态下）	$\rho_{空气}=1.293\text{kg/m}^3$
水银的密度（标准状态下）	$\rho_{水银}=13595.04\text{kg/m}^3$
理想气体的摩尔体积（标准状态下）	$V_m=22.41383\times10^{-3}\text{m}^3/\text{mol}$
真空中介电常量（电容率）	$\varepsilon_0=8.854188\times10^{-12}\text{F/m}$
真空中磁导率	$\mu_0=12.566371\times10^{-7}\text{H/m}$
钠光谱中黄线的波长	$D=589.3\times10^{-9}\text{m}$
镉光谱中红线的波长（15℃，101325Pa）	$\lambda_{cd}=643.84696\times10^{-9}\text{m}$

附表 2-2　　　　　　　在 20℃ 时固体和液体的密度

物质	密度 ρ (km/m³)	物质	密度 ρ (km/m³)
铝	2698.9	石英	2500～2800
铜	8960	水晶玻璃	2900～3000
铁	7874	冰（0℃）	880～920
银	10500	乙醇	789.4
金	19320	乙醚	714
钨	19300	汽车用汽油	710～720
铂	21450	弗利昂—12（氟氯烷—12）	1329
铅	11350		
锡	7298	变压器油	840～890
水银	13546.2	甘油	1260
钢	7600～7900		

附表 2-3　　　　　　在海平面上不同纬度处的重力加速度[①]

纬度 ϕ (°)	g (m/s²)	纬度 ϕ (°)	g (m/s²)
0	9.78049	50	9.81079
5	9.78088	55	9.81515
10	9.78204	60	9.81924
15	9.78394	65	9.82294
20	9.78652	70	9.82614
25	9.78969	75	9.82873
30	9.78338	80	9.83065
35	9.79746	85	9.83182
40	9.80180	90	9.83221
45	9.80629		

① 表中所列数值是根据公式 $g = 9.78049(1 + 0.005288\sin^2\phi - 0.000006\sin^2\phi)$ 算出的，其中 ϕ 为纬度。

附表 2-4　　　　　　　　固体的线膨胀系数

物　质	温度或温度范围 (℃)	α ($\times 10^{-6}$℃$^{-1}$)	物　质	温度或温度范围 (℃)	α ($\times 10^{-6}$℃$^{-1}$)
铝	0～100	23.8	锌	0～100	32
铜	0～100	17.1	铂	0～100	9.1
铁	0～100	12.2	钨	0～100	4.5
金	0～100	14.3	石英玻璃	20～200	0.56
银	0～100	19.6	窗玻璃	20～200	9.5
钢 (0.05%碳)	0～100	12.0	花岗石	20	6～9
康铜	0～100	15.2	瓷器	20～700	3.4～4.1
铅	0～100	29.2			

附表 2-5　　　　　在 20℃时某些金属的弹性模量（杨氏模量）[①]

金　属	杨氏模量 Y (GPa)	杨氏模量 Y (kgf/mm²)	金　属	杨氏模量 Y (GPa)	杨氏模量 Y (kgf/mm²)
铝	69～70	7000～7100	锌	78	8000
钨	407	41500	镍	203	20500
铁	186～206	19000～21000	铬	235～245	24000～25000
铜	103～127	10500～13000	合金钢	206～216	21000～22000
金	77	7900	碳钢	196～206	20000～21000
银	69～80	7000～8200	康铜	160	16300

① 杨氏弹性模量的值与材料的结构、化学成分及其加工制造方法有关。因此，在某些情况下，Y 的值可能与表中所列的平均值不同。

附表 2-6　　　　　　　不同温度时干燥空气中的声速　　　　　　单位：m/s

温度（℃）	0	1	2	3	4	5	6	7	8	9
60	366.05	366.60	367.14	367.69	368.24	368.78	369.33	369.87	370.42	370.96
50	360.51	361.07	361.62	362.18	362.74	363.29	363.84	364.39	364.95	365.50
40	354.89	355.46	356.02	356.58	357.15	357.71	358.27	358.83	359.39	359.95
30	349.18	349.75	350.33	350.90	351.47	352.04	352.62	353.19	353.75	354.32
20	343.37	343.95	344.54	345.12	345.70	346.29	346.87	347.44	348.02	348.60
10	337.46	338.06	338.65	339.25	339.84	340.43	341.02	341.61	342.20	342.58
0	331.45	332.06	332.66	333.27	333.87	334.47	335.07	335.67	336.27	336.87
−10	325.33	324.71	324.09	323.47	322.84	322.22	321.60	320.97	320.34	319.52
−20	319.09	318.45	317.82	317.19	316.55	315.92	315.28	314.64	314.00	313.36
−30	312.72	312.08	311.43	310.78	310.14	309.49	308.84	308.19	307.53	306.88
−40	306.22	305.56	304.91	304.25	303.58	302.92	302.26	301.59	300.92	300.25
−50	299.58	298.91	298.24	397.56	296.89	296.21	295.53	294.85	294.16	293.48
−60	292.79	292.11	291.42	290.73	290.03	289.34	288.64	287.95	287.25	286.55
−70	285.84	285.14	284.43	283.73	283.02	282.30	281.59	280.88	280.16	279.44
−80	278.72	278.00	277.27	276.55	275.82	275.09	274.36	273.62	272.89	272.15
−90	271.41	270.67	269.92	269.18	268.43	267.68	266.93	266.17	265.42	264.66

附表 2-7　　　　　　　固体导热系数 λ

物质	温度（K）	λ [$\times 10^2$ W/(m·K)]	物质	温度（K）	λ [$\times 10^2$ W/(m·K)]
银	273	4.18	康铜	273	0.22
铝	273	2.38	不锈钢	273	0.14
金	273	3.11	镍铬合金	273	0.11
铜	273	4.0	软木	273	0.3×10^{-3}
铁	273	0.82	橡胶	298	1.6×10^{-3}
黄铜	273	1.2	玻璃纤维	323	0.4×10^{-3}

附表 2-8　　　　　　　某些固体的比热容

固体	比热容 [J/(kg·K)]	固体	比热容 [J/(kg·K)]
铝	908	铁	460
黄铜	389	钢	450
铜	385	玻璃	670
康铜	420	冰	2090

附表 2-9　　　　　　　　　不同温度时水的比热容

温度（℃）	0	5	10	15	20	25	30	40	50	60	70	80	90	99
比热容 [J/(kg·K)]	4217	4202	4192	4186	4182	4179	4178	4178	4180	4184	4189	4196	4205	4215

附表 2-10　　　某些金属和合金的电阻率及其温度系数[①]

金属或合金	电阻率 ($\times 10^{-6}\ \Omega \cdot m$)	温度系数 ($℃^{-1}$)
铝	0.028	42×10^{-4}
铜	0.0172	43×10^{-4}
银	0.016	40×10^{-4}
金	0.024	40×10^{-4}
铁	0.098	60×10^{-4}
铅	0.205	37×10^{-4}
铂	0.105	39×10^{-4}
钨	0.055	48×10^{-4}
锌	0.059	42×10^{-4}
锡	0.12	44×10^{-4}
水银	0.958	10×10^{-4}
武德合金	0.52	37×10^{-4}
钢（0.10%～0.15%的碳）	0.10～0.14	6×10^{-3}
康铜	0.47～0.51	$(-0.04\sim +0.01)\times 10^{-3}$
铜锰镍合金	0.34～1.00	$(-0.03\sim +0.02)\times 10^{-3}$
镍铬合金	0.98～1.10	$(0.03\sim 0.4)\times 10^{-3}$

① 电阻率与金属中的杂质有关，因此表中列出的只是 20℃ 时电阻率的平均值。

附表 2-11　　　在常温下某些物质相对于空气的光的折射率

物　　质	H_α 线 (656.3nm)	D 线 (589.3nm)	H_β 线 (486.1nm)
水（18℃）	1.3314	1.3332	1.3373
乙醇（18℃）	1.3609	1.3625	1.3665
二硫化碳（18℃）	1.6199	1.6291	1.6541
冕玻璃（轻）	1.5127	1.5153	1.5214
冕玻璃（重）	1.6126	1.6152	1.6213
燧石玻璃（轻）	1.6038	1.6085	1.6200
燧石玻璃（重）	1.7434	1.7515	1.7723
方解石（寻常光）	1.6545	1.6585	1.6679
方解石（非常光）	1.4846	1.4864	1.4908
水晶（寻常光）	1.5418	1.5442	1.5496
水晶（非常光）	1.5509	1.5533	1.5589

附表 2-12　　　　　常用光源的谱线波长表　　　　　单位：nm

一、H（氢）	447.15 蓝	589.592（D₁）黄
656.28 红	402.62 蓝紫	588.995（D₂）黄
486.13 绿蓝	388.87 蓝紫	五、Hg（汞）
434.05 蓝	三、Ne（氖）	623.44 橙
410.17 蓝紫	650.65 红	579.07 黄
397.01 蓝紫	640.23 橙	576.96 黄
二、He（氦）	638.30 橙	546.07 绿
706.52 红	626.25 橙	491.60 绿蓝
667.82 红	621.73 橙	435.83 蓝
587.56（D₃）黄	614.31 橙	407.78 蓝紫
501.57 绿	588.19 黄	404.66 蓝紫
492.19 绿蓝	585.25 黄	六、He-Ne 激光
471.31 蓝	四、Na（钠）	632.8 橙

附录三　常用电气测量指示仪表和附件的符号

附表 3-1　　　　　测量单位及功率因数的符号

名　称	符　号	名　称	符　号
千安	kA	兆欧	MΩ
安培	A	千欧	kΩ
毫安	mA	欧姆	Ω
微安	μA	毫欧	mΩ
千伏	kV	微欧	μΩ
伏特	V	相位角	φ
毫伏	mV	功率因数	$\cos\varphi$
微伏	μV	无功功率因数	$\sin\varphi$
兆瓦	MW	库仑	C
千瓦	kW	毫韦伯	mWb
瓦特	W	毫特斯拉	mT
兆乏	Mvar	微法	μF
千乏	kvar	皮法	pF
乏	var	亨利	H
兆赫	MHz	毫亨	mH
千赫	kHz	微亨	μH
赫兹	Hz	摄氏度	℃
太欧	TΩ		

附录三　常用电气测量指示仪表和附件的符号

附表 3-2　　　　　　　　仪表工作原理的图形符号

名　称	符　号	名　称	符　号
磁电系仪表		铁磁电动系仪表	
磁电系比率表		铁磁电动系比率表	
电磁系仪表	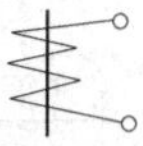	感应系仪表	
电磁系比率表	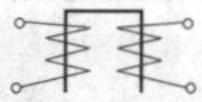	静电系仪表	
电动系仪表		整流系仪表（带半导体整流器和磁电系测量机构）	
电动系比率表		热电系仪表（带接触式热变换器和磁电系测量机构）	

附表 3-3　　　　　　　　电流种类的符号

名　称	符　号	名　称	符　号
直流		直流和交流	
交流（单相）		具有单元件的三相平衡负载交流	

附表 3-4　　　　　　　　准确度等级的符号

名　称	符　号
以标度尺量限百分数表示的准确度等级，例如 1.5 级	1.5
以标度尺长度百分数表示的准确度等级，例如 1.5 级	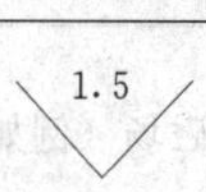 1.5
以指示值的百分数表示的准确度等级，例如 1.5 级	 1.5

附 录

附表 3-5　　工作位置的符号

名　称	符　号
标度尺位置为垂直的	⊥
标度尺位置为水平的	⊓
标度尺位置与水平面倾斜成一角度，例如 60°	∠60°

附表 3-6　　绝缘强度的符号

名　称	符　号
不进行绝缘强度试验	 ☆0
绝缘强度试验电压为 12kV	 ☆2

附表 3-7　　端钮、调零器的符号

名　称	符　号
负端钮	−
正端钮	+
公共端钮（多量限仪表和复用电表）	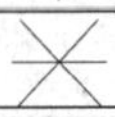 ✕
接地用的端钮（螺钉或螺杆）	 ⏚
与外壳相连接的端钮	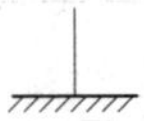 ⏛
与屏蔽相连接的端钮	◌
调零器	 ⌒

附表 3-8　　按外界条件分组的符号

名　称	符　号	名　称	符　号
Ⅰ级防外磁场（例如磁电系）	 ∩	Ⅱ级防外磁场及电场	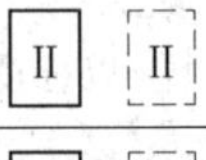 Ⅱ　Ⅱ
		Ⅲ级防外磁场及电场	 Ⅲ　Ⅲ
Ⅰ级防外磁场（例如静电系）	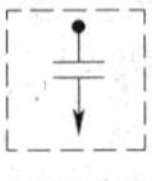 ⊤	Ⅳ级防外磁场及电场	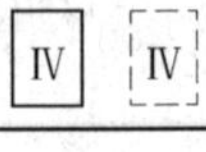 Ⅳ　Ⅳ

参考文献

[1] 赵凯华，罗蔚茵．新概念物理教程—电磁学．北京：高等教育出版社，2006．
[2] 赵凯华，罗蔚茵．新概念物理教程—力学．北京：高等教育出版社，1995．
[3] 赵凯华，罗蔚茵．新概念物理教程—热学．北京：高等教育出版社，1998．
[4] 赵凯华，罗蔚茵．新概念物理教程—量子力学．北京：高等教育出版社，2006．
[5] 赵凯华，罗蔚茵．新概念物理教程—光学．北京：高等教育出版社，2006．
[6] 马文蔚，周雨青，解希顺．物理学教程．北京：高等教育出版社，2006．
[7] 诸葛向彬．工程物理学．杭州：浙江大学出版社，2004．
[8] 陈治，陈祖刚，刘志刚．大学物理．北京：清华大学出版社，2007．
[9] 郭奕玲，沈慧君．物理学史．北京：清华大学出版社，2005．
[10] 李艳平，申先甲．物理学史教程．北京：科学出版社，2003．
[11] 程衍富．大学物理实验教程．北京：科学出版社，2007．
[12] 付丽萍．大学物理实验．厦门：厦门大学出版社，2007．
[13] 陈玉林，李传起．大学物理实验．北京：科学出版社，2007．
[14] 朱孝义．大学物理实验教程．北京：科学出版社 2007．
[15] 张明高，叶瑞英．大学物理实验教程．成都：四川大学出版社，2007．
[16] 张捷民，刘汉臣．大学物理实验．北京：科学出版社，2007．
[17] 龚勇清，易江林．大学物理实验．北京：科学出版社，2007．
[18] 余虹．大学物理实验．北京：科学出版社，2007．
[19] 牛爱芹，曹钢，李淑华．大学物理实验．北京：科学出版社，2007．
[20] 季诚响，肖昱．大学物理实验．北京：国防工业出版社，2007．
[21] 李文斌．大学物理实验．北京：北京邮电大学出版社，2006．
[22] 管亮．大学物理实验．长沙：湖南师范大学出版社，2007．
[23] 赵丽华，倪涌舟．新编大学物理实验．杭州：浙江大学出版社，2007．
[24] 郑庚兴，王和平．大学物理实验．上海：上海科学技术文献出版社，2004．
[25] 张映辉．大学物理实验．大连：大连海事大学出版社，2003．
[26] 卢佃清，李新华．大学物理实验．南京：南京大学出版社，2007．
[27] 刘跃，张志津．大学物理实验．北京：北京大学出版社，2007．
[28] 杨虹．大学物理实验．北京：科学出版社，2004．
[29] 李雅丽，方靖淮．大学物理实验教程．南京：南京大学出版社，2006．
[30] 张凤玲，杨秀芹．大学物理实验．武汉：武汉理工大学出版社，2006．
[31] 李相银．大学物理实验．北京：高等教育出版社，2004．
[32] Alan Isaacs．牛津英汉双解物理学词典．上海：上海外语教育出版社，2006．
[33] 谢行恕，康世秀，霍剑青．大学物理实验（第二册）．北京：高等教育出版社，2005．
[34] 中国大百科全书Ⅰ，Ⅱ．北京：中国大百科全书出版社，1993．
[35] 张三慧．力学．北京：清华大学出版社，1999．